Die Geologie

der

deutschen Schutzgebiete in Afrika.

Von

Dr. Ernst Freiherrn Stromer von Reichenbach.

Mit 3 Karten und mehreren Profilen.

München und Leipzig.
Druck und Verlag von R. Oldenbourg.
1896.

Vorwort.

Es ist ein etwas gewagtes Unternehmen, über die geologische Beschaffenheit von Gebieten zu schreiben, die man nie gesehen hat und die noch so wenig erforscht sind, wie unsere Kolonien. In meiner Arbeit, die ich auf Anraten des Herrn Geheimrat v. Zittel in Angriff nahm, wollte ich auch nicht neue wissenschaftliche Daten zu Tage fördern, sondern vor allem das schon bekannte, aber in vielen kleinen Arbeiten und Reiseschilderungen zerstreute Material in übersichtlicher Form zusammenstellen und, so weit es angeht, an den Berichten und den aufgestellten Theorien Kritik üben. Die beigegebenen Karten sollen hauptsächlich das Auffinden der im Text erwähnten Orte erleichtern und ein etwas schematisirtes Bild von der Verbreitung der Formationen geben; denn es ist bei dem jetzigen Stand unserer Kenntnisse nur an wenigen Punkten möglich, die Grenzen der Formationen genau anzugeben.

Ich habe mich möglichst bemüht, alles vorhandene Material zu verwerten; dafs ich dabei vielfach auch sehr minderwertige Angaben berücksichtigte, mufs man damit entschuldigen, dafs nur ein kleiner Teil unserer Schutzgebiete von Fachleuten untersucht ist, und dafs über die gröfsten Landstrecken nur Berichte von Laien vorliegen.

Zu meiner Arbeit hatte ich natürlich eine grofse Zahl von Büchern und Schriften nötig, die zum Teil nur schwer zu erhalten waren. Ich sage an dieser Stelle den zahlreichen Herren, die mir zur Erlangung derselben behülflich waren, meinen wärmsten Dank, vor allem meinem verehrten Lehrer, Herrn Geheimrat v. Zittel, sodann besonders noch Herrn Prof. v. Kupffer und den Herren Dr. Pompeckj und Dr. Maas. Aufserdem mufs ich meinem Kollegen Herrn Wolff, der die Güte hatte, mir eine schwedische Arbeit zu übersetzen, sowie meinem Freunde Thäter, der mir bei der Fertigstellung der Karten half, meinen besten Dank ausdrücken. Zum Schlusse mufs ich noch erwähnen, dafs das Erscheinen dieser Arbeit im Buchhandel durch die gütige Unterstützung der deutschen Kolonialgesellschaft und das bereitwillige Entgegenkommen des Verlegers, Herrn Generalkonsul von Oldenbourg, ermöglicht wurde.

München, im Juni 1896.

Dr. Ernst Stromer.

Inhalts-Verzeichnis.

Einleitung.

Es dürfte auf den ersten Anblick nicht angebracht erscheinen, die Geologie der so weit von einander entfernten deutschen Kolonien in Afrika gemeinsam zu behandeln, aber einesteils empfiehlt sich dies aus rein praktischen Gründen, andernteils weisen unsere Kolonien so viel Gemeinsames und Übereinstimmendes auf, daſs es wohl angängig ist, dies besonders zu besprechen, sowohl um es hervorzuheben, als um Wiederholungen zu vermeiden. Die grofse Ähnlichkeit der geologischen Verhältnisse unserer afrikanischen Kolonien erklärt sich dadurch, daſs sie alle zu dem Teil des Kontinentes gehören, den Süſs (14. I, p. 500 ff.) mit Recht als ein Ganzes bezeichnete und einen Teil des »gebrochenen indischen Festlandes, des Gondwana-Landes«, nannte und den eine grofse Einfachheit des Aufbaues auf weite Entfernungen hin auszeichnet. Aufserdem liegen die Kolonien bis auf Südwest-afrika ganz unter den Tropen, so daſs auch die Erosions- und Verwitterungsthätigkeit überall in der Hauptsache die gleiche ist.

West-, Zentral- und Südafrika, in welchen unsere Kolonien liegen, zeichnen sich vor allen andern Kontinenten durch ihre grofse mittlere Höhe über dem Meere aus; fast das ganze Innere ist von Hochländern eingenommen, welche teils als Hochebenen von 800 bis über 2000 m Höhe, teils als Gebirgsländer mit noch viel bedeutenderen Erhebungen erscheinen. So dehnen sich im Innern von Deutsch-Ostafrika die Hochebenen der Massai-Länder, von Unyamwesi, Ugogo, Ubena etc. weit aus, fast alle über 1000 m über dem Meere gelegen, in Deutsch-Südwestafrika liegt das ganze Innere mehr als 1000 m, in Togo mehr als 800 m hoch, und in Kamerun ist im Innern das Süd-Adamaua-Hochland ebenfalls in bedeutender Höhe gelegen.

Gegen die Küste zu sind diese Hochländer fast stets durch steil abfallende Gebirgsketten begrenzt, deren Höhe meist die der Hochländer übertrifft. Streng genommen, sind diese nur der durch Erosion ausgezackte, allerdings, wie eben erwähnt, meist erhöhte Rand der Hochplateaus. Diese Randgebirge sehen wir in allen unsern Kolonien auftreten, meist ungefähr der Küste parallel. Vor ihnen liegt fast stets noch ein niedriges Vorland, das aber auch oft Höhen von 300—700 m aufweist. Dasselbe senkt sich allmählich oder in Absätzen gegen die Küste, die entweder flach, wie in Togo und dem gröfsten Teil von Kamerun, oder steil abfallend, wie im gröfsten Teil von Deutsch-Ostafrika, sein kann. Ein breites Küstenvorland fehlt nur in Deutsch-Südwestafrika, wo die Randgebirge, ganz allmählich niedriger werdend, bis an das Meer reichen.

Soweit wir wissen, besteht der weitaus überwiegende Teil Zentral- und Südafrikas aus sehr alten Gesteinen, besonders krystallinischen Schiefern und Graniten. Der Grundstock der ganzen inneren Hochländer, die Randgebirge und auch der Untergrund des Vorlandes sind aus aufgerichteten und gefalteten Schichten archäischen und wohl meist auch altpaläozoischen Alters zusammengesetzt. Alle anderen Formationen spielen eine untergeordnete Rolle. So finden wir im Innern Deutsch-Ostafrikas vielfach annähernd horizontal gelagerte Sandsteine, welche besonders im Kongostaat weit verbreitet sind, ebenso auch in Nordkamerun und im Innern von Deutsch-Südwestafrika. Versteinerungen sind in diesen Schichten fast nirgends gefunden und deshalb ist die Ansicht von Süfs, Gürich, Barrat und Schenk (14; 5; 1; 12), dafs alle diese Schichten zum Teil der Kap-, zum Teil der Karooformation gleichwertig wären, zwar wahrscheinlich, aber nicht sicher zu beweisen. Aufser diesen Schichtgesteinen treten im Innern, aber auch im Küstengebiete, vielfach jungvulkanische Gesteine und auch Vulkane auf, die besonders in Deutsch-Ostafrika und in Kamerun eine grofse Rolle spielen. Jüngere marine Sedimente fehlen, wie es scheint, in den Hochländern und Randgebirgen völlig.[1] Im Vorland dagegen treten sie vielfach auf. Dieses ist besonders in Deutsch-Ostafrika ziemlich breit; es scheinen dort diskordant auf archäischen Gesteinen in meist schwach geneigter Lage Schichten aufzutreten, die zum Teil Landpflanzen, zum Teil aber auch marine Fossilien führen und meist zum Carbon gerechnet werden; vielfach ist aber oberer mariner Jura gefunden, vor dem wahrscheinlich auch marine Kreide- und Tertiärschichten liegen, während ganz an der

---

1) Nur am Nordwestende des Nyassa-Sees will Drummond (2) Telliniden gefunden haben, es erscheint dies aber deshalb als wenig wahrscheinlich, weil die betreffenden Fossilien zusammen mit Paläonisciden vorkommen, Ganoid-Fischen, die, so weit wir wissen, im Lias aussterben, während Telliniden erst von dem oberen Jura an gefunden worden sind.

Küste rezenter Korallenkalk ist. In Deutsch-Südwestafrika scheinen wie das Vorland auch marine jüngere Sedimente zu fehlen, im nördlichen Kamerun-Gebiet ist dagegen untere marine Kreide gefunden worden; es dürften auch die im mittleren Teil des Vorlandes dort ziemlich weit verbreiteten Sandsteine zu dieser Formation gehören. In Togo, das geologisch sehr schlecht bekannt ist, sind wenigstens Sandsteine an der Küste sicher nachgewiesen.

Selbstverständlich sind überall in den Kolonien die Zersetzungsprodukte der im Vorgehenden aufgezählten Gesteine verbreitet wie Sande, Lehm, Alluvien (Schlamm), Gerölle etc., doch bieten diese meist nichts besonderes; dagegen verdient der »Laterit«, der in allen unseren Kolonien auftritt, eine etwas genauere Besprechung.[1]) Der Laterit ist besonders in Ostafrika, Kamerun und Togo weit verbreitet; P. Richard (11) z. B. hebt hervor, daſs er auf seiner Reise quer durch Ostafrika 60—70 % der Oberfläche von ihm bedeckt gefunden habe. Allerdings ist dabei zu berücksichtigen, daſs die meisten Reisenden alle eisenschüssigen, thonigsandigen Ablagerungen kurzweg Laterit nennen; doch wird er übereinstimmend aus allen Gegenden so oft angeführt, daſs an seiner groſsen Verbreitung nicht zu zweifeln ist. Aber auch in Kapland und Hereroland, also auſserhalb der Tropen, ist echter Laterit nachgewiesen (9; 13; aber auch 6). Aus fast allen Ausführungen geht hervor, daſs sowohl »der eluviale Laterit«, d. h. der durch Zersetzung Eisen enthaltender Gesteine an Ort und Stelle entstandene, als auch der durch Wegschwemmen verlagerte »alluviale Laterit« oft in bedeutender Mächtigkeit auftritt. Der erstere ist rot oder gelbrot infolge seines hohen Eisenoxyd- und Hydroxydgehaltes, der für den Laterit charakteristisch ist, zeigt aber oft weiſsliche Flecken und Streifen; er hat meist poröse bis zellige Struktur, besteht aus Thon und Sand in sehr verschiedenem Mischungsverhältnis und enthält oft auch Eisenkonkretionen. Das darunter liegende Gestein, aus dem er entstanden ist, geht so allmählich in ihn über, daſs eine Grenze kaum zu ziehen ist, da die Struktur des Gesteines, auch wenn es schon durch Oxydation seiner Eisenverbindungen ganz verfärbt ist und seine Bestandteile schon gröſstenteils zersetzt sind, doch noch lange erhalten bleibt. Der alluviale Laterit zeigt natürlich viel wechselndere Beschaffenheit, er geht in Thone und Sande über, so daſs oft hier keine scharfe Abgrenzung möglich ist, auch dürfte oft eine Unterscheidung zwischen Laterit und nachträglich lateritisierten Alluvien schwierig sein. So bestreitet Dupont (3), daſs der sogenannte Laterit im mittleren Kongo-

---

1) Er ist besonders von Thomson (15), Pechuël Lösche (8; 9), Weiſsenborn (16), Knochenhauer (7), Dusén (4) und Passarge (10) in unseren Kolonien nachgewiesen und untersucht worden.

Becken etwas mit Zersetzungsprodukten an Ort und Stelle zu thun habe, es seien hier nur Alluvien, die durch nachträgliche Bildung von Eisenkonkretionen und durch Anreicherung an Eisenoxyden lateritisch geworden seien. Je nach dem Gestein, aus dem er entstanden ist, zeigt der Laterit natürlich Verschiedenheiten, und Passarge (10. p. 397) konnte in Adamaua auch nachweisen, daſs manche Gesteine, so besonders Deckenbasalte, Phyllite, Amphibolite, Grünschiefer und rote Gneise und Granite, sowie manche Sandsteine, sehr zur Lateritbildung neigen, während andere, so viele Gneisarten und manche Sandsteine, keinen Laterit bilden. Der Grund dieses verschiedenen Verhaltens ist noch nicht festgestellt, auch die Entstehung des Laterites und die dabei wirkenden Kräfte sind noch nicht ganz aufgeklärt; sicher scheint aber Folgendes zu sein: Da sich echter Laterit nicht nur in den Tropen, sondern auch in Kapland und in Deutsch-Südwestafrika, also auch in subtropischem Klima findet, ferner nicht so sehr in Niederungen und Gebirgsländern mit üppiger Vegetation als besonders in trockenen Steppen, wie vor allem in Ostafrika, ist tropische Feuchtigkeit zu seiner Entstehung nicht nötig, ebenso sicher nicht üppige Vegetation. Im Gegenteil weist Passarge (10. p. 399) darauf hin, daſs die bei üppiger Vegetation entstehenden Humussubstanzen eine reduzierende Wirkung haben und deshalb die Bildung der für den Laterit charakteristischen Eisenoxydverbindungen verhindern oder selbst schon gebildete Oxyde wieder zu Oxydulen verwandeln. Derselbe Reisende beobachtete auch, daſs in dem grauen Fluſslehm und in dem graubraunen Lehm, der durch Zersetzung mancher Gneise entsteht, zahllose Regenwürmer vorkommen, während sie im Laterit selten sind. Er schloſs daraus, daſs vor allem die Regenwürmer, welche bekanntlich zum Bohren ihrer Röhren und zu ihrer Nahrung Erde verschlucken, den Laterit reduzieren, respektive eine Lateritbildung verhindern. Dies scheint aber doch nicht genügend sicher gestellt; denn man könnte ja auch annehmen, daſs die Regenwürmer deshalb im Laterit selten sind, weil sie hier die richtigen Existenzbedingungen, vor allem die Humussubstanzen, ihre Nahrung, nicht finden, während ihnen die grauen und graubraunen Thone günstige Bedingungen bieten. Es wäre also ihr massenhaftes Auftreten in denselben nur eine sekundäre Erscheinung; das Fehlen der Lateritbildung in diesen Gneisgebieten aber ist aus anderen, uns noch unbekannten Gründen zu erklären, wie ja Passarge selbst zugibt, daſs oft an Stellen, wo Regenwürmer fehlen, auch keine Lateritbildung stattfindet, ohne daſs eine Ursache dafür anzugeben wäre (10. p. 401).

Kehren wir nun zur Besprechung der bei der Lateritbildung wirksamen Kräfte zurück, so ist vor allem hervorzuheben, daſs wir in allen Gebieten, wo Laterit vorkommt, die heftigen tropischen Regen finden, die plötzlich alles durchnässen, während ebenso rasch durch die glühende Sonne das Auftrocknen erfolgt. Ferner finden wir hier überall auch grofse tägliche Temperaturschwankungen. Es ist daher sehr wahrscheinlich, dafs diese beiden Faktoren: völliges Durchtränken und Ausdörren, rasche und starke Erwärmung und Abkühlung des Bodens, durch ihren häufigen Wechsel eine Hauptrolle bei der Lateritbildung spielen; es wirkt dabei wohl auch mit, dafs das Regenwasser infolge der aufserordentlich häufigen Blitze bei Gewittern in Afrika gröfseren Säuregehalt hat (8; 10. p. 398).

An den Laterit schliefst Passarge (10. p. 394), wohl mit Recht, die eisenschüssigen Krusten an, die sich oft an nackten Felsen, aber auch an der Oberfläche von Laterit in Afrika finden. Seine Erklärung für die Bildung derselben ist folgende: Bei den heftigen Gewitterregen dringt das säurereiche Wasser in das Gestein, besonders, wenn es, wie Sandstein oder Laterit, sehr porös ist, ein und löst dabei manche Bestandteile, vor allem die Eisensalze. Wenn nun nach dem Regen die heifse Tropensonne auf den nackten Fels brennt, so verdunstet das Wasser an der Oberfläche sehr intensiv, und infolge der Kapillarität wird auch das tiefer eingedrungene dorthin gesogen; bei der Verdunstung schlagen sich nun die im Wasser gelösten Stoffe zwischen den oberflächlichen Gesteinsteilchen nieder, und so entstehen die harten, an Eisen reichen Krusten, die man als Schutzrinden bezeichnete, obwohl sie dem Gestein meist nicht lange Schutz gewähren, da sie infolge der Insolation besonders leicht abspringen.

Die heftigen tropischen Regen haben aber auch noch eine andere geologische Bedeutung. Indem nämlich die Gewässer plötzlich riesig anschwellen, sind selbst bei mäfsigem Gefäll kleine Wasserläufe im stande, gewaltige Massen lockeren Materials in wildem Durcheinander fortzureifsen, und indem sie ebenso rasch, als sie gekommen, wieder versiegen und verdunsten, wird das Material, grobes wie feines, abgerollte wie eckige Trümmer, durcheinander abgelagert und zwar oft lokal in bedeutender Menge. So erklärt sich auch das Vorkommen alluvialen Laterites, in welchem feiner Thon, Sandkörner und Glimmerschüppchen gemischt sind, wie im eluvialen. Bei uns erzielt das stetig fliefsende Wasser eine Sonderung der groben und feinen Bestandteile, was die grofsenteils periodischen Gewässer Afrikas nicht oder nur in geringem Grade thun können. Durch die mächtigen Schuttmassen und das unverhältnismäfsig breite Bett dieser Gewässer sind auch viele Reisende zu der Meinung verführt worden, dafs hier einst infolge feuchteren Klimas viel stärkere Flüsse vorhanden gewesen seien wie jetzt.

Ebenso wie die erodierende Thätigkeit des Wassers, ist auch die Verwitterung in unseren Gebieten verschieden von den Verhältnissen in Europa. Sie ist hier offenbar viel stärker, besonders wirken an nackten Felsen die Insolation und die täglichen Temperaturschwankungen (10. p. 393 ff.). Wie stark hier die Zersetzung der Gesteine ist, dafür möchte ich die Angaben Duséns (4) anführen, der in Nord-Kamerun 30—40 m mächtige Schichten von eluvialem Laterit und fast ebenso tief zersetzte Gesteine öfters beobachtete. Diese starke und tiefgehende Zersetzung erschwert natürlich sehr die Beobachtung und macht es für den Reisenden oft fast unmöglich, ganz frische Gesteinsproben zu sammeln.

Literaturverzeichnis zur Einleitung.

1. M. Barrat: Sur la Géologie du Congo Français, Paris 1895.
2. H. Drummond: Inner-Afrika, Gotha 1890.
3. Dupont: Lettres sur le Congo, Paris 1889.
4. P. Dusén: Om nordvästra Kamerun områdets geologi (Geol. fören. i Stockholm förh. 1894, H. 1).
5. Gürich: Überblick über den geologischen Bau des afrikanischen Kontinents [m. Karte] (Peterm. Mitt., 1887, p. 257).
6. Hindorf: Die Bodenbeschaffenheit des Herero-Landes (Denkschr. betreffend das südwestafrik. Schutzgeb., 1894, III).
7. Knochenhauer: Geol. Untersuchungen im Kamerun-Gebiete [m. Karte] (Mitt. aus d. d. Schutzgeb., 1895, p. 81).
8. Pechuël Lösche: Westafrikanische Laterite (Ausland, 1884, p. 401).
9. Pechuël Lösche: Südafrikanische Laterite (Ausland, 1885, p. 501).
10. Dr. S. Passarge: Adamaua, Berlin 1895.
11. P. Reichard: Reisebeobachtungen aus Ostafrika (Verh. des 7. D. Geogr.-Tages, p. 91).
12. A. Schenk: Gebirgsbau und Bodengestaltung von Deutsch-Südwestafrika (Verh. des 10. D. Geogr. Tages, Berlin 1893, p. 155).
13. O. Schinz: Deutsch-Südwestafrika, Oldenburg 1891.
14. E. Süfs: Das Antlitz der Erde, Leipzig 1885.
15. J. Thomson: Notes on the Geologie of Usambara (Proc. r. geogr. soc., 1879 p. 558).
16. B. Weifsenborn: Bericht über die geologischen Ergebnisse der Batanga-Expedition (Mitt. a. d. d. Schutzgeb., 1888, p. 52).

Deutsch-Ostafrika.

Deutsch-Ostafrika, weitaus die gröfste unter allen deutschen Kolonien, umfafst ein Gebiet, das in der Mitte von Äquatorial-Afrika von der Küste bis in das Herz des Kontinentes reicht, es zeigt deshalb alle charakteristischen Erscheinungen Zentralafrikas: Wir finden hier eine typische Korallenküste, weite Küstenebenen, gewaltige Randgebirge, riesige Hochländer und tief im Innern die grofsen Seen.

Es ist nicht nötig, näher auf die orographischen Verhältnisse des Schutzgebietes einzugehen; es genügt, sie in den Hauptzügen hervorzuheben. Die Küste fällt gröfstenteils steil gegen das Meer ab, nirgends tritt aber ein höheres Gebirge nahe an den Strand, sondern es ist überall eine Küstenebene vorhanden, die kontinuierlich oder in Terrassen ansteigt; sie ist es, welche wir als Vorland bezeichnen wollen. Dasselbe ist gröfstenteils keine eigentliche Tiefebene, sondern weist Höhen bis zu 400, im Makonde-Plateau im Süden des Schutzgebietes sogar bis 700 m auf. Im Norden von Deutsch-Ostafrika ist es ziemlich schmal und wird allmählich nach Süden zu breiter, südlich des Rufidji-flusses reicht es bis weit nach Westen. Hinter ihm erheben sich, meist schroff ansteigend, die Randgebirge Äquatorial-Afrikas, welche im Norden in die Gebirgsinseln von Usambara und Pare geteilt sind und sich jenseits des Pangani-Flusses in den Ungúu-Bergen und den Gebirgen von Ukami und Usagara nach Südwesten zu fortsetzen. Am Rufidji aber treten diese Bergzüge plötzlich weit nach Westen zurück, sie streichen erst jenseits der Ulanga-Tiefebene weiter. Südlich des Ulanga scheinen die Randgebirge nicht so charakteristisch ausgebildet zu sein wie im Norden, sie bilden hier wohl einen ungefähr nord-südlichen Zug vom oberen Ulanga zum Rovuma-Oberlauf. Die Randgebirge besitzen teilweise ganz bedeutende Höhen, und zwar sind es meist nicht schroffe Einzelberge, sondern ganze Gebirgszüge und Hoch-

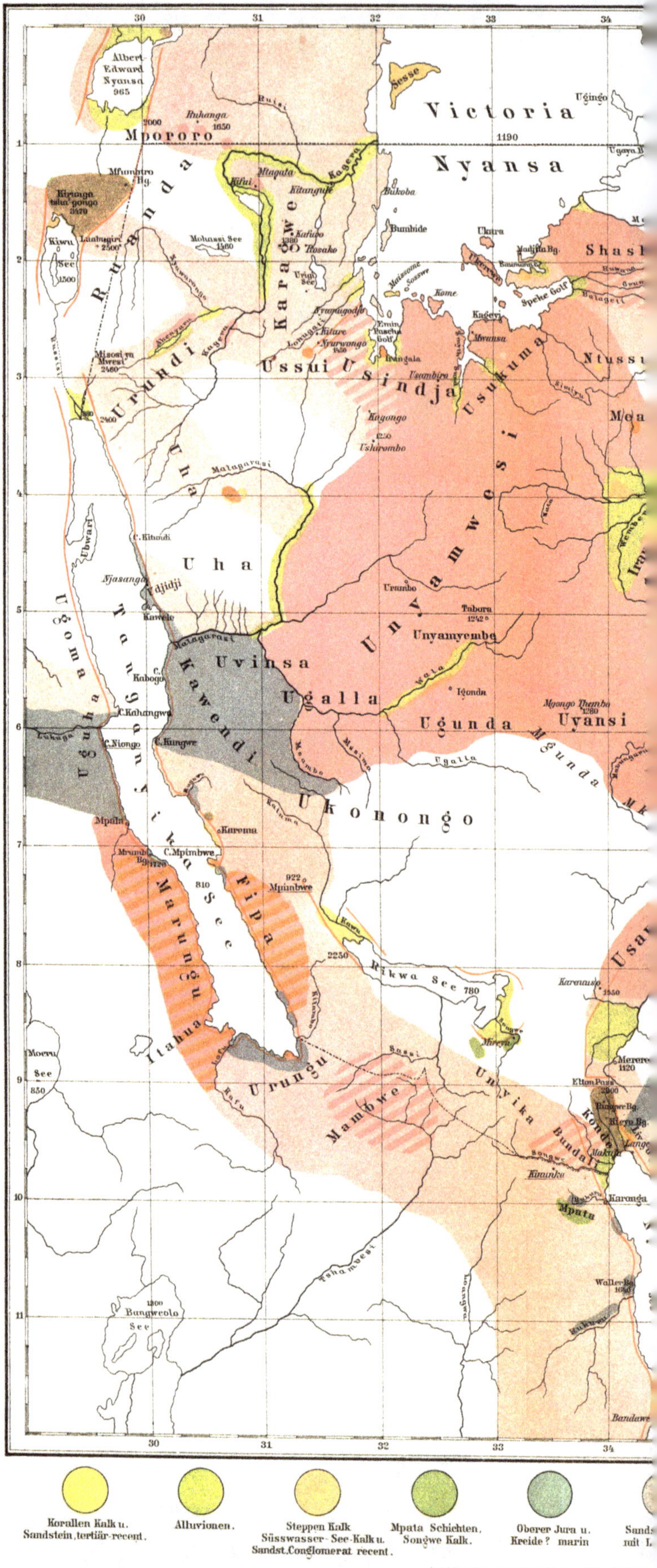

Map labels (geological/geographical map):

Top region:
Albert-Edward Nyansa 965
Ruhanga 1650
Ruisi
Victoria
Nyansa
Uğingo
Mpororo
1190
Uğaya II
Mfumbiro Hy.
Kifui
Mtagata
Kagera
Bukoba
Kirunga tsha gongo 3570
Mohassi See 1460
Kitangule
Kafuro 1350
Tavake
Bumbide
Ukara
Madjita Bg.
Shasl
Kiwu See 1500
Lualugira 2500
Ruanda
Karağwe
Utği See
Nyungodji
Kome
Spehe Golf
Matsuma o Sesswe
Kome
Busisi
Emin Pascha Golf
Kağeyi
Mwansa
Mg
Miasori m Mwest 2460
Urundi
Kitare
Loyanga
Nyarwongo
Urangala
Usambiro
Mruansa
Ntussi
2460
Ussui
Usindja
Usukuma
Mea
Kagongo
2400
Usharombo
620
Malagarasi
Ebwari
C. Kitandi
Uha
Urumbo
Tabora 1242
Unyamwesi
Njasanga
Ujidji
Kawele
Unyamyembe
Mgongo Thembo 1280
C. Kabogo
Malagarasi
Uvinsa
Uğalla
Iğonda
Uyansi
C. Kahangwa
Kawendi
Uğunda
Mğunda
Lukaga
C. Niongo
C. Kungwe
Masomo
Masira
Uğalla
Mk
Mpala
Ukonongo
Tanganyika See
Mrumbi Bg. 1126
C. Mpimbwe
Karema
922 Mpimbwe
810
Fipa
2250
Rikwa See 780
Usa
Marungu
Kitumbi
Snassi
Karenausso 1550
Moeru See 850
Itahua
Urungu
Mirera
Mererē 1120
EitonPass 2300
Mambwe
Unyika
Mpanda 2600
Bundal
Kininko
Iranerē Bg.
Meru Bg.
Makuki
Kiminko
Karonga
Mpata
Bungweolo See 1200
Waller Bg. 1620

Legend (bottom circles):
Korallen Kalk u. Sandstein, tertiär-recent.
Alluvionen.
Steppen Kalk Süsswasser-See-Kalk u. Sandst. Conglomerat recent.
Mpata Schichten. Songwe Kalk.
Oberer Jura u. Kreide ? marin
Sand mit L

An den schwarz unterstrichenen Orten befinden

Geologische Übersichtskarte

von

DEUTSCH - OSTAFRIKA

Maßstab 1 : 4000000

Kilometer

0   50   100   150   200   250

Taita

Massai

Usambara

Pemba

Sansibar

Steppe

Ndiru

Useguba

Usagara

Ukami

Khutu

Usaramo

Mafia

Mahenge

Donde

Mwera

Makonde Pl.

Mavia

Kilima Njaro
Kibo 6100
Mawensi 5350
Meru Bg. 4500

Dar es Saläm

Bagamoyo

Mombasa

Malindi

Kilwa Kivindje
Kilwa Kisiwani

Lindi

C. Delgado

Voi

Rukuru Schichten, roter Sandstein u.Thonschiefer. Karoo Formation.	Altvulkanische Gesteine, Porphyre etc.	Jungvulkanische Gesteine, Basalte etc.	Gneisse kryst.Schiefer Primär Formation.	Granite.

Die roten Linien sind Verwerfungen.

Lith.u.Druck v. E.A.Gnebsch v.S.L.Langel.D.

länder, welche oft über 2000 m, manchmal sogar über 2500 m sich
erheben. Während sie zu dem Vorland meist sehr schroff abfallen
und unvermittelt sich aus der Hügellandschaft desselben erheben,
gehen sie ziemlich allmählich in die Hochländer über, welche fast das
ganze Innere Deutsch-Ostafrikas einnehmen. Es sind dies gröſstenteils wellige Ebenen, durchsetzt von einzelnen Höhen oder Höhenzügen;
selten sind gröſsere Gebirge vorhanden. Diese Hochländer sind fast
durchwegs mehr als 1000 m über dem Meer gelegen, nur einzelne
Depressionsgebiete liegen tiefer. Durch einen scharfen Plateaurand,
der vom Natron-See bis nördlich des Nyassa das Gebiet durchzieht,
sind sie in zwei Hauptteile getrennt. Die Hochländer jenseits dieses
Plateaurandes, der meist mehrere 100 m hoch ist, sind im ganzen
und groſsen höher gelegen, als diejenigen östlich desselben; sie senken
sich ganz allmählich gegen den Viktoria-See und den Malagarasi-Fluſs
hin. Im Norden des Schutzgebietes, westlich des Manyara-Sees, erreichen sie ihre gröſste Höhe, hier scheinen sie auch mehr gebirgig
zu sein. Im Süden von Deutsch-Ostafrika sind die Verhältnisse anders.
Hier erhebt sich das Nyassa-Hochland an der Ost- und Nordostseite
des Nyassa-Sees bis über 2500 m, es fällt auſserordentlich steil gegen
den Nyassa-See ab und zieht sich nördlich von der Senkung des Sees
nach Westen, begrenzt also hier die Hochländer, welche östlich des
groſsen, oben erwähnten Plateaurandes liegen, im Süden mit einem
Steilrand und geht in die westlichen Hochländer über. Dieses Nyassa-
Hochland besitzt aber groſsenteils Gebirgscharakter, und auch seine
westliche Fortsetzung südlich des Rikwa-Sees scheint sehr gebirgig zu
sein. Im Südwesten dieses tief eingesenkten Sees geht es dann in
die Hochplateaus und Gebirgsländer über, welche ganz im Westen
unseres Gebietes dem Tanganyika-See entlang ziehen und dann im
Norden das Gebiet zwischen dem Viktoria-, Kivo- und Albert Edward-
See, das sogenannte Zwischenseegebiet, einnehmen. Dieser Zug von
Gebirgen, der 1400—2500 m über dem Meere liegt, wird ganz passend
als Rückgrat von Afrika bezeichnet. Dieses wird der Länge nach
von einem tief eingesenkten Depressionsgebiet durchzogen, das durch
den Tanganyika-, Kivo-, Albert Edward- und Albert-See bezeichnet ist,
und dadurch in zwei scharfgetrennte Hochlandsgebiete geteilt, die auffälliger Weise ihre höchsten Höhen ganz nahe am Rande der Depression
besitzen, während sie nach Osten und Westen zu allmählich niederer
werden.

Als besonders charakteristisch für Deutsch-Ostafrika ist hervorzuheben, daſs schroffe, zackige Gebirge fast gänzlich fehlen; dagegen
erheben sich vielfach hohe Einzelberge, Vulkane, zu bedeutenden
Höhen unvermittelt mitten aus den Hochebenen, und die Gebirge und

Hochländer enden meist in schroffen, oft sehr hohen Steilrändern, was besonders an den Depressionsgebieten am Nyassa-, Rikwa-, Eiassi- und Tanganyika-See auffällig hervortritt.

Über die geologische Beschaffenheit unseres Gebietes besitzen wir zwar eine Fülle von Angaben, doch sind wir im ganzen und grofsen nicht gut darüber orientiert, da die meisten Angaben unzuverlässig und ungenau sind, und fast nirgends systematische Untersuchungen vorgenommen worden sind. Über weite Gebiete sind wir überhaupt nicht unterrichtet, während über andere zwar viele, aber oft unklare und sich widersprechende Angaben vorliegen. Es ist deshalb kaum möglich, sich eine richtige Vorstellung von dem Gesamtaufbau Deutsch-Ostafrikas zu machen, und alle Schlüsse, die aus dem bis jetzt Bekannten gezogen werden, stehen daher auf sehr schwachen Füfsen.

Über die Geologie unseres Schutzgebietes oder Teile desselben sind schon mehrere Arbeiten vorhanden. Die älteste davon ist die von Sadebeck (95), sie ist aber infolge der grofsen Zahl neuerer Forschungen ganz veraltet. Das gleiche gilt von den Vorträgen Eberts (32) und Ganzenmüllers (42), sie werden deshalb im Folgenden nur wenig Berücksichtigung finden. Grundlegend sind dagegen die Angaben von Thomson (124—129), Stuhlmann (111—118) und Baumann (3; 4), ferner die Abhandlungen von Futterer (40), Süfs (120) und Toula (131). Geologische Karten finden wir bei Sadebeck (95), Thomson (124; 128), Baumann (3; 4), Stuhlmann (116), Toula (131) und Peters (84). Diejenige von Sadebeck ist sehr veraltet, dagegen die von Thomson (124) in ihren Grundzügen richtig; die neueste Karte von Peters aber ist nur eine verschlechterte Ausgabe der Stuhlmannschen Karte, es ist darauf schon längst Bekanntes gar nicht berücksichtigt. Übrigens begehen Stuhlmann und Baumann den Fehler, ihre Befunde allzusehr zu verallgemeinern, ohne sich viel um die Angaben anderer Reisender zu bekümmern, und nur Toula hat sich bemüht, alles vorhandene Material zu seiner Übersichtskarte zu verwerten.

Wenden wir uns nun zu einer kurzen Besprechung der Formationen, die wir in unserem Gebiete zu unterscheiden haben, so ist leider hervorzuheben, dafs wir über das Alter und die Stellung derselben meist sehr schlecht unterrichtet sind, da nur wenig sicher bestimmte Fossilien vorliegen, und genaue Profile fast nirgends aufgenommen worden sind. Übrigens besteht der weitaus gröfste Teil Deutsch-Ostafrikas aus Graniten, Gneisen und krystallinischen Schiefern, mit welchen besonders im Nordwesten des Gebietes auch Schichten vorkommen, in welchen allerdings noch keine Fossilien gefunden worden sind, die wir aber nach der Analogie mit Südafrika wohl als altpaläozoisch

ansehen müssen. Eine Trennung in einzelne Formationen ist hier aber
natürlich noch unmöglich, deshalb werden alle diese Gesteine, welche
vielfach gefaltet und aufgerichtet die Grundlage des Landes bilden,
als Primärformation zusammengefaßt. Im Vorland lagern diskordant
auf derselben in meist nur schwach geneigter Lage Sandsteine, Mergel
und Kalke, die meist für karbonisch gehalten werden und teils Landpflanzen, teils Marinfossilien enthalten, und vor und über diesen befinden sich im Norden unseres Gebietes ähnliche Sedimentgesteine in
derselben schwach geneigten Lage, welche zahlreiche Marinfossilien
enthalten, auf Grund deren sie mit Sicherheit als zum oberen Jura
gehörig erkannt worden sind. Ganz nahe an der Küste befinden sich
noch weitere Sedimentgesteine, die wahrscheinlich zur Kreide und
zum Tertiär gehören, und die Küste selbst besteht meist aus jungen,
zum Teil sicher rezenten Korallenkalken. Im Innern des Landes
liegen wie im Vorland auf den alten aufgerichteten Schichten vielfach
Sandsteine und Thonschiefer in meist horizontaler Lage; es sind aber
leider in denselben fast nirgends Fossilien gefunden worden, so daß
ihr Alter noch sehr unsicher ist. Vereinzelt treten hier an Seen und
in Niederungen auch Kalke und Mergel auf, die wohl alle lakustren
Ursprungs und von sehr geringem Alter sind. Jüngere marine Schichten
sind aber nirgends gefunden worden. Eine große Rolle spielen in
unserem Schutzgebiete, besonders in den Hochländern des Innern, vulkanische Gesteine. In der Nähe der Depressionsgebiete sind solche
und zwar ganz junge Eruptivgesteine in weiter Verbreitung vorhanden
und setzen oft gewaltige Vulkane zusammen. Daß in den Fluß-
niederungen überall Alluvien verbreitet sind, und daß die Zersetzungsprodukte der alten Gesteine, besonders der Laterit, im ganzen Gebiete
die Oberfläche bedecken, braucht nicht erst hervorgehoben zu werden.

Sowohl durch die orographischen Verhältnisse, als auch durch
die geologischen ergibt sich eine ziemlich scharfe Gliederung des Gebietes in zwei Hauptteile, das Vorland und das Innere. Das erstere
zerfällt wieder in die Strandzone mit den jungen Korallenkalken, die
Jura-Kreidezone und in eine dritte Zone von Sedimentgesteinen unbekannten Alters, in welcher aber die krystallinischen Gesteine schon
vielfach zu Tage treten. Im Innern dürfte am besten eine Trennung
der mehr gebirgigen Teile, also der Randgebirge und des sog. Rück-
grates von Afrika und der Hochländer sein, von welchen die ersteren
der Hauptsache nach aus alten Schiefergesteinen, im Innern oft von
Sandstein überlagert, zusammengesetzt sind, während die letzteren zum
Teil aus Granit, zum Teil aber auch aus Gneisen und alten Schiefern
und aus jungvulkanischen Gesteinen bestehen. Da die Gebirge und
speziell die Randgebirge vielfach in die Hochländer übergehen, und

diese zum Teil ebenso aufgebaut sind, wie die angrenzenden Berge,
ist natürlich die letztere Einteilung mehr durch praktische Gründe bedingt, da eine auf den geologischen Verhältnissen beruhende Einteilung
bei dem jetzigen Stand unserer Kenntnisse hier nicht möglich ist.

I. Das Vorland.

Es umfaßt von Norden nach Süden die Landschaften Tangaland,
d. h. das Küstengebiet von Usambara, Useguha zum Teil, Ukami zum
Teil, Usaramo, Khutu, Mahenge und das ganze Gebiet zwischen
Rufidji und Rovuma bis über den 37. Grad ö. L. ca. Da in dem
nördlich angrenzenden englischen Gebiete die Verhältnisse ähnlich sind,
wie in unserem, und dieses in engem Zusammenhang mit demselben
steht, auch ziemlich gut bekannt ist, erscheint es angebracht, auch die
Verhältnisse dieses Landstrichs zwischen Mombas und Taweta mit zu
besprechen. Es sind dort die Landschaften Duruma, Taita und Taweta.

1. Die Küste.

Wie schon erwähnt, ist die Küste Deutsch-Ostafrikas größtenteils
nicht flach, sondern fällt meist in einen Steilrand ab, der 10—40 m
hoch bald direkt am Meer, bald etwas landeinwärts auftritt. Nach
allen Angaben besteht er aus Korallenkalk- und Sandstein (3. p. 19, 20;
17. p. 193; 51. p. 252; 70. I. p. 12, 14; 111. p. 174—175; 112. p. 48;
116. p. 832; 117. p. 283; 82; 124. vol. II. app. III; vol. I. p. 75;
125. p. 558; 130. p. 418). Diese Gesteine treten ebenso auch auf allen
Inseln längs der Küste auf, auch Sansibar selbst scheint fast ganz
aus ihnen zusammengesetzt zu sein (26. I. p. 22—24; 82. p. 631;
112. p. 48; 116. p. 832). Nur an einigen Punkten sind sie genauer
untersucht; wir sind deshalb über vieles noch nicht genügend unterrichtet. So wird das Alter der Korallenkalke und Sandsteine oft als
jungtertiär angegeben, doch sind an der Küste noch nie tertiäre
Fossilien gefunden worden; nur auf der Insel Sansibar fand Stuhlmann (112. p. 48; 116. p. 832) Operculinen, und Peters (95. p. 28)
Cerithien. Im Korallenkalk selbst fand v. d. Decken (26. I) und Stuhlmann (112. p. 48) auf Sansibar, Ortmann (82. p. 641) bei Dar-es-Salaam
nur rezente Formen, wie sie dort an der Küste noch leben. Es ist
also sicher, daß wenigstens ein Teil der Kalke rezent ist.

Auch über den Aufbau des Steilrandes sind wir nur an einigen
Punkten unterrichtet. So fand Ortmann (82 p. 641) an dem 10—12 m
hohen Steilrand von Ras Chokir bei Dar-es-Salaam unten, 2 m ca.
mächtig, festen Korallenkalk, darüber, 2—6 m, Trümmergestein aus
Korallenkalk- und Sand und Conchilienfragmenten, und oben, 3—5 m,

feinen Dünensand, welcher nach oben tiefrot (lateritisiert) und von Humus überdeckt war, und in dem Fragmente rezenter Seemuscheln sich fanden. Vor dem Steilrand treten vielfach typische Strandriffe auf, teils direkt an der Küste, teils in dem ziemlich seichten Sansibar-Kanal. Auf Inseln in letzterem und an der Küste bei Lindi fand Ortmann kompakten Korallenkalk 20—40 m über dem Meer, Sandstein erwähnt er aber nicht. An anderen Stellen scheint aber oft der Korallendetritus und Sand durch Kalk zu einem lockeren Sandstein verfestigt zu sein, wie Thomson (124. II; 125. p. 558) von Pangani und Dar-es-Salaam, und Stuhlmann (112. p. 48) auch von ersterem Orte und der Westseite der Sansibar-Insel erwähnt. Vielleicht ist der letztere identisch mit dem, anscheinend ziemlich mächtigen, graubraunen, lockeren Sandstein, den v. d. Decken von Sansibar beschreibt und abbildet (26. I. p. 22—24, Abb. p. 54). Anders ist aber der Sandstein aufzufassen, den Stuhlmann (112. p. 48; 116) von Sansibar und Bagamoyo erwähnt. Dieser liegt unter dem Korallenkalk, ist sehr grobkörnig und hart und soll starke Erosionsspuren zeigen, woraus Stuhlmann schließt, daß er vor der Bildung der Riffe eine Zeitlang über dem Meeresspiegel war. In diesem Sandstein, der in sanft nach Osten fallenden Schichten in oder etwas über dem Meeresspiegel ansteht, sind Fossilien nicht gefunden worden. Doch traf, wie oben erwähnt, Stuhlmann bei Kokotoni auf Sansibar an seiner Stelle eine weiche, bröckelige Schicht mit Massen von Operculinen. Es ist deshalb nicht unwahrscheinlich, daß diese Schichten dem Tertiär angehören, ebenso wie die oft mehrere Kilometer von der Küste auftretenden Korallenkalke, die jünger sein müssen als die spätmesozoischen Ablagerungen und älter als der Küstensteilrand. Die Fossilien, die sie enthalten, sind aber noch nicht untersucht und wir können daher als feststehend nur sagen, die Küste Deutsch-Ostafrikas besteht in einer Breite von mehreren Kilometern der Hauptsache nach aus sehr jungen, zum Teil rezenten Korallenkalken, unter welchen vielfach Sandsteine lagern, die aber auch oft von ganz jungen, aus erhärtetem Detritus gebildeten Sandsteinen überlagert werden. Zu erwähnen ist übrigens noch, daß am Ruhoi-Fluß nördlich des Alluvialgebietes der Rufidji-Mündung zahlreiche heiße Quellen vorhanden sind, welche nicht unbeträchtliche Sinterbildungen abgesetzt haben (138. p. 650) und daß südöstlich des Lindi-Kricks sogar zwei große Krater entdeckt worden sind (144. p. 311); diese leider noch nicht näher untersuchten Vorkommnisse weisen darauf hin, daß die Steilküste Deutsch-Ostafrikas wahrscheinlich einer Bruchlinie entspricht.

Da feststeht, daß der Steilrand oft in einer Höhe bis zu 40 m aus rezenten Korallenriffen besteht, so ist sicher bewiesen, daß in

jüngster Zeit eine Hebung von mindestens diesem Betrage stattgefunden
haben mufs (3. p. 17; 82. p. 643; 111. p. 175; 112. p. 48; 124. I. p. 75; 125.
p. 558). Aber auch an Stellen, wo der Korallensteilrand fehlt, sind
Spuren davon vorhanden; so sind an der sandigen Küste zwischen
Wanga und Muoa in Tangaland viele Seemuschelreste, und es erheben
sich dort drei Dünenketten, je 2—3 m hoch, als Reste alter Strandlinien (3. p. 12). Übrigens sind nach Thomson (124; 125) sowohl bei
Pangani als bei Dar-es-Salaam zwei deutliche breite Strandterrassen
zu unterscheiden, die der Hauptsache nach aus Korallenkalk-Trümmern
und Sand bestehen. Es mufs also in neuerer Zeit eine Hebung mit
2—3 Pausen stattgehabt haben. Stuhlmann (117. p. 283) nimmt an,
dafs sie bei Dar-es-Salaam, wo vor dem Steilrand schlammige Lagunen
über dem Meeresspiegel sind, noch fortdauere, doch ist ein sicherer
Beweis dafür nicht vorhanden; dagegen haben wir mehrere Anhaltspunkte, dafs der Strand wenigstens teilweise sich gegenwärtig senkt,
resp. das Meer ansteigt. So soll bei Tongoni in der Tangata-Bai (Tanga-
Küste) das Meer so stark vordringen, dafs viele Plätze, wo Häuser
und Kokospalmen standen, schon ganz überflutet sind, und auch jetzt
(1891) noch Häuser abgebrochen werden mufsten, weil die Flut sie
schon erreichte (31. p. 85; 3. p. 17). Auch bei Muoa und Wanga dringt
das Meer gegen die Wohnhäuser vor; letzterer Ort mufs durch Dämme
geschützt werden und ist schon fast zu einer Insel geworden (3. p. 17).
Baumann (3. p. 17) erklärt auch die tiefen Ästuarien an der Tanga-
Küste dadurch, dafs das Meer in die Mündungen der Flüsse, wo die
Korallenriffe unterbrochen sind, eindringe. Stuhlmann (117. p. 283)
glaubt, auch bei Dar-es-Salaam an einem Teil des Strandes eine Senkung
annehmen zu müssen.

Wir sehen also an der Küste Deutsch-Ostafrikas die interessante
Erscheinung, dafs nach einer ziemlich bedeutenden, allerdings öfters
unterbrochenen, negativen Bewegung (Hebung) in neuester Zeit wenigstens in manchen Gebieten eine positive eingetreten ist. Leider sind
noch viel zu wenig sichere Daten bekannt, um diesen Vorgang in
seinem ganzen Umfang richtig beurteilen und daraus weitergehende
Schlüsse ziehen zu können.

2. Die Jurazone.

Da das Küstenland überall mit Laterit, Sand und anderen Alluvien
bedeckt und Aufschlüsse deshalb selten sind, haben wir nicht genug
sichere Anhaltspunkte, um genaue Grenzen zwischen den einzelnen
Formationen ziehen zu können; so ist es auch nicht möglich, die junge
Küstenzone scharf abzugrenzen, sicher ist nur, dafs sie oft mehrere

Kilometer breit ist, da Korallenkalke in dieser Ausdehnung erwähnt werden. Hinter dieser Zone finden wir nun in einem Teil unseres Gebiets eine Reihe meist leicht gegen die Küste einfallender Sedimente, Sandsteine, Mergel und Kalke, in welchen an verschiedenen Punkten Fossilien gefunden worden sind. Fast alle diese weisen auf oberen Jura hin; da aber konkordant über diesen Schichten näher an der Küste öfters noch weitere Sedimente liegen, müssen diese jünger sein; es ist wahrscheinlich, dafs sie der unteren Kreide angehören. Binnenwärts von dem Jura treten oft ähnliche Gesteine in gleicher Lage auf, und es ist deshalb die Abgrenzung der Jurazone ziemlich schwierig. Bis jetzt ist derselbe nur von Mombas bis Usaramo gefunden worden, weiter südwärts sind keinerlei Spuren davon vorhanden.[1]

a) Jura bei Mombas.

Über die Schichtfolge und die Lagerung des Jura von Mombas wissen wir nur wenig. Er tritt nur ganz nahe an der Küste in anscheinend schmalem Zuge auf. Die Ammoniten, die fast alle Hildebrand (51) fand und Beyrich (6) beschrieb, stammen aus Sphärosideritknollen, welche in eisenreichem, thonigem Sandstein vorkommen; aufserdem wird aber hier hinter der Korallenzone auch Schieferthon mit Eisennieren, blauer Kalk und Sandstein bei Rabai erwähnt, Gesteine, die wahrscheinlich noch zum Jura gehören (128. p. 48). Die Sandsteine aber, die, zum Teil verkieseltes Holz führend, bei Rabai und Duruma erwähnt werden, werden als viel älter angesehen. Die Fundplätze der Fossilien liegen nördlich von Mombas vor einem Coroa-Mombas genannten Höhenzuge; es sind nach Beyrich (6. p. 767) drei Lokalitäten zu unterscheiden: eine nahe an diesen Höhen, eine zweite weiter entfernt gegen die Küste zu und eine dritte nordwestlich von der Mombas-Bai. Von dem ersten und dritten Fundort stammen Ammoniten, die auf das Kimmeridge Europas und den Katrol-Sandstein Indiens hinweisen, während zwei Austernarten von dem zweiten Fundplatz dem Neokom angehören, so dafs also hier vor dem Jura noch eine schmale Kreidezone anzunehmen wäre.

b) Jura im Hinterland von Tanga und Pangani.

Während über das ganze Gebiet zwischen Mombas und dem Umba-Flufs keine Angaben vorliegen, sind hier in Tangaland überall hinter der Korallenkalkzone Sedimentgesteine gefunden worden, die

---

1) Fast alles, was über den Jura von Ostafrika bekannt ist, finden wir bei Futterer (40), wichtig sind ferner besonders die Arbeiten von Beyrich (6) und Tornquist (132), einzelne Angaben liefern uns Jäckel (56) und Stuhlmann (111; 112; 116; 117; 118); siehe auch 3; 4; 17; 37; 51; 68; 69; 105; 124; 125; 128 u. 130.

zum Teil sicher zum Jura gehören, zum Teil aber auch zum Karbon gerechnet werden, während andere ganz unsicher in ihrer Stellung sind. Zu letzteren gehören vor allem die grauen Thonschiefer in Digoland, wo bisher aufserdem nur am Kilulu-Berg bei Muoa Jurakalk gefunden worden ist (3. p. 117; 118. p. 80). Südlich des Sigi-Flusses ist dieser Kalk in der Steppe hinter Tanga ziemlich verbreitet (3. p. 116, p. 4, 5); er soll nach Baumann (3. p. 118) Foraminiferen und Radiolarien enthalten, die seine Zugehörigkeit zum Jura beweisen. Von anderen sind aber diese Fossilien nicht gefunden worden. In diesem Kalke, den der Sigi und Mkulumusi durchbricht, sind an dem letzteren Flufs mehrere Höhlen, die Fledermaus-Guano enthalten (3. p. 101; 40. p. 17), und es sind dieselben Kalke, aus welchen Jäckel (56) mehrere Fossilien beschreibt, welche leider meist zu schlecht erhalten waren, um genau bestimmt werden zu können; die wenigen bestimmbaren gehörten zum Oxford. Auch der feste Kalk bei Mtaru am Pangani-Flufs (112. p. 48; 132. p. 1) dürfte identisch mit diesem sein, ebenso die »pisolithischen Kalke mit Marinfossilien«, welche Missionar Farler in der Steppe zwischen Tongoni und Umba fand (37. p. 87). Bei Mtaru sind aber aufser diesem Kalk auch Mergel voll blaugrauer, kieseliger Kalkknollen und Septarien, oft von Kalkspatadern durchzogen, gefunden, aus welchen Tornquist mehrere Oxford-Ammoniten beschreibt (112. p. 48; 132). Auch bei Mauria, weiter abwärts am Pangani, sind solche Septarien (40. p. 18). Welche Stellung dem Sandstein bei Pangani (40. p. 18) und hinter Tongoni (37. p. 85), sowie dem zwischen Leva und Tschogwe (111. p. 174) zuzuweisen ist, ist noch unklar, da Fossilien noch nicht bekannt sind.

Der Jurakalk liegt im ganzen fast horizontal, er ist nur schwach gegen die Küste geneigt (3. p. 4, 5, 116), bis jetzt ist nur von Mkusi bis Tanga von Lieder ein Profil aufgenommen worden, das uns über die Lagerung desselben und seine Stellung zu den ihn begleitenden Sedimentgesteinen Aufschlufs gibt. Es erscheint daher angebracht, es ausführlicher zu erörtern. Dort treten zu Tage:

a) Zu unterst Konglomerat, graues Zement, stark kalkhaltig, die abgerollten Knollen Usambara-Gneis; Mächtigkeit unbekannt;

b) blaugrauer Thonschiefer mit zahlreichen Schwefelkieskonkretionen, am Mkulumusi bei Tanga anstehend in der Hochwasserlinie, führt zahlreich Ammoniten und kanalikulate Belemniten;

c) dichter, dickbankiger Kalkstein, der am Mkulumusi die Siga-Höhlen führt. Mächtigkeit 70—90 m, in einzelnen Bänken zahlreiche Tierreste.

Lieder (40. p. 17) meint, dafs durch die Zersetzung der Pyritkonkretionen die Schwefelwasserstoff-Quellen entstanden seien, die am Sigi bei Amboni hervorquellen und nach einer Analyse neben Schwefelwasserstoff besonders Ammoniak, ferner aber auch Chlorkalium, Chlornatrium, Chlorcalcium und Chlormagnesium enthalten (99). Baumann (3. p. 20) nimmt an, daſs sie mit einer Verwerfung zwischen dem Jura und dem Korallenkalk zusammenhingen, und weist darauf hin, daſs auch bei Pangani an der Grenze beider Kalktuffe mit Resten rezenter Landpflanzen (112. p. 48; 3. p. 20) vorhanden sind, welche die Absätze ähnlicher Quellen seien. Einen sicheren Beweis für diese Ansicht besitzen wir aber noch nicht. Der blaugraue Thonschiefer b von Lieder ist übrigens nach Futterer ein kalkiger Mergel mit Glimmerblättchen, in welchem Konkretionen von Pyrit und solche von Kalksandstein zu unterscheiden sind. Erstere enthalten Aspidoceraten, letztere Macrocephalen; der Kalk c enthält oft Sandkörner; Foraminiferen oder Radiolarien wurden in ihm nicht gefunden, doch ist er sicher mit den oben erwähnten Kalksteinen identisch. Ebenso dürften auch, wie Futterer hervorhebt, die Mergel mit den Thonschiefern in Digoland und den am Pangani gefundenen Septarienmergeln zusammengehören, und die Kalksandsteinknollen von Mkusi mit den kieseligen Kalkknollen von Mtaru zu vergleichen sein; aber die Mergel sind nach Futterer kaum einheitlich, sie gehören wohl verschiedenen Zonen an, worauf besonders der Umstand hinweist, daſs die verschiedenen Konkretionen von Mkusi verschiedene Ammoniten-Genera enthalten. Die letzteren gehören auch hier zum Oxford, so daſs die Mergel und die überlagernden Kalke dieser Jurastufe zuzurechnen sind. In dem unterlagernden Konglomerate sind Versteinerungen nicht gefunden worden, doch ist die Ansicht Futterers sehr wahrscheinlich, daſs es sich bei der Transgression des Jurameeres über die krystallinischen Gesteine von Ostafrika bildete. Vielleicht ist der braune Sandstein von Pangani und Tongoni mit dem Ammoniten führenden Kelloway-Sandstein von Mombas identisch, ebenso die Mergel von Mkusi und Mtaru mit denjenigen von Rabai bei Mombas, so daſs der obere Jura hier wie dort ausgebildet wäre. Sedimente aber, die der Kreide von Mombas entsprächen, sind aus Tangaland nicht bekannt, dürften hier auch fehlen, da die Oxfordschichten ganz dicht hinter der Korallenküste beginnen.

c) Jura im Hinterlande von Saadani und Bagamoyo.

Weiter südlich vom Pangani-Fluſs in Useguha dürfte Jura vor dem hier deutlichen Steilrand der krystallinischen Gebirge wohl vorhanden sein, es liegen aber keine Beobachtungen hierüber vor. Erst aus dem Hinterlande von Saadani und Bagamoyo haben wir wieder sichere Angaben, hauptsächlich durch v. d. Borne in Futterer (40. p. 36) und durch Dr. Stuhlmann (111; 112; 116; 117), die durch die Berichte anderer Reisender ergänzt werden. Aber nur nordwestlich von Saadani hat durch v. d. Borne ein ziemlich vollständiges Profil festgestellt werden können, während sonst nur Einzelangaben vorliegen, aus welchen sich kaum ein klares Bild von der Verbreitung und Lagerung des Jura gewinnen läfst. Dieses Profil zeigt uns folgende Verhältnisse:

Profil durch den Jura im Hinterlande von Saadani (nach v. d. Borne in Futterer).

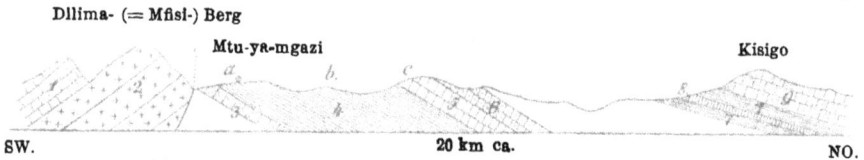

1. u. 2. krytalslinische Schiefer und Kalke, 3. Sandstein, 4. Septarienmergel, 5. reiner Kalk, 6. grobsandiger Kalk, 7. Mergel, 8. Gyps, 9. Sandstein. a, b, c, Fossilien-Fundplätze.

Durch eine Verwerfung von den krystallinischen Schiefern und Kalken, die hier von Westen bis zum Dilima- (= Mfisi-) Berg am Wami reichen, scharf getrennt, treten hier, schwach nach Osten geneigt, zuerst Sandsteine ohne Fossilien, dann Septarienmergel, 300 m ca. mächtig, auf. Darüber folgen zuerst reine Kalke, 10 m mächtig, grobkörnig und braun mit spätigen Teilen, und dann grobsandige Kalke. Hierauf ist das Profil unterbrochen bis zum Kisigo-Berg, wo 80 m mächtige Schichten, sehr schwach nach Osten fallend, anstehen; es ist hier grauer Mergel, der eine Gypsbank einschliefst, und kalkhaltiger, fein-körniger Sandstein. Bei Mtu-ya-mgazi und 1300 m weiter nordöstlich davon ist je ein Ammonit in den Septarienmergeln gefunden worden, der auf Callovien respektive Grenzzone von Callovien und Oxford hinweist. Die Mergel entsprechen also in ihrem oberen Teil denjenigen von Mtaru und Mkusi. Die Kalke darüber, deren Fossilien leider unbestimmbar waren, dürften wohl den Kalken c im Profil von Mkusi entsprechen. Die Schichten am Kisigo-Berg aber müssen ihrer Lagerung nach jünger sein als diese Juraschichten, sie werden also wahrscheinlich dem obersten Jura oder der unteren Kreide angehören.

Auffälligerweise fand Stuhlmann (117. p. 283) in derselben Gegend ziemlich abweichende Verhältnisse. Von Kiwansi an nach Nord-westen (westlich von Rosako) fand er hellgrauen bis pechschwarzen Thonboden, in welchem zuerst Stücke rötlichen Sandsteins, dann Septarien mit schlecht erhaltenen Fossilien lagen. Wo im letzteren Teil aber Gestein anstand, waren es Konglomerate, die N. 50° O. strichen und nach Nordwesten einfielen und, ebenso wie die Septarien, oft runde Eisenkiesel enthielten. Die Septarien in dem Thonboden lassen auf die Septarienmergel schliefsen; die Konglomerate dürften mit Schicht a bei Mkusi identisch sein, ihre ganz abweichende Lagerung zeigt aber, daſs hier Störungen vorhanden sein müssen. Weiterhin an der Alluvial-Ebene des Wami stand bei kwa Dikwaso ungeschichteter, grober Sandstein mit Fossilien und jenseits dünnblättriger, sandiger Thonschiefer und dickbankiger Sandstein an; dann begannen die Dilima-Gneisberge.

Septarien fand Stuhlmann aber auch sowohl in der Nähe dieser Gegend bei Masisi (116. p. 824), als auch weiter südlich bei Kissemo (117. p. 290) und Ssagati (119. p. 210), und ähnliche Sandsteine wie hier bei Masisi (116. p. 824), Kivugu (111. p. 147) und Kissemo (117. p. 290). An letzterem Orte sind aber zwei Sandsteinvorkommnisse zu unterscheiden, eines westlich und eines östlich von dem Septarienfundplatz bei Kissemo. Ferner wird aber noch weiter östlich davon kalkiger, graugelber Sandstein, stark verworfen, hauptsächlich mit nordsüdlichem Streichen und Fall nach Osten um 10—30°, erwähnt (112. p. 48; 116. p. 18, 832) und von dem Bachbett des Msua Kalkblöcke mit vielen Fossilien, besonders Korallen (117. p. 290). Ob dieser Kalk mit dem pisolithischen Kalkstein von Kingaru (östlich von Msua) (106. p. 97) und der Sandstein mit dem roten, weichen Sandstein, den Cameron (21. II. p. 228) anführt, identisch ist, muſs dahingestellt bleiben. Der am Wami, bei Masisi, Kivugu und westlich von Kissemo gefundene Sandstein ist wahrscheinlich mit dem Sandstein identisch, der die Septarienmergel in dem Profil bei Saadani unterteuft, während der Sandstein bei Msua seiner Beschaffenheit und Lagerung nach demjenigen am Kisigo-Berg entspricht. Die von Stuhlmann gefundenen Fossilien sind leider noch nicht bestimmt worden, so daſs sichere Anhaltspunkte für diese Vergleiche und das Alter der einzelnen Schichten fehlen. Sicher geht aber aus den angeführten Angaben hervor, daſs der Jura hier ähnlich entwickelt ist wie in Tangaland, aber viel weiter landeinwärts auftritt als dort und sich nach Süden zu immer weiter vom Meere entfernt. Einen wichtigen Anhaltspunkt hiefür gibt uns auch der Fund eines Perisphincten bei Kessa (westlich von Bagamoyo) (40. p. 49) in einem Kalk, der den sogenannten Usaramo-Sandstein konkordant überlagert.[1]

d) Jura im Hinterlande von Dar-es-Salaam.

Während in den eben besprochenen Gebieten die Verhältnisse insofern kompliziert sind, als die Juraschichten nicht überall ungestört, leicht nach Osten fallend, gelagert sind, sondern zum Teil stark auf-

---

1) Dieser letztere, der in West-Usaramo und den angrenzenden Gebieten weit verbreitet ist, wird meist als karbonisch angesehen, durch diesen Fund ist aber diese Annahme sehr zweifelhaft geworden. Weiter unten wird noch näher darauf zurückgekommen werden.

gerichtet sind, zum Teil selbst nach Nordwesten fallen, zeigt uns ein allerdings unvollständiges Profil aus dem Hinterland von Dar-es-Salaam
wieder die normale Schichtlage; leider sind aber von hier keine Fossilien beschrieben worden, so daſs nur die Gesteinsbeschaffenheit und
die Ähnlichkeit der Lagerung Anhalt dafür gibt, daſs die betreffenden
Schichten zum Jura gehören. Ebenso wie an der Westgrenze des Jura
am Dilima-Berg eine Verwerfung war, trennt auch hier eine solche die

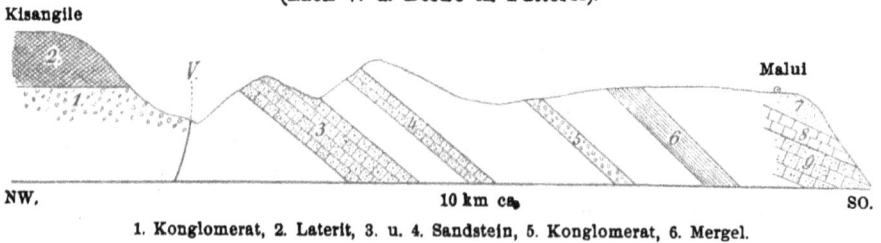

Profil durch den Jura im Hinterlande von Dar-es-Salaam
(nach v. d. Borne in Futterer).

1. Konglomerat, 2. Laterit, 3. u. 4. Sandstein, 5. Konglomerat, 6. Mergel.

Konglomerate und zu Laterit zersetzten alten Sandsteine des Kisangile-
Plateaus von den nach Osten unter 30° fallenden Sandsteinen, die
hier von Konglomerat überlagert werden, das wahrscheinlich mit dem
von Mkusi identisch ist; denn über ihm lagert braungelber Mergel,
der mit dem von Mtuya-mgazi bei Saadani, also mit dem Septarienmergel übereinstimmt. Weiter südöstlich bei Malui ist das Einfallen
der Schichten nach Osten viel schwächer, ebenso wie am Kisigo-Berg
bei Saadani; es entsprechen aber wohl die Kalke und Sandsteine den
Schichten bei c im Profil von Saadani. Der das Konglomerat unterlagernde Sandstein ist bei Mkusi nicht gefunden; ob er noch zum
Jura gehört, ist bei dem Mangel von Fossilien nicht zu entscheiden
(40. p. 40). Noch zweifelhafter in ihrer Stellung sind die in diesem
Gebiet sonst vereinzelt erwähnten Sedimentgesteine, so der pisolithische
Kalk mit Marinfossilien, den Speke (105. p. 31) bei Kidunda am
mittleren Rufu fand, von dessen Nähe auch Sandstein und grobe Konglomerate erwähnt werden (17. p. 80). Vielleicht gehören diese Gesteine
schon zu den Usaramo-Sandsteinen, welche in Ukami von Oolith be-
gleitet sind; das Konglomerat ist womöglich mit dem des Kisangile-
Plateaus in Zusammenhang zu bringen. Doch sind westlich davon
bei Viansi neben hellem, graugelbem Kalke und violettgrauen Thon-
schiefern auch Septarien gefunden worden (119. p. 211), was dafür
spricht, daſs hier oberer Jura vorhanden ist. Fraglich bezüglich ihrer
Stellung erscheinen auch die Konglomerate, roten Sandsteine und
Kalke, die Stuhlmann (118. p. 226) in dem Laterit der Pugu-Berge in
Blöcken öfters fand; da diese Gegend viel weiter östlich liegt, als der

Jura von Kisangile, so sind diese Sedimente eher jünger als dieser; dagegen dürfte der feldspathaltige Sandstein von Usungula am Wami (55. p. 266) seiner Beschaffenheit nach wieder zum Usaramo-Sandstein gehören. Die Mergel, welche südlich von Kisserawe in den Pugu-Bergen, ferner in Marúi und Rukinga vorkommen und an den letzteren Fundorten von pechschwarzer Erde überlagert sind, also ebenso wie die Septarienmergel bei Kiwansi (westlich von Saadani), und die Sandsteine in Rukinga, Marúi und Mssanga (118. p. 227), sowie am Vikuruti-Bach bei Yegéa (119. p. 211), welche dem Sandstein von Msua (westlich von Bagamoyo) sehr ähnlich sein sollen, weisen auf eine Fortsetzung des Jurazuges durch Zentral-Usaramo hin; weiter südlich von Kisangile fehlen uns aber alle Anhaltspunkte, da das ganze Land von Laterit und Alluvien bedeckt ist, und nirgends Gesteine, welche sich mit denjenigen des Jura vergleichen ließen, gefunden worden sind.

Übersicht über den Jura in Äquatorial-Ostafrika.

Wenn wir nun den Jura in Aquatorial-Ostafrika als Ganzes betrachten, so ist vor allem hervorzuheben, daß derselbe eine Küstenbildung darstellt; die groben Konglomerate, die Sandsteine, sandigen Mergel und unreinen Kalke weisen alle auf die Nähe eines Festlandes hin, das wir sicher in den krystallinischen Bergen von Taita, Usambara, Useguha und Ukami zu suchen haben; es ist nicht anzunehmen, daß das Jurameer hier weiter in das Innere gereicht habe, als bis an den Fuß dieser hohen alten Gebirge. Dagegen ist die Ansicht Stuhlmanns (117. p. 285), daß der Jura speziell bei Saadani nur eine Flußästuar-Bildung sei, sicher nicht richtig; die große Ausdehnung ähnlicher Sedimente von Mombas bis Usaramo, noch mehr aber der Charakter der Fauna, speziell das anscheinend ziemlich häufige Vorkommen von Korallen in den Kalken spricht entschieden gegen diese Auffassung. Was übrigens die Fauna des Jura anlangt, so ist dieselbe allerdings noch sehr unvollständig bekannt (6; 40; 56; 132), aber es lassen sich doch einige Schlüsse aus derselben ziehen.

So weisen, wie schon erwähnt, die Ammoniten von Mombas auf Kimmeridge und Tithon hin und zeigen zugleich Verwandtschaft mit Formen des oberen Jura von Indien und des mediterranen Jura von Europa. Die zwei Austern, die dort gefunden sind, gehören zur unteren Kreide. Die Fossilien von Tangaland aber, speziell von Mkusi, gehören alle zum Oxford; auch sie zeigen große Verwandtschaften mit der Fauna von Cutsch in Indien, aber auch mit der mitteleuropäischen. Dasselbe geht auch aus den Ammoniten von Mtaru und von Mtu-ya-mgazï hervor, nur scheint an letzterem Ort auch Callovien entwickelt zu

sein. Weitergehende Schlüsse, ob der Jura äquatorialen oder mitteleuropäischen Charakter trägt, erscheinen aber noch sehr gewagt; doch
tritt bis jetzt entschieden mehr der letztere hervor, und als sicher
erwiesen darf man annehmen, daſs das Jurameer von Ostafrika direkt
mit demjenigen von Cutsch zusammenhing, während mit dem Jura
im Kapland keine Beziehungen existieren.

3. Die Sandsteinzone.

Schon mehrfach wurden hinter dem Jura Sandsteine und andere
diese begleitende Schichtgesteine erwähnt, welche, oft Pflanzen-, oft
auch Marinfossilien führend, älter als der obere Jura sein müssen und
als karbonisch angesehen werden. Ob diese Sedimentgesteine, aus
welchen noch nie Fossilien sicher bestimmt wurden, alle zusammengehören, und ob sie wirklich karbonisch sind, ist noch sehr fraglich.
Aus praktischen Gründen werden sie aber am besten zusammen besprochen.

Sandsteine in Duruma und Taita.

Während nach Hildebrand (51. p. 212) der Mombaser Jura, der
ja zum Teil auch aus Sandstein besteht, bei Fingirro direkt an
krystallinische Gesteine angrenzt, trennt Thornton (130. p. 449) die bei
Rabai beginnenden Sandsteine, mit welchen untergeordnet Kalke und
Schiefer vorkommen, davon ab und stellt sie zum Karbon. Er fand
aber nur auſser verkieseltem Holz (bei Schimba), das unbestimmbar
war, eine einzige Versteinerung, von welcher er selbst sagt: »kaum
erkennbare Reste einer Art von Calamites (?), ähnlich denjenigen,
welche in der Kohlenformation am Sambesi gefunden wurden«. Daſs
derartige Fossilien nicht genügen, um hier Karbon zu konstatieren,
ist klar; wir wissen nichts über das Alter dieser Schichten, da sie
aber, wenn auch vielfach verworfen, ebenso wie der Jura gelagert
sind (Fall schwach nach Osten [130. p. 449]), so erscheint die Ansicht
Hildebrands, der sie alle zu dieser Formation rechnet, einstweilen
wahrscheinlicher, wenn auch recht gut möglich ist, daſs sie wenigstens
zum Teil mit der ähnlich gelagerten Kap-Formation (Karbon) gleichalterig sind.

Da diese Gesteine nicht nur die Rabai-Hügel und die Schimba-
Kette zusammensetzen (51. p. 260, 265; 128. p. 48; 130. p. 449;
6. p. 768), sondern in ganz Duruma verbreitet zu sein scheinen
(130. p. 449; 128. p. 60; 51. p. 271; 6. p. 768; 123. p. 1; 76. p. 54, 55;
26. I. p. 237—241), wollen wir sie »Duruma-Formation« nennen. Mit
den vielen Verwerfungen, die Thornton in dieser fand, steht vielleicht
in Zusammenhang, daſs bei Kisoludini bei Rabai Porphyr, allerdings

nur in einem Rollstück, gefunden wurde (92. p. 247). Näheres über
die Verbreitung und Lagerung wissen wir leider nicht, wahrscheinlich
ruhen die Sandsteine direkt auf krystallinischen Gesteinen. Weiter
binnenwärts bei Kadiaro beginnen aber nach Thornton (130. p. 449)
andere Sedimente, die er »metamorphosierte Sandsteine« nennt; es
sind wohl quarzitische Sandsteine oder verkieselte Grauwacken. Diese
sollen ganz Taita bis auf die höheren Berge bedecken, bis nach Pare
und Uguëno und den Südostfufs des Kilimanjaro reichen (130) und
selbst das Gebirge von Usambara überdecken. Zum Teil werden
diese Angaben ja bestätigt (26. II. p. 16; 123. p. 2; 55. p. 265, 266),
Thornton gibt aber diesem Sandstein, den wir nach seiner Verbreitung
»Taita-Sandstein« nennen wollen, sicher eine zu grofse Ausdehnung;
besonders ist hervorzuheben, dafs im nördlichen Teil von Taita von
den anderen Reisenden fast nur krystallinische Gesteine gefunden
worden sind (siehe auch bei Usambara!). Welche Stellung diesem
Sandsteine zuzuweisen ist und ob er mit den Duruma-Schichten in Zusammenhang steht, ist nicht anzugeben, er liegt ebenso wie diese flach
nach Osten geneigt, wohl diskordant über krystallinischen Schiefern.

Erwähnenswert ist noch, dafs hauptsächlich im Duruma-Sandstein, aber auch südlich des Jipe-Sees, im Taita-Sandstein tiefe, runde
Wasserlöcher »Ngurunga's« vorkommen, deren Entstehungsweise sehr
verschieden erklärt wird. v. d. Decken (26. I. p. 238) nimmt an, dafs
in dem Sandstein fossile Baumstämme waren, die leicht verwitterten,
so dafs tiefe Löcher, die durch weitere Verwitterung erweitert wurden,
sich bildeten; Kersten (26. II. p. 16) will sie als Strudellöcher erklären,
und Hans Meyer, der eine schalige Absonderung an dem Sandstein
beobachtete, meinte, durch dieselbe seien Vertiefungen entstanden,
welche die infolge des sich darin sammelnden Regenwassers starke
Verwitterung allmählich vertiefte (76. p. 55, 56). Gegen die Ansicht
Kerstens spricht, dafs die Ngurungas durchaus nicht nur in Thälern
vorkommen, und dafs in der flachen und trockenen Steppe nicht so
raschfliefsende und kräftige Gewässer angenommen werden können,
welche imstande wären, Strudellöcher zu bilden. Die Erklärung
Meyers stöfst darin auf Schwierigkeiten, dafs schalige Absonderung
kaum tiefe (oft 2 m) Löcher mit fast senkrechten Wänden erzeugen
kann; die Ansicht v. d. Deckens dürfte daher die beste sein, da ja
fossile Baumstämme in diesem Sandstein wirklich vorkommen, und
auch bei uns, z. B. in dem rhätischen Sandstein Frankens, sich oft
tiefe, runde Löcher bilden dadurch, dafs die verkohlten Stämme leicht
auswittern. Weitere Verwitterung und zum Teil wohl auch Kunst
hat diese für die Reisenden so wichtigen Wasserlöcher noch erweitert
und vertieft.

Sandsteine in Tanga-Land.

Thomson (125. p. 558) berichtet aus dem Gebiet östlich von
Umba in Tangaland über Sedimente, welche zum Karbon gehören
sollen, die hier aber nicht Landpflanzen, sondern Marintiere enthalten.
Er fand hier groben rötlichen Sandstein mit zwei Schichten von
dichtem braungrauen Kalk, in horizontaler Lage. Die Korallen und
marinen Schaltiere darin waren zu schlecht erhalten, um bestimmt
werden zu können, doch sollen sie auf Karbon hinweisen. Es steht
also auch hier der Beweis für karbonisches Alter auf sehr schwachen
Füfsen, auch hier ist auf die konkordante Lagerung mit den benachbarten Juraschichten hinzuweisen und zugleich auch darauf, dafs ganz
in der Nähe, bei Mkusi, im Jurakalk auch viele kaum bestimmbare
Reste von Korallen und Schaltieren vorkommen (56). Ob also Thomson
sich nicht vielleicht über das Alter der Schichten getäuscht hat, mufs
dahingestellt bleiben. Erwähnt mufs aber werden, dafs Missionar
Farler (37. p. 82) von Usambara sagt, es sei aus Granit zusammengesetzt, der oben von Sandstein überdeckt sei, dessen untere Schichten
Blei enthielten. Bleiglanz fand Hildebrand auch in dem Duruma-
Sandstein (51. p. 260) bei Masseni, es scheint dieser also auch hier
vorzukommen, doch wird er sonst nicht erwähnt. (Über Sandstein im
Usambara-Gebirge siehe Seite 31.)

Sandsteine in Ukami.

In Useguha sind hierhergehörige Sedimente nicht nachgewiesen,
am Dilima-Berg bei Saadani grenzen die Juraschichten direkt an die
krystallinischen Gesteine; es ist deshalb wahrscheinlich, dafs weitere
Sedimentgesteine hier überhaupt fehlen. Die vereinzelten Angaben
über unsichere Gesteine im Hinterlande von Bagamoyo sind schon
Seite 19 erwähnt worden; ein Teil derselben gehört allerdings wohl
zum Jura, ein anderer aber, vor allem die westlich auftretenden, gehören wahrscheinlich zu der Sandstein-Formation, die, nach Lieder
(68. p. 467), in Ukami ziemlich entwickelt zu sein scheint. Dort
am Ostfufs der hohen krystallinischen Gebirge liegt im Gebiet des
Geringeri Sandstein mit Pflanzenresten, überlagert von Oolithen und
dichten Kalken, auch Schiefer begleiten ihn; alle diese Schichten
fallen leicht nach OSO. (68. p. 466) 10—15°. Hierher ist wohl auch
der Kalk mit Marinfossilien zu rechnen, den Thomson (124. II. app. III);
allerdings mit sehr ungenauer Ortsbestimmung, aus dieser Gegend
anführt. Er erklärt ihn für karbonisch, aber ohne Beweise anzuführen;
auch Lieder hält die pflanzenführenden Sandsteine für Karbon. Da
aber, wie S. 19 erwähnt, in dem Kalk, der diesen sogen. Usaramo-

Sandstein konkordant überlagert, bei Kessa ein Perisphinct gefunden worden ist und außerdem die Lagerung mit der des Jura übereinstimmt, so erscheint auch hier die Wahrscheinlichkeit groß, daß die Schichten, wenigstens zum Teil, noch zum Jura gehören oder wenigstens viel jünger sind, als man bisher annahm. Steinkohlen, die darin vorkommen sollen, sind auch anderwärts in Jura gefunden worden, sie beweisen gar nichts für das Alter der Schichten. Stuhlmann, dem wir genauere Angaben über diese Gegenden verdanken, trennt übrigens diese Sedimentgesteine nicht vom Jura, und da er sowohl bei Kissemo nördlich, wie bei Viansi südlich von den Vorhöhen Ukamis Septarien fand (siehe oben S. 19 und 20), so spricht auch dies dafür, daß die dazwischen auftretenden Thonschiefer, oolithischen Kalke und quarzitischen Sandsteine am Ruon-Fluß und an den Gongarogwa-Höhen (östlich davon) jurassisch sind (119. p. 210, 211). Wir können aber diese Gesteine, so lange keine sicher bestimmten Fossilien daraus vorliegen, zu keiner bestimmten Formation stellen.

Sandsteine in Usaramo.

Die Sandsteine, welche schon in Ost-Ukami ziemlich verbreitet sind, gewinnen weiter im Süden noch bedeutend an Wichtigkeit, besonders in Usaramo spielen sie eine ziemlich große Rolle; Thomson (124. II. app. III) erwähnt, daß hier und in Khutu und Mahenge rote kalkige Sandsteine, Schieferthone und Konglomerate, mit welchen lokal auch Kalke und selbst Kohlenflöze vorkämen, überall verbreitet seien.[1] Die schon erwähnten Sandsteine von Kisangile und Usungulo dürften hierher gehören, vielleicht auch noch ein Teil der beim Jura mit aufgezählten Sedimente zweifelhafter Stellung.

Sandsteine in Khutu, Mahenge und im Rufidji-Gebiet.

Weiter binnenwärts in der großen Niederung des Rufidji breiten sich, wie es scheint, die Usaramo-Sandsteine überall aus. Von Kungulio am Rufidji bis zum Lager Mangwasa am unteren Ruaha fand Lieder (69. p. 273) nur diese gelben Sandsteine. Eine Überlagerung durch Kalke fehlt aber hier, dagegen liegen unter dem Sandstein weiche Schiefer mit Pflanzenresten, besonders Equiseten oder Calamiten ähnlichen Versteinerungen. Auch Thomson (124. II. app. III) erwähnt diese Sandsteine, hebt aber hervor, daß sie in Khutu häufig steil aufgerichtet und gestört wären. Er bringt dies in Zusammenhang mit Basalteruptionen, deren Spuren er hier entdeckte. Am Johnston-Berg südsüdwestlich von Rubehobeho fand er vulkanische Gesteine mit rotem und braunem Sandstein wechsellagernd; es sollen dies mit dem Sand-

---

1) Auch Elton (35. I. p. 100) erwähnt, daß am Rufidji Kohlenflöze sein sollten.

stein gleichaltrige Eruptivgesteine sein (124. I. p. 147). Dafs hier wirklich Störungen vorhanden sind, dafür spricht aufser den eben angeführten Basalten das Vorkommen von heifsen Quellen (von 65, 70 und 72 ⁰ C.), die in Nord-Khutu bei Kisaki am Fufs eines Granithügels, eines Ausläufers der hohen Rufutu-Berge, aus Sinterkegeln hervorsprudeln (17. p. 159; 85. p. 354) und die neuerdings auch am Kipalalla-Berg südlich von Rubehobeho gefunden worden sind (143. p. 32, 33). Die Sandsteine fand Thomson noch bis an den Fufs der hohen Uhehe-Berge verbreitet (124. II. app. III), aber auch südlich des Rufidji zwischen den Pangani- und Schuguli-Fällen sind sie angetroffen worden, wenn auch hier durch Erosion vielfach der unterlagernde Gneis und Granit blofsgelegt ist (5. p. 646), was übrigens an tieferen Thälern auch näher gegen die Küste zu der Fall sein mufs, so am Geringeri, westlich von Msua (21. p. 55; 116. p. 20), und am Manyora, westlich von Kidunda (17. p. 80).

Hinterland von Kilwa.

Leider sind wir über die weiten Gebiete südlich der breiten Alluvialebene des Rufidji (5. p. 641) und Ulanga (69. p. 271) fast gar nicht unterrichtet. Wir besitzen nur die dürftigen Nachrichten von v. d. Decken (26. I) und Lieder (69). Der erstere will auf seinem Wege von Kilwa Kisiwani nach Mesule öfters Basalt gefunden haben (26. I. p. 164, 165), er erwähnt aufserdem nur Quarz und Eisenstein, aber keinen Sandstein. Lieder dagegen fand denselben Sandstein, wie in Khutu, aber nur 30—40 m mächtig, in einer 80—100 km breiten Zone, auf dem Weg von Mangua über Massassi zur Küste; doch tritt auch in diesem Gebiet der unterlagernde Gneis in den Thälern zu Tage (69. p. 273).

Hinterland von Lindi.

Bedeutend besser als über die eben besprochenen Gebiete sind wir über das südliche Grenzgebiet Deutsch-Ostafrikas unterrichtet.[1])
Von der Küste langsam ansteigend, erhebt sich hier nördlich des Rovuma-Flusses das Makonde-Plateau, dem jenseits das Mavia-Plateau entspricht, bis auf 700 m ca. in der Gegend von Newala, hier bricht es plötzlich ab und es beginnt eine weite Ebene, die vielfach durch groteske Felsen ausgezeichnet ist. Im Norden ist das Makonde-Plateau durch den Ukeredi-Flufs begrenzt, jenseits dessen sich wieder Höhen

---

1) Wir besitzen darüber Angaben von Dr. Kirk (63), von Livingstone (70. I), Thomson (126), Lieder (68, 69) und Angelvy (1), die sämtlich durch bessere geologische Kenntnisse als die Mehrzahl der Reisenden sich auszeichnen.

befinden. Diese, die Moneras-Berge, bestehen aus dolomitischem Konglomerat, das auf rotem Sandstein lagert (1. p. 373). Dieser dürfte wohl auf den kupferführenden krystallinischen Schiefern ruhen, die von hier, wie von Massissi von Angelvy (1. p. 373) angeführt werden. Das Makonde-Plateau ist nach Thomson (126. p. 65) in ähnlicher Weise aufgebaut aus rotem und grauem grobem Sandstein, der diskordant auf metamorphischem Gestein lagert; dies wird von Livingstone und Kirk bestätigt, die am Rovuma grauen Sandstein, überlagert von eisenschüssigem Konglomerat (wohl identisch mit dem roten groben Sandstein Thomsons) fanden (70. I. p. 25; 63. p. 157, 160); in ersterem fanden sie auch verkieseltes Holz. Da nach Thomson (126. p. 66) dieselben Verhältnisse auch im Mavia-Plateau herrschen, so haben die nur durch die Flufsthäler getrennten Höhen einst sicher zusammengehangen und sind wohl nur durch Erosion von einander getrennt worden. Die Ebenen aber westlich von diesen Höhen bestehen durchwegs aus krystallinischen Gesteinen, die im deutschen Gebiet bis zum Moëssi-Flufs herrschen (1. p. 375; 63. p. 166; 68. p. 467; 69. p. 275; 70. I p. 34, 36, 37, 41, 47, 50; 126. p. 66). Am Rovuma unterhalb des Ludjende-Einflusses erwähnen aber Kirk und Livingstone vulkanisches Gestein, das sie für Trapp halten (63. p. 164, 165; 70. I. p. 84), und letzterer auch dolomitische Tuffe (70. I. p. 39, 40, 84). Sedimentgesteine sind aber im deutschen Gebiet hier nirgends gefunden worden; die Granite und Gneise, welche mit meist nordsüdlichem (1. p. 375), zum Teil aber auch ostwestlichem Streichen (70. I. p. 34, 50, 85) hier herrschend auftreten, haben durch Verwitterung vielfach phantastische Formen erhalten und bilden oft wildzerrissene Hügel und Berge (126. p. 66). Erst weiter südlich am Ludjende treten mitten in den krystallinischen Gesteinen Sandsteine und Schieferthone auf (126. p. 65). Die letzteren sind sehr bituminös, enthalten aber keine reinen Kohlen (126. p. 65); in dem Sandstein kommt aber ein ziemlich mächtiges Kohlenflöz vor, das von Angelvy (1. p. 375) als weithin fortstreichend nachgewiesen wurde (68. p. 467). Diese Sedimentgesteine sind aber überhaupt nur von Itule bis Kwamakanja am Ludjende in schmalem Zuge verbreitet und überall von Granit und Gneis eingeschlossen (68. p. 467; 126. p. 65). Offenbar sind sie nur durch Absinken zwischen Verwerfungen in diese Lage gekommen und so vor Zerstörung bewahrt geblieben, während die übrigen Sedimentgesteine, welche einst die ganze Gegend bedeckten, verwittert und erodiert sind bis auf den krystallinischen Untergrund. Nur in der Nähe der Küste sehen wir sie in den Plateaus noch erhalten (126. p. 65; 68. p. 467).

Überblick über die Sedimentgesteine unsicheren Alters.

Betrachten wir die Reihe aller dieser Sedimente in Zusammenhang, so ist hervorzuheben, daſs sie in dem Vorland alle diskordant über den krystallinischen Gesteinen in meist schwach nach Osten geneigter Lage, im Norden hinter der Jurazone, im Süden anscheinend direkt hinter den Korallenkalken, auftreten. Zum Teil führen sie Reste von Land respektive Sumpfpflanzen, die manchmal verkohlt, wie in Ukami und Khutu, manchmal verkieselt, wie bei Mombas und am Rovuma gefunden worden sind. Teilweise treten aber auch Kalke mit ihnen auf, in welchen bei Umba in Usambara, in Ukami und bei Kessa und Kidunda westlich von Bagamoyo Marinfossilien gefunden wurden. Aber alle diese Fossilien sind noch nicht genau untersucht worden, zum Teil waren sie zu schlecht erhalten dazu. Es ist deshalb noch sehr fraglich, ob alle diese Gesteine gleich alt sind und ob sie zum Karbon gehören. Die Ähnlichkeit der Lagerung und der petrographischen Beschaffenheit mit den Juraschichten, ferner besonders der schon erwähnte Fund eines Ammoniten in dem Kalk von Kessa spricht für ein bedeutend geringeres Alter wenigstens eines Teiles der Sandstein-Formation. Da die unteren Schichten nur Konglomerate und Sandsteine und untergeordnet auch Mergelschiefer mit Resten von Landpflanzen zu sein scheinen, die Kalke mit Marintieren aber nur in den oberen Horizonten auftreten, liegt die Annahme nahe, daſs sie ebenso wie die oberen Juraschichten Ablagerungen eines über das Vorland transgredierenden Meeres sind. Doch lassen sich sichere Schlüsse erst dann ziehen, wenn Genaueres über die Schichtfolge und die Fossilien bekannt ist; einstweilen ist nur daran festzuhalten, daſs das karbonische Alter dieser Sedimente nicht bewiesen, zum Teil sogar unwahrscheinlich gemacht ist.

II. Die ostafrikanischen Schiefergebirge.

Schon mehrfach wurde erwähnt, daſs hinter dem Vorland sich ziemlich hohe Gebirge erheben, die, fast ganz aus krystallinischen Gesteinen bestehend, den meist erhöhten Ostrand der innerafrikanischen Hochländer bilden. Man muſs diese ziemlich gleichartig aufgebauten Gebirge daher als ein Ganzes betrachten, wenn sie auch durch Erosion und zum Teil auch durch groſse Brüche in mehrere, oft scharf getrennte Gebirgskomplexe zerfallen. Der Name »ostafrikanische Schiefergebirge«, den Baumann vorschlug (3. p. 4, 5), erscheint ganz passend, um die Ähnlichkeit mit dem westafrikanischen Schiefergebirge auszudrücken, das in gleicher Weise Innerafrika der Oberguinea-Küste entlang begrenzt. Neuerdings ist allerdings das Auftreten eines einheitlichen Randgebirges in Westafrika von Barrat (2) auf das entschiedenste in Abrede gestellt worden; er weist darauf hin, dafs die gebirgigen Gebiete nördlich des unteren Kongo nur den Abfall der im Untergrund ebenso zusammengesetzten Binnenhochländer bilden, der durch Erosion gebirgig erscheint und einzelne wirkliche Gebirgsmassive aufweist, keineswegs aber ein erhöhtes einheitliches Randgebirge darstelle. Da aber derartige gebirgige Gebiete an dem Rand des afrikanischen Hochlandes grofsenteils höher als das Innere, in das sie allerdings oft übergehen, überall auftreten und stets in der Hauptsache aus krystallinischen und alten, aufgerichteten und gefalteten Schiefern bestehen, die meist auch sehr einheitliches Streichen zeigen, so darf man wohl an der Benennung »westafrikanisches Schiefergebirge« festhalten, wenn Barrat diese auch »une appellation barbare« nennt. Die infolge von Erosion und späteren tektonischen Vorgängen oft getrennten Gebirge, die aber alle gleich alt sein dürften, werden so zusammengefafst wie die Gebirgskomplexe am mittleren Rhein: Eiffel, Taunus etc., als rheinisches Schiefergebirge als Einheit bezeichnet werden. Doch mufs daran erinnert werden, dafs vielfach ein enger Zusammenhang der Randgebirge und der Hochländer besteht, so dafs eine Trennung schwer ist.

In Englisch-Ostafrika sind die hieher gehörigen Gebirge nicht besonders entwickelt, sie sind wohl durch eine Transgression des Meeres, bei welcher sich die Duruma- und Taita-Sandsteine ablagerten, bis auf einzelne Gebirgsinseln zerstört worden, welche aus der flachen Taita-Steppe sich erheben. Diese, die Kadiaro-, Maungu-, Ndara- und Bura-Berge, bestehen nach allen Berichten aus krystallinischen Gesteinen; es verlohnt sich aber nicht, näher auf ihre Verhältnisse einzugehen (76; 123; 128; 130; 131).

Die Gebirge von Usambara, Pare und Uguëno.

Das zwischen dem Kilimanjaro und der Tanga-Küste gelegene Gebiet ist der einzige Teil der ostafrikanischen Schiefergebirge, von dem zahlreiche Berichte verschiedener geologisch gebildeter Reisenden vorliegen, die zum Teil das Land in allen Richtungen durchzogen, so Baumann (3), Lent (66), Schmidt (97), Thomson (124; 125) und Thornton (130); aufserdem sind auch zahlreiche Gesteinsproben von dort mitgebracht und beschrieben worden, so von Fischer (Mügge [78; 79]), v. d. Decken (Rose [92], Roth [94]), Meyer (Tenne [123]); dann haben wir noch einzelne diese ergänzende Angaben. Es ist deshalb möglich, etwas näher auf den Bau dieser Gebirge einzugehen.

Überall sind diese scharf umgrenzt: im Nordosten breiten sich die Steppen von Taita aus, die nach Thornton (130. p. 449) mit Sand-

stein bedeckt sind; im Norden bildet die Kilimanjaro-Ebene mit jungvulkanischen Gesteinen und deren Zersetzungsprodukten und im
Westen das breite Pangani-Thal eine deutliche Grenze; gegen die
Küste zu fallen die Berge in Digoland unvermittelt ab, während südlich des Sigi in Bondei noch ein Vorland ist, das seinen Steilrand
bei Umba, Mkusi und Leva hat. Die Gebirge selbst sind wieder in
mehrere scharf getrennte Gebirgsinseln geteilt: Usambara, das nach
allen Seiten schroff abfällt und nur im Nordosten etwas abgedacht
ist und im ganzen einen Hochlandscharakter trägt, dann jenseits des
Mkulumusi drei Gebirgskomplexe: Süd-, Mittel- und Nord-Pare, letzteres
meist Uguëno genannt, die alle steil gegen das Pangani-Thal abfallen,
Uguëno aber auch gegen die Kilimanjaro-Steppe.

Usambara.

Das krystallinische Gebirge vom Usambara zerfällt in drei Haupt-
teile: das niedere Plateau von Bondei, an welches sich das Pangani-
Thal anschliefst, die hohen Berge von Handei und das Hochland von
Usambara in engeren Sinn, westlich des Luëngera-Flusses.

Bondei: Während nördlich vom Sigi Digoland allmählich ansteigt bis zum Fufs des hohen Gebirges, und dort die Grenze zwischen
den krystallinischen Gesteinen und den Sedimentschichten noch unbekannt ist (3. p. 118; 31. p. 207, 208), erhebt sich Bondei um 150 m
circa deutlich über das Jüragebiet. Aus dem 200—250 m hohen
hügeligen Plateau ragt nur der Tonguë-Berg höher (630 m) hervor.
Es besteht fast ganz aus Gneis und krystallinischen Schiefern mit Strich
N.—S., Fall O. (3. p. 119). Der Gneis zeigt vielerlei Varietäten: meist
ist es Hornblende-Granat-Gneis, oft mit feinverteiltem Graphit
(93. p. 472; 125. p. 558), untergeordnet kommen aber auch Granit
(33. p. 608) und Granulite (93. p. 470, 471) vor. Dafs die Verwitterungsprodukte hier, wie in ganz Usambara, gröfstenteils Laterite sind, ist
natürlich (111. p. 172; 3. p. 163; 125. p. 558).

Handei: Durch tief einscheidende Thäler ist der Gebirgsstock
von Handei in mehrere Teile gegliedert; entsprechend dem Hauptstreichen der Schichten, verlaufen diese Thäler grofsenteils nordsüdlich;
die Höhen sind 1000—1500 m hoch. Im ganzen scheinen hier dieselben Verhältnisse, wie in Bondei, zu herrschen, sowohl was das
Streichen und Fallen, als was die Beschaffenheit der Gesteine anlangt
(3. p. 163; 37. p. 88—90; 125. p. 558). Nur fand Thomson, allerdings nicht
anstehend, Blöcke metamorphischen Konglomerates (125. p. 558). Dafs
der bleihaltige Sandstein, den Farler (37. p. 82), ohne nähere Orts-
angabe, aus Usambara anführt, hier in den höheren Bergen vorkommt,
erscheint sehr unwahrscheinlich, er wird sonst nirgends erwähnt;

wahrscheinlich wird er, wie der bleihaltige Sandstein bei Mombas, nur
an der Küste auftreten.

Zentral- und Nord-Usambara: Durch das von Alluvien
bedeckte Luëngera-Thal (3. p. 5) getrennt von den eben besprochenen
Teilen, erhebt sich das Usambara-Gebirge (in engerem Sinne) zu ziemlich bedeutenden Höhen, 1400—2000 m, es trägt besonders im mittleren
Teile plateauartigen Charakter. Es ist dies nicht der seit langem
wirkenden Verwitterung und Erosion zuzuschreiben, sondern schon
von Anfang an dadurch bedingt, dafs die Schichten meist nur sehr
schwach geneigt sind (97. p. 450; 125. p. 558). Übrigens ist die Lage
der Schichten hier nicht so einfach, wie in Bondei und Handei; das
Streichen dreht sich aus der N.-S.-Richtung allmählich nach W.,
bis es im zentralen Teile, zum Beispiel bei Bumbuli, im Distrikt Schatu,
sogar ostwestlich wird mit Fall nach Süden, um dann allmählich wieder
nach Norden zu verlaufen, so dafs in Nord-Usambara, bei Mbaramu und
Mti, das Streichen wieder N.—S. mit Fall nach O. ist (3. p. 163). Über
den Aufbau des Landes widersprechen sich die Berichte; Thornton,
der allerdings nur die Nordecke des Gebietes besucht hat, spricht von
einer Überdeckung der krystallinischen Gesteine durch mächtige
Schichten metamorphischen Sandsteines, die leicht nach Osten fielen.
Da aber weder Schmidt (97) noch Baumann (3), die das Gebiet in
allen Richtungen durchzogen, Sandsteine fanden, dürfte Thorntons
(130. p. 449) Ansicht nicht richtig sein, wenigstens insofern als die
Sandsteine nicht ganz Usambara bedeckten. Eine Bemerkung Thomsons (125. p. 558) über die grofse äufsere Ähnlichkeit mancher Gneise
Usambaras mit Sandstein dürfte vielleicht den Grund dieses Irrtums
erklären. Übrigens wäre auch möglich, dafs Thornton ganz im Norden
Usambaras wirklich Sandstein fand; er hat dann aber den Fehler be-
gangen, seinen Befund zu sehr zu verallgemeinern. An einem Punkte
Usambaras ist übrigens Sedimentgestein, Kalk, sicher konstatiert
(92. p. 247); es ist dies wohl an der Stelle, wo Baumann auf seiner
geologischen Karte (3) Kalk angibt, nämlich im Thal von Kitivo bei
Mlalo; es ist wahrscheinlich Süfswasserkalk, in einem kleinen See oder
einer Steppenniederung abgesetzt. Sonst ist nur Urkalk, aber selten,
gefunden (3. p. 163; 97. p. 450; 58. p. 290). Phyllite werden von den
Nordost-Ausläufern des Gebirges erwähnt (97. p. 450); aufserdem sind
aber fast nur Gneise gefunden worden (3. p. 119), meist von demselben
Charakter wie in Bondei (97. p. 450), häufig sind in denselben Quarz-
gänge (97. p. 450), manchmal auch Granitdurchbrüche (3. p. 163).
Von Verwitterungs-Produkten kommen natürlich besonders häufig
Laterite vor (3. p. 163), aber auch mergelige Erden (3. p. 163) und in
Fuga Sand mit Magneteisen (97. p. 450).

Pare.

Die Gebirge von Pare bilden einen langen, ziemlich schmalen Zug zwischen dem Mkomasi- und Pangani-Thal; sie sind, wohl nur durch Erosion, in zahlreiche Einzelberge und Berggruppen geteilt. Die Verhältnisse sind hier so ähnlich mit denjenigen von Usambara, daſs man sicher annehmen darf, daſs diese Gebirge alle zusammen- gehören. Jüngere Sedimentgesteine werden hier nirgends erwähnt, auſser daſs nach Thornton (130. p. 449) der Taita-Sandstein bis an den Ostfuſs der Gebirge heranreicht. Das Gebirge selbst besteht aber fast ausschlieſslich aus krystallinischen Schiefern (3. p. 199, 202; 130. p. 449); amphibolitreiche Gesteine und Amphibolite sind häufig ge- funden (55. p. 215; 78. p. 582, 583; 93. p. 471), aber auch Gneise (3. p. 203; 78. p. 581) und Glimmerschiefer (92. p. 245, 247). Aus diesen Gesteinen stammt wohl das in den Gewässern Pares häufige Magneteisen (3. p. 199, 201). Das Streichen scheint fast stets N.—S., das Fallen nach O. 10—15⁰, oft auch steil zu sein (3. p. 199, 203; 130. p. 449); nur am Muala-Berg, wo auch Urkalk vorkommt, wird Streichen SO.—NW. und Fallen SW. 20—30⁰ erwähnt (3. p. 201). Besonders hervorzuheben sind aber jungvulkanische Tuffe und tuff- ähnlicher Kalk, der zwischen den Lassiti- und Ssambo-Bergen im Pangani-Thal gefunden wurde (55. p. 265). Es beweist dies, daſs die vulkanischen Kräfte, welche weiter aufwärts im Pangani-Thal eine gewaltige Wirksamkeit entfalteten, auch hier noch, wenn auch wohl nur in geringem Maſse, thätig waren.

Uguëno.

Uguëno ist eigentlich nur die Fortsetzung der Pare-Berge; es ragt schroff aufsteigend aus den Steppen hervor, die es von drei Seiten umgeben. Es besteht ausschlieſslich aus krystallinischen Ge- steinen (3. p. 214; 130. p. 449), besonders Gneisen (76. p. 191; 123. p. 2), die übereinstimmend alle nach O. fallen und ungefähr nordsüd- lich streichen (76. p. 191; 3. p. 214). Daſs, wie Thornton (130. p. 449) vermutet, in West-Uguëno Syenit eine gröſsere Rolle spielt, wird sonst nicht bestätigt; es sind vielmehr auch hier Gneise gefunden worden (123. p. 2). Vereinzelt wird hier auch Glimmerschiefer erwähnt (94. p. 545). Die Gesteine sind sehr eisenreich, Quarzgänge mit Eisen- erzen sind häufig (76. p. 195; 123. p. 2), so daſs in den Alluvien der Gewässer häufig Eisen vorkommt (94. p. 545, 123. p. 2), das die Ein- geborenen verarbeiten können.[1]

---

1) Die Ursache des steilen Abfalles der Uguëno- und Pare-Berge zum Pangani- Thal und die Gebiete rings um diese Gebirge können an dieser Stelle noch nicht erörtert werden, sie müssen mit dem Kilimanjaro zusammen besprochen werden.

Nguru-Useguha.

Die südliche Fortsetzung der ostafrikanischen Schiefergebirge, die wir hier in mehrere Partien geteilt und rings isoliert fanden, trägt jenseits des Pangani-Thales in Useguha und Nguru einen mehr einheitlichen Charakter. Leider haben wir über diese Gebiete außer durch Stuhlmann (111) nur sehr wenige Berichte. Wir wissen nur, daß in Useguha ein Vorland aus krystallinischen Gesteinen mit Streichen N.—S., also ebenso wie in Bondei, vorhanden ist, dessen Rand der Genda-Genda- und der Dilima-(= Mfisi-)Berg bezeichnet (3. p. 119; 40. p. 36; 117. p. 284). In den Ungúu-(= Nguru-)Bergen herrschen offenbar ausschließlich Granite und krystallinische Schiefer, besonders Gneise (111. p. 150, 158, 161, 163, 165, 168, 170; 87. p. 8; 98. p. 87). Nur im Südwesten bei Mamboya wird von Bloyet (7. p. 357) Sandstein erwähnt; da derselbe aber geologisch ungeschult war, ist diese Beobachtung mit Vorsicht aufzunehmen. Quarzgänge sind sehr häufig in den krystallinischen Gesteinen (111. p. 161); am mittleren Wami soll auch Basalt vorkommen (87. p. 4). Es wäre dies nicht auffällig, da jüngere Eruptivgesteine auch in Khutu am Ostfuße der Randberge vorkommen und wohl mit Verwerfungen, die an der Ostgrenze der krystallinischen Gesteine auftreten, zusammenhängen (siehe oben S. 25).

Ukami.

Jenseits des Wami-Flusses fangen die Schiefergebirge an, sich von der Küste zu entfernen, ein krystallinisches Vorland läßt sich nur noch am Pongue-Berg konstatieren (117. p. 285; 111. p. 148; 116. p. 823), wo Granit und Gneis, Streichen N.—S., Fallen O. 20°, und großplattiger Glimmer, wohl in Pegmatit, vorkommen. Weiter südlich reichen die Sedimentgesteine weit nach Westen bis an den Fuß der hohen Ukami-Berge. Allerdings dürften die Usaramo-Sandsteine auf krystallinischen Gesteinen aufruhen, wenigstens werden schon hinter Kissemo im Geringeri-Thal Glimmerschiefer und andere krystallinische Gesteine erwähnt (21. I. p. 54, 55; II. p. 229; 116. p. 20). Die ziemlich hohen Gebirge von Ukami und Uluguru sind übrigens nur ein Teil der Fortsetzung der Schiefergebirge, der westliche Hauptteil gehört schon zur Landschaft Usagara; er ist durch die breite Alluvialebene des Makata und Mukondokwa abgetrennt (21. I. p. 63; 98. p. 87; 116. p. 28). Die Gebirge von Ukami und Uluguru bestehen offenbar fast nur aus krystallinischen Gesteinen, besonders graphitführende Gneise, Pegmatite und Granite werden erwähnt (21. I. p. 55, II. p. 229; 68. p. 468; 87. p. 8; 98. p. 87; 106 p. 112; 116. p. 27, 28; 117. p. 287, 290; 119. p. 212); in West-Ukami wird von Cameron aber auch Sandstein angeführt (21. I. 59), doch verdienen dessen Angaben wenig Vertrauen. Die westlichen und östlichen Vorberge des Uluguru-Gebirges sollen übrigens nicht wie dieses aus Gneis (Streichen NNO.—SSW., Fallen OSO.) bestehen, sondern der Hauptsache nach aus Quarziten in sehr wechselnder Lagerung (119. p. 211, 212). Der geröllführende Kalk, den Stuhlmann (117. p. 288) im Thale von Vilansi fand, ist nur »Steppenkalk«, d. h. ein durch Verwitterung und Auslaugung kalkhaltiger, alter Gesteine in einer Niederung, vielleicht in einem ehemaligen See, entstandener Kalk geringen Alters. Wir dürfen daher daran festhalten, daſs die Gebirge in Ukami durchwegs krystallinisch sind, und daſs nur an ihrem Ostfuſs die S. 24 und 25 besprochenen Sedimentgesteine vorkommen.

Usagara.

In Usagara, dem vom Mukondokwa- und Ruaha-Fluſs bis nach Ugogo und der Massai-Steppe sich ausdehnenden Berglande, herrschen sehr komplizierte Verhältnisse. Während die Berge in West-Usagara die Fortsetzung der ungefähr N.—S. streichenden ostafrikanischen Schiefergebirge bilden, tritt in Süd-Usagara das hohe Rubeho-Gebirge zum Teil mit NW.—SO. Streichen auf; ferner befindet sich in der Gegend von Mpwapwa eine Hochebene, welche im NW. ohne scharfe Grenze in diejenige von Ugogo übergeht, im SW. davon streicht aber der Westflügel der Rubeho-Berge wieder in N.—S.-Richtung. Usagara gehört also offenbar zum Teil zu den ostafrikanischen Schiefergebirgen, zum Teil schon zu den innerafrikanischen Hochländern; es wird aber doch am besten als ein Ganzes besprochen, da eine gute Einteilung bei dem jetzigen Stand der Kenntnisse unmöglich ist. Sind schon die orographischen Verhältnisse des Gebietes sehr verwickelt und noch unklar, so herrscht in den Angaben über seinen geologischen Aufbau eine so groſse Verwirrung, daſs man kein klares Bild davon bekommen kann. Es rührt dies allerdings weniger von schwierigen geologischen Verhältnissen als davon her, daſs das Gebiet nie systematisch untersucht wurde, sondern nur von Reisenden, die meist sehr geringe geologische Kenntnisse besaſsen, in raschem Zuge durchquert wurde.[1]

Während nach Stuhlmann die Usagara-Berge ganz aus Gneis bestehen (112. p. 51), hebt Thomson (124. II. app. III.) hervor, daſs sie

[1] Zahlreiche zuverlässige Angaben verdanken wir nur Stuhlmann (112; 116), während Pfeil (85), Lieder (68) und Thomson (124) leider nur sehr wenig genaue Berichte geben. Alle anderen Angaben sind nur mit Vorsicht aufzunehmen, doch verdienen die zahlreichen, zum Teil sich ergänzenden Angaben Burtons (17) und Stanleys (106; 107) Beachtung.

zwar alle ganz aus metamorphischen Gesteinen zusammengesetzt seien, aber dafs er hier im Mukondokwa-Thale sehr wenig metamorphosierte Schichten mit Fossilien, die leider unbestimmbar waren, gefunden habe. Leider gibt er aber den Fundort nicht genau an; dafs aber neben den Gneisen, die offenbar die Hauptrolle in dem Gebiete spielen, nichtkrystallinische Gesteine sehr häufig vorkommen, geht sicher daraus hervor, dafs Burton (17. p. 227), Cameron (21. II. p. 232), Rankin (88. p. 284), Speke (105. p. 34) und Stanley (106. p. 143, 152) übereinstimmend vielfach Sandsteine erwähnen.

Betrachten wir nun die einzelnen Gebirgszüge, so müssen wir zuerst das Grenzgebirge, das südlich der Makata-Ebene beginnt, dem Ruaha ungefähr parallel bis Ugogi zieht und dann plötzlich nach N. umbiegt, um an der Grenze von Usagara und Ugogo bis in die Gegend westlich von Mpwapwa zu streichen, das Rubeho-Gebirge nennen. Im Zentrum Usagaras streicht dann als Fortsetzung der Schiefergebirge ein breiter Gebirgszug von Mamboya nach S. westlich von Kondoa bis zum Ruaha, er durchkreuzt also das Rubeho-Gebirge. Westlich davon bei Mpwapwa ist dann noch die hügelige Ebene von West-Usagara zu unterscheiden.

Das Rubeho-Gebirge: Südlich der Makata-Ebene fand Burton im Gebirge krystallinische Schiefer, Syenit und Quarz (17. p. 166, 168, 170), aber auch glimmerigen und eisenschüssigen Sandstein (17. p. 170), während Pfeil von dort nur Urgestein, besonders Gneis, erwähnt (85. p. 354). Die Ausläufer dieses Gebirgsteiles sind die schon S. 26 erwähnten Granithügel bei Kisaki. Über den Aufbau des Gebirges weiter westlich wissen wir nichts, erst nördlich von Marore ist wieder etwas bekannt. Pfeil fand dort bei dem Übergang über das Gebirge Gneis und Granit und lokal auch viel Hornblende (Amphibolite?) (85. p. 354), während Burton (17. II. p. 252, 253) weiter westlich am Süd-fufs des Gebirges bei Inena und Ikuka Grünstein, Granit, krystallini-sche Schiefer und Sandstein erwähnt. Ganz ähnliche Verhältnisse müssen auch in dem Gebirgsteile östlich von Ugogi herrschen, da von dort Granite (17. p. 223; 105. p. 54), Grünstein, Hornblende (17. p. 223), und von dem Gipfel auch aufgerichtete Sandsteinschichten (17. p. 218) erwähnt werden. Der weifse Kalk mit dunkeln Kieseln, den Burton von dem Westhang des Gebirges anführt, dürfte wohl nur ein lokales junges Gebilde, Steppenkalk, sein (17. p. 221).

Die zentralen Gebirge: Über diese Gebirge haben wir hauptsächlich aus der Gegend von Kondoa und dem oberen Mukon-dokwa-Thal zahlreiche, sich aber widersprechende Angaben; während die einen, so Cameron (21. I. p. 75, II. p. 231, 232), Lieder (68. p. 467), Schmidt (98. p. 87) und Stuhlmann (112. p. 50), dort nur krystallinische

Gesteine, Granite, Gneise mit Hornblendefels und krystallinischem
Kalk und Eisenerzen fanden, ist hier wohl die Stelle, wo Thomson
die schon erwähnten fossilführenden Schichten fand, und Stanley
aufser Granit, Porphyr, Grünstein auch Schieferthon und roten Sandstein angibt (106. p. 143; 107. p. 102), während Cameron erst weiter
westlich aufser krystallinischem Gestein roten Sandstein erwähnt
(21. p. II. 232).

Die Ebene von Mpwapwa: In der Mulde von Mpwapwa, die
fast ringsum von Bergen eingeschlossen ist und von einzelnen Höhenzügen und Bergen durchsetzt wird, scheint der rote Sandstein ziemlich verbreitet zu sein. Er wird aus der Gegend des Ugombo-Sees im
Süden der Ebene, wo sich im Osten Granit-, Gneis- und Syenit-Höhen
erheben (21. p. 79, 80, II. p. 232; 88. p. 283; 106. p. 143, 152) öfters
erwähnt (21. II. p. 232; 88. p. 284; 106. p. 143, 152, 154); er dürfte
in ungefähr horizontaler Lage diskordant über krystallinischen Gesteinen sich befinden (21. II. p. 232; 105. p. 34). Der See selbst hat, wie
Stanley (106. p. 152) aus Strandlinien am Seeufer und aus dem Charakter
der Ebene westlich des Sees schlofs, sich früher weit nach Westen
ausgedehnt, er ist der Rest eines grofsen Binnensees, der wohl nur
dadurch einschrumpfte, dafs sein Abflufs allmählich sein Bett vertiefte.
Dafs etwa der rote Sandstein in diesem See sich bildete, ist deshalb
unwahrscheinlich, weil er auch noch im Gebirge ansteht (siehe oben).
Spuren einstiger Wasserbedeckung treffen wir übrigens auch westlich
von Mpwapwa. Bei diesem selbst erwähnt Cameron (21. II. p. 233)
Granit, Stanley Trapp und Basalt (106. p. 159, 166), doch sind die
letzteren Angaben bei den mangelhaften geologischen Kenntnissen
Stanleys mit Vorsicht aufzunehmen, solange sie nicht anderweitig
bestätigt werden. Stuhlmann (112. p. 50; 116. p. 40) fand hier nur
glimmerreichen Gneis und Löfs- mit Kalkknollen.[1]) Westlich davon fand
aber Stanley (107 p. 101. 103) Steinsalz und graulichen (Kalk-) Tuff
bei Tubugwe, Stuhlmann (112. p. 50; 116. p. 832) aber Kalk, Kalk-
konglomerate mit Quarz und Feldspat-Brocken und Gneisgeröll bei
Kissokwe und Tschunjo, woraus er wohl richtig schlofs, dafs hier
einst ein See war.

Als Gesamtresultat der Erörterung der Geologie des
Gebietes dürfte wohl anzunehmen sein, dafs es zwar gröfstenteils
aus krystallinischen Gesteinen (besonders Gneis und Granit) und alten
Eruptivgesteinen (besonders Grünstein) besteht, dafs in ihm aber auch
vielfach Sedimentgesteine (vor allem Sandstein) vorkommen. Dieser
scheint gröfstenteils diskordant über den alten Gesteinen zu lagern

---

1) In der Gegend von Mpwapwa wehen fast beständig ziemlich starke Winde.

(105. p. 34), so der rote Sandstein in West-Usagara; zum Teil scheinen aber auch Schichten konkordant aufgerichtet vorzukommen, so im Rubeho-Gebirge bei Ugogi und die fossilführenden Schichten im Mukondokwa-Thal. Die letzteren dürften wohl altpaläozoisch sein, während die ersteren wahrscheinlich Reste der in Innerafrika so weit verbreiteten Sandsteindecken darstellen.

Uhehe-Gebirge.

Das tief eingeschnittene Thal des Ruaha trennt Usagara von den Gebirgen und dem Hochland von Uhehe, die sich zwischen der Ulanga-Niederung und dem Thale des oberen Ruaha ausdehnen. Leider gehören diese Gebiete zu den am wenigsten bekannten Deutsch-Ostafrikas, wir besitzen aufser den ganz allgemein gehaltenen Ausführungen Thomsons (124) nur einige dürftige Nachrichten.

Das ostafrikanische Schiefergebirge setzt sich hier fort, es liegt aber weit landeinwärts und streicht ungefähr dem Ulanga parallel. Die Gneise (69. p. 275; 124. II. app. III) und krystallinischen Schiefer, die es zusammensetzen, beginnen schon am Ruaha unter dem 37° 30′ ö. L. ca. zu herrschen, auch unter dem Sandstein weiter im Osten sind sie, wie oben (S. 26) erwähnt, öfters durch Erosion blofsgelegt; der Steilrand der Gebirge, die sich mehr als 2000 m über die 300 m ca. hohe Ulanga-Niederung erheben, liegt erst weiter westlich. Auch gegen den Ruaha im Norden ist ein schroffer Abfall vorhanden, an dem aber aufser Gneis und Granit (43. p. 118; 85. p. 354) auch Sandstein vorkommt (85. p. 354; 86. p. 159), der wohl mit demjenigen von Ikuka, nördlich des Ruaha (S. 35), in Zusammenhang steht.[1]

Über die weitere Fortsetzung der ostafrikanischen Schiefergebirge wissen wir leider nichts, besonders sind wir darüber im unklaren, in welchem Zusammenhang sie mit den Hochländern und Gebirgen an der Nyassa-Ostseite stehen. Es ist anzunehmen, dafs sie in die Gebirge bei Lupembe am Ostrand dieser Hochländer sich fortsetzen und von da in die südlich des Ulanga auftretenden Berge. Die letzteren scheinen sich westlich des oberen Luvegu zum Rovuma fortzusetzen, ein schroffer Steilrand gegen das Gneis-Sandstein-Vorland dürfte hier aber nirgends vorhanden sein. Wir besitzen von hier leider nur die dürftigen Nachrichten Lieders (69. p. 275), aus welchen

---

1) Ob er zu den Usaramo-Sandsteinen zu zählen ist, ist fraglich; es wäre allerdings möglich, dafs dieser einen Ausläufer in das tiefe Ruaha-Thal hineinschickt. Südlich von diesem Steilrand und hinter den hohen Gebirgen dehnt sich die Uhehe-Ubena-Hochebene aus, die ihrem ganzen Charakter nach zu den Hochländern Innerafrikas gehört und deshalb an anderer Stelle besprochen werden wird.

nur hervorgeht, dafs am oberen Ulanga und östlich des Nyassa in
einer Breite von 250 km ca. ausschliefslich krystallinische Gesteine
herrschen.

III. Die Nyassa-Hochländer.

Die den Nyassa umgebenden Hochländer und Gebirge nehmen
eine eigentümliche Stellung ein. Einesteils gehören ihre östlichen
Teile, wie eben ausgeführt, wohl zu den ostafrikanischen Schiefergebirgen, der Hauptsache nach gehören sie aber zu den innerafrikanischen Hochländern; andererseits gehen sie in die zentralafrikanischen
Schiefergebirge über, die vom Rikwa-See an dem Tanganyika entlang
nach Norden streichen, allerdings oft Plateaucharakter tragend. Kompliziert werden die Verhältnisse noch dadurch, dafs eine tiefe Depression
in die Hochländer eingesenkt ist sowohl am Nyassa- als am Rikwa-See.

Das Livingstone-Hochland.

Die im Osten des Nyassa-Sees gelegenen Hochländer, 2000 bis
über 2500 m hoch, fallen in ungeheuer schroffem Steilrand zum See ab;
diesen Plateaurand, der von dem See aus den Eindruck einer Gebirgs-
kette macht, nannte man Livingstone-Gebirge. Dasselbe setzt sich
nach Konde im Norden des Nyassa fort, wendet sich aber dort nach
NNW. (siehe Karte von Konde-Land, Kiepert 1895) und geht offenbar
in den Steilrand der Hochländer westlich des Nyassa über. Gegen
Norden besitzt das Hochland auch einen steilen Abfall nach Usango
hin und am Mbangala-Flufs nach Ubena; auch gegen den Ulanga
scheint ein steiler, gebirgiger Rand vorhanden zu sein, weiter im
Süden aber nicht.

Im Norden wurde das Hochland von Elton (35) und Thomson
(124) in der Mitte und im Süden von Lieder (69) durchquert, die uns
fast die einzigen geologischen Nachrichten geben.

Lieder fand nur Gneise und untergeordnet Granit zwischen
Lupembe und Langenburg, und letzteren in einem grofsen Massiv
zwischen Amelia und Mpamba-Bai, bei 30—95 km Breite (69. p. 275).
Von da an bis 250 km östlich des Nyassa herrschen wieder Gneise (69.
p. 275), auch südlich des Rovuma werden hier nur krystallinische Gesteine erwähnt (70. p. 50, 70), abgesehen von Raseneisenstein (70. p. 70).
Im Norden des Livingstone-Hochlandes herrschen aber offenbar ganz
andere Verhältnisse, so sind südlich des Mbangala-Fusses horizontal
gelagerte Thonschiefer (Phyllite?), aber auch Gneise und krystallinische
Schiefer verbreitet und näher am Nordostende des Nyassa riesige
Massen von Porphyr und dessen Tuffen und Agglomeraten (124. II.
app. III). Auch aus der Gegend des Elton-Passes und Merere's Hauptort

(am obersten Ruaha) werden aufser Gneis (69. p. 275) und Granit (35.
II. p. 335, 339, 342) Quarz (= Quarzite?), Thonschiefer, thoniger weicher
Kalk, Schieferthone und Sandstein erwähnt (35. II. p. 335, 339, 341,
358). Es ist also gar nicht daran zu zweifeln, dafs hier die krystallinischen Gesteine nicht allein herrschen, sondern dafs andere jüngere
Sedimentgesteine, vielleicht alle in ungestörter Lage wie die Thonschiefer am Mbangala, die Hauptrolle spielen. Letztere lagern nach
Thomson (124. II. app. III) wahrscheinlich auf dem Granit von Ubena,
sie sind also jünger als dieser, während die Sandsteine und Schieferthone zwischen Elton-Pafs und Merere's vielfach von Granit durchbrochen sein sollen. Da aber Elton, dem wir diese Angaben verdanken,
wohl keine genaueren geologischen Kenntnisse besafs, könnte es sein,
dafs er sich darin geirrt hat, und dafs der Granit, der wohl die Sedimentgesteine unterlagert, nur durch Erosion und spätere Störungen
öfters blofsgelegt ist.

Konde-Land.

Im Osten und Norden von dem steilen Abfall dieses Hochlandes
umgeben, erhebt sich Konde-Land selbst von der alluvialen Niederung
am Nyassa-Nordufer (69. p. 272) rasch zu bedeutender Höhe, es ist
der Hauptsache nach sehr gebirgig. Es befinden sich dort vor allem
mehrere zum Teil sehr grofse Vulkane ganz jugendlichen Alters (124. I.
p. 277, 315; II. app. III), so einer bei Pokirambo in Süd-Konde mit wohl-
erhaltenem Krater (124. I. p. 277) und die Basaltberge Kieyo und
Rungwe (25. p. 116; 69. p. 275; 74. p. 387). Am Fufse des Kieyo
ist ein Lavafeld und vulkanische Asche (75. p. 98), Bimstein am
Nyassa-Nordufer und selbst noch auf der Höhe des Elton-Passes gefunden worden (25. p. 116; 35. II. p. 332; 59. p. 62). Thomson scheint
als Basis dieser jungen Vulkane Porphyre und deren Tuffe anzunehmen
(124. geol. Profil), dies kann aber nur zum Teil richtig sein; denn am Fufs
des Rungwe ist Gneis und Glimmerschiefer vorgefunden worden (69.
p. 275), aufserdem kommen auch Quarzite, Hornfels, Schiefer, Horn-
blendegneis vor (75. p. 98), aber auch Sandstein, weicher Kalk und
grauweifser Schiefer wird erwähnt (35. II. p. 332). Es scheinen hier
also dieselben Gesteine zu herrschen wie oben auf dem Hochland,
nur dafs hier jungvulkanische Durchbrüche vorhanden sind.

Nyassa-Rikwa-Hochland.

Das Livingstone-Hochland setzt sich kontinuierlich fort in die
zum Teil gebirgigen Hochländer von Ukinga, Unyika und Bundali,
die ebenso steil zum Nyassa-See und nach Konde wie zum Rikwa-
See abfallen. Leider besitzen wir über dieses Gebiet nur die Angaben

des Missionars Kerr Crofs (24; 25) und sehr allgemeine Bemerkungen
Thomsons (124. II. app. III). Letzterer fand hier im Mumboya-Gebirge
Thonschiefer und weiter westlich Gneise und krystallinische Schiefer.
Aus diesen dürfte das Eisen stammen, das Crofs (24. p. 94) am Songwe,
einem Zuflufs des Nyassa, fand. Das Bundali-Bergland soll nach des
letzteren Bericht ganz aus Granit bestehen und von rotem Lehm, also
Laterit, bedeckt sein (25. p. 120). Auffällig ist aber, dafs er am Abfall
zum Rikwa-See Kalkschichten fand, in welchen Fossilien, Univalven,
und Bivalven, in Menge vorkommen (24. p. 95, 96). Weiter unten in
der schlammigen Ebene am Rikwa gibt er auch weissen Kalk an
(24. p. 96); dieser dürfte aber, ebenso wie der an vielen Seen Ostafrikas auftretende Kalk oder Kalktuff, nur sehr geringes Alter haben,
während man den fossilführenden Kalk, oben am Songwe (Zuflufs
des Rikwa) bei Mireya, wohl anders auffassen mufs. Wahrscheinlich
ist dieser mit den Schichten in Zusammenhang zu bringen, die südlich von der Grenze Deutsch-Ostafrikas am Nyassa-Westufer gefunden
worden sind; da hier der einzige Ort Innerafrikas ist, von dem sicher
bestimmte Fossilien vorliegen, erscheint es angebracht, näher auf die
dortigen Verhältnisse einzugehen.

Das Gebiet zwischen Rukuru-Flufs und Songwe am Nyassa-Westufer.

Während südlich des Rukuru-Flusses (10°50' s. Br. ca.) am Nyassa
bis weit nach Westen nur krystallinische Gesteine auftreten (28; 64;
109; 110; 129) und ebenso auch von Urungu am Tanganyika-Süd-
ufer bis fast zum Nyassa-Westufer (28; 67. p. 115; 91. p. 37), fand
Stewart auf der Plateauhöhe nördlich des Rukuru weiche Schiefer und
Phyllite (110. p. 263) und etwas weiter nördlich dünngeschichtete,
dunkelgraue Sandsteine, ferner in Lehmschichten näher am See auch
Steinkohlen, welche Lycopodiaceen-Sporen enthielten, identisch mit
denjenigen der englischen Steinkohle (110. p. 263), doch befinden sich
diese kaum in ihrer ursprünglichen Lage. Noch weiter im Norden
erhebt sich an der Westseite des Sees der Waller-Berg, der ebenso
wie seine Umgebung fast ganz aus Sedimentärgesteinen besteht.
Während an seinem Fufs Glimmerschiefer, Sandstein und Thonschiefer
erwähnt werden (35. p. 307, 308), besteht er selbst bis zu einer Höhe
von 900 Fufs aus sandigen Schiefern und harten und weichen Schieferthonen; dann bis 1200 Fufs in drei horizontal verlaufenden Absätzen
aus grobem, rauhem Sandsteine, weiterhin bis 2300 Fufs aus weichen,
krümeligen Schieferthonen, und bis 3100 Fufs aus gelbem hartem Thonschiefer mit Lagen von krümeligen Schieferthonen. Die Schichten
lagern alle horizontal, die Sedimentärgesteine besitzen hier also eine

bedeutende Mächtigkeit (110. p. 263). Auch weiter nördlich zwischen der Marumbi- und Kambwe-Bai sollen Sandsteinhügel am See sein (35. p. 317). Der interessanteste Punkt befindet sich aber am Rukuru-Fluſs oberhalb Karonga und in Mpata, ganz in der Nähe dieser Lokalität. An letzterem Orte sind nach Reymond (91. p. 38) grünliche weiche Sandsteine, grünliche und rötliche Thonschiefer und etwas entfernt davon Schiefer mit Cyrenen und Fischen (Lepidosteus), die auf älteres Tertiär oder obere Kreide hinweisen sollen. Doch scheinen diese Versteinerungen kaum bestimmbar gewesen zu sein, da Bertrand, der sie untersuchte, darüber schrieb: »Alles, was man sicher behaupten kann, ist, daſs diese Schiefer Cyrenen und einen Fisch (Lepidosteus) einschlieſsen.« Von den Schichten am Rikuru haben wir aber bessere Berichte (27; 28; 29; 67. p. 115). Es treten dort mitten in Gneis und Granit in schwach geneigter Lage helle Kalke, blaue und graue Thonschiefer und feinkörnige Sandsteine auf, welche zahlreiche Fossilien enthalten (28). Unter diesen sind einige Pflanzenreste, nach Drummond (28) Schilf- und Grasarten, und in einer Kalkbank zahllose kleine Muschelschalen, die alle einer Telliniden-Art angehören sollen. Die wichtigsten Versteinerungen sind aber Fischreste, die zahlreich besonders im Schiefer vorkommen, meist einzelne Schuppen, aber auch gröſsere Reste, die Traquair (28) mit Sicherheit als Paläonisciden und zwar zum Teil als Acrolepis-(Gyrolepis-?)Arten bestimmen konnte.

Es entsteht nun die Frage nach dem Alter dieser Schichten, und hier stoſsen wir auf Schwierigkeiten; denn Telliniden sind nur vom oberen Jura bis jetzt als Marintiere bekannt; Paläonisciden, speziell Acrolepis und Gyrolepis, aber nur von Karbon bis Trias. Da die Bestimmung der letzteren sicher richtig ist, kann man nur annehmen, daſs die Muscheln keine Telliniden sind, da es auch sehr unwahrscheinlich ist, daſs das Meer zur Jura oder in späterer Zeit bis Innerafrika gereicht habe. Die Schichten bei Mpata gehören kaum zu diesen, es ist wahrscheinlich, daſs es Süſswasserschichten sind, wohl von geringem Alter. Ob der Fischrest wirklich ein Lepidosteus ist, der fossil und rezent nur im Tertiär von Europa und in Nordamerika gefunden wird, muſs dahin gestellt bleiben. Man darf daher wohl annehmen, daſs die Rikuru-Schichten der Karoo-Formation angehören und mit den Sandsteinen und Schiefern am Waller-Berg und den Steinkohlen am Rukuru zusammen gehören. Ob die Kalke am Songwe, diejenigen im nördlichen Livingstone-Hochland, sowie die dortigen Sandsteine und Schieferthone und die horizontal gelagerten Thonschiefer am Mbangala-Fluſs mit diesen Schichten in Zusammenhang zu bringen sind, läſst sich jetzt noch nicht entscheiden, wenn es auch sehr wahrscheinlich ist.

IV. Die zentralafrikanischen Schiefergebirge.

Wie schon erwähnt (S. 40), sind westlich von den eben besprochenen Gebieten bis nahe zum Tanganyika-See nur krystallinische
Gesteine, besonders Schiefer, gefunden worden; über die Gebiete in
der deutschen Interessensphäre südlich des Rikwa-Sees fehlen leider
Angaben, doch dürften sie wohl ebenso zusammengesetzt sein, wie
die angrenzenden an der Stevenson-Strafse. Am Tanganyika beginnt
nun ein Zug meist gebirgiger Gegenden, der entlang der Ost- und
Westküste des Sees bis nördlich des Viktoria-Sees hinstreicht. Man
kann diese Gebirge und Hochländer als zentralafrikanisches Schiefergebirge zusammenfassen; denn sie bilden entschieden ein Ganzes,
wenn auch ziemlich bedeutende Unterschiede in den einzelnen Landschaften herrschen, so vor allem in einem Teil eine Überlagerung
durch Sandsteine vorhanden ist, im gröfsten Teil aber nicht. Leider
sind wir über die Geologie dieser Gebiete nur sehr schlecht unterrichtet; denn die meisten Angaben rühren nur von Laien her, und nur
die kurze Schilderung Thomsons (124) und Diderrichs (139; 140) und
die wenigen von Reymond bestimmten Gesteine (91) geben uns zuverlässige Anhaltspunkte. Nur über die Hochländer westlich des Viktoria-
Sees, das sogenannte Zwischenseegebiet, sind wir besser unterrichtet.

Da die Verhältnisse in unserem Gebiete nur zu erklären sind,
wenn man sie im Zusammenhang mit den ihnen aufserordentlich
ähnlichen am Tanganyika-Westufer betrachtet, müssen wir auch dieses
in die Besprechung mit einziehen.

Urungu.

Urungu, zwischen Lofu- und Kilambo-Flufs, trägt den Charakter
eines zum Tanganyika-See steil abfallenden Plateaus, das der Hauptsache
nach aus rötlichem und buntem metamorphosiertem (quarzitischem?)
Sandsteine besteht (124. II. app. III), der meist horizontal gelagert ist
und auf krystallinischen Gesteinen aufruhen dürfte (21. p. 251;
67. p. 115; 70. I. p. 204, II. p. 247; 91; 107. II. p. 37).

Itahua-Marangu.

Am Lofu-Flufs wird das Plateau plötzlich niedriger, die Sandsteinschichten sind hier stark gestört, und jenseits des Flusses tritt
Porphyr in gewaltigen Massen auf (124. II. app. III), der vereinzelt schon
im Sandsteinplateau vorzukommen scheint (67. p. 115; 91. p. 41).
Dieser Porphyr bildet nach Thomson (124. II. app. III) bis weit nach
Norden das Hauptgestein am Seeufer, was durch die von Reymond
beschriebenen Handstücke zum Teil bestätigt wird (91. p. 40; auch
107. II. p. 44); doch scheint das Gebirge, das schroff zum See abfällt,

im Innern hauptsächlich aus Granit und Gneis zu bestehen (91. p. 39),
und besonders häufig sollen hier Pegmatite und Syenite sein (139. p. 133).
Diese Gesteine bilden auch eine lange Strecke des Seeufers (91. p. 39;
139. p. 133); nur südlich von Mpala erhebt sich hier der isolierte
Mrumbi-Berg, der aus rotem, feldspatigem Sandstein (F. 22° ONO.)
besteht (139. p. 133; 140. p. 23).

Uguha-Ugoma.

Nördlich von Mpala beginnt aber wieder Sandstein vorzukommen,
der in meist horizontaler Lage nebst Konglomeraten und Schiefern
das ganze Gebiet in der Umgebung des Lukuga bedeckt (21. II. p. 249;
52. p. 9; 107. II. p. 55; 70. II. p. 60; 124. II. app. III.; 135. p. 225;
139. p. 234). Dieser Sandstein ist im Gegensatz zu dem Urungu-
Sandstein weich und tiefrot; er ist sehr grobkörnig und schließt
Konglomeratschichten ein. Die niederen Hügel am Lukuga bestehen
offenbar ausschließlich aus diesen Schichten, weiter nördlich beginnen
aber wieder höhere Berge den See einzusäumen, die wahrscheinlich
aus krystallinischen Gesteinen, wenigstens in der Hauptsache, bestehen,
doch besitzen wir darüber leider fast gar keine Angaben (52. p. 9;
17. II. p. 141; 124. geol. Karte).

Fipa.

Ähnlich wie in Itahua und Marangu die höheren Gebirge aus
krystallinischen Gesteinen bestehen, und auch am See alte Eruptivgesteine, Porphyre, Pegmatite und Syenite herrschen, setzt sich auch
Fipa der Hauptsache nach aus Gneisen und krystallinischen Schiefern
zusammen, welche auch den außerordentlich hohen und steilen
Abfall zum Nordwest-Ende des Rikwa-Sees bilden (124. II. app. III).
Am Tanganyika aber herrscht von Kap Mpimbwe an Porphyr (124. II.
p. 195; 12. p. 172).[1]) Doch scheint hier auch noch Sandstein in Begleitung von Thonschiefer und Kalk vorzukommen, der auf Granit
lagert (21. I. p. 232, 240, II. p. 246, 248; 107. II. p. 37). Dieser ist aber
nicht zu verwechseln mit einer eigenartigen thonigen Breccie und
einem Sandstein, die Böhm (12. p. 173) am Kap Mpimbwe und in
dessen Nähe, auch weiter nördlich bei Karema unten am Seeufer
fand, Gesteine, die sich jetzt noch durch Verkittung des Strandgerölls
durch Thon unter dem Wasserspiegel bilden sollen, über diesem aber
stark verwittert sind.[2])

---

1) Der Granit, der mehrfach von hier erwähnt wird, dürfte wohl größtenteils eruptiv sein, so 21. I. p. 231, 233, II. p. 248; 107. II. p. 33, 34.

2) Infolge der Verstopfung seines Ausflusses stieg der Wasserspiegel des
Tanganyika bedeutend, fiel aber rasch wieder, als die von Sand, Schlamm und
Vegetation gebildete Barrière durchgebrochen war.

Gebiet vom Kap Mpimbwe bis zum Malagarasi.

Die hohen Bergketten von Fipa (über 2500 m) werden in der Gegend von Karema bedeutend niederer; Kawendi, weiter nördlich, ist aber wieder ein ausgesprochenes Gebirgsland. Während in dem ersteren Teil des Gebietes Grauwacken, Gneise und krystallinische Schiefer, besonders Glimmerschiefer, nach den Angaben Thomsons (124. II. app. III), die vielfach bestätigt werden (11. p. 85, 87, 90; 12. p. 170; 21. p. 220; 43. p. 446; 90. p. 96; 70. II. p. 237, 238), die herrschenden Gesteine sind, ist Kawendi zwar auch aus krystallinischen Gesteinen zusammengesetzt, dieselben werden aber vielfach von rotem Sandstein überdeckt, der auch gegenüber in Uguha auftritt. Derselbe reicht von der Gegend von Simba's, östlich von Karema, bis zum Tanganyika-Ufer, nördlich von Kap Kabogo an, ist aber hier vielfach in gestörter Lagerung und offenbar oft durch Erosion bis auf den Untergrund abgetragen (124. II. app. III.; 19. p. 98; 21. II. p. 241, 244; 70. II. p. 162; 90. p. 96; 106. II. p. 15, 201). Öfters kommen auch Schiefer mit dem Sandstein vor (124. II. app. III; 21. II. p. 241), und besonders häufig scheint hier Raseneisenstein zu sein (8. p. 187; 21. I. p. 220; 70. II. p. 163, 164, 166; 106. II. p. 15). Auch Kalk soll hier vorkommen (106. II. p. 193), ebenso auch in dem Gebiet von Karema in der Nähe des Ruguvü-Flusses über krystallinischen Gesteinen gefaltete Schichten von Kohlen, rotem Sandstein, Schiefer und grauem Kalk. Da aber Cameron, der dies berichtet (21. I. p. 227, 228, II. p. 245), diese Schichten nur vom See aus sah und keine größeren geologischen Kenntnisse besaß, bedürfen diese Angaben noch der Bestätigung, besonders da Stanley in eben dieser Gegend am Seeufer Gneise, überlagert von dunkler Hornblende, Grünstein, Quarzfelsen und Schieferthon, fand (107. II. p. 30). Beachtenswert sind die heißen Quellen (40° C.), die Kaiser in Mpimbwe im Kavu-Thal fand (61 p. 93), und der Säulenbasalt, den Livingstone nördlich von Karema erwähnt (70. II. p. 237), wo er zwischen den aufgerichteten Schichten von Glimmerschiefer vorkommen soll.

Gebiet nördlich des Malagarasi.

Die Gebirge Kawendis setzen sich auch nördlich des Malagarasi fort, Sandstein scheint hier aber nur ganz in der Nähe des Seeufers vorzukommen, wie aus den leider meist wenig zuverlässigen Angaben hervorgeht (17. II. p. 41, 48, 49, 99, 141; 106. II. p. 112, 115; 124. II. app. III); in Uvinsa und Süd-Uha herrschen aber offenbar nur krystallinische Gesteine (17. II. p. 48, 49; 21. p. 202; 106. II. p. 37). Der Boden ist hier vielfach stark salzhaltig (17. II. p. 37; 21. p. 200, 202;

65. p. 292); ob dies auf einen ehemaligen Salzsee zurückzuführen ist, erscheint ungewifs (106. II. p. 163).

Die den See einfassenden Höhen werden auch hier auf der Ostseite nach Norden zu immer bedeutender, sie dürften wohl ganz aus krystallinischen Gesteinen bestehen, doch fehlen uns leider darüber sichere Angaben. Das Thonkonglomerat, das Burton (17. II. p. 141) aufser aufgerichteten Sandsteinschichten und schwarzen, basaltähnlichen Säulen hier am Seeufer fand, ist wahrscheinlich identisch mit der rezenten Breccie, die wir oben (S. 43) erwähnten.[1]

Nord-Uha.

Erst aus dem Gebiet am Oberlauf des Malagarasi, aus Nord-Uha, besitzen wir wieder bessere Angaben durch Baumann (4). Dort herrscht überall krystallinisches Gestein (4. p. 154), bis zum Malagarasi-Mittellauf. An zwei Punkten ist Diabasmandelstein gefunden (65. p. 279), an einem in der Nähe dieser auch Mergel, wohl ein Verwitterungsprodukt (65. p. 290). Der Kalk aber, der in derselben Lagerung wie die krystallinischen Gesteine vorkommt (Str. NNO.—SSW., F. 60⁰ ca. SO.) (65. p. 290), dürfte wohl hohes Alter haben. Wir werden weiter im Norden Sedimentgesteine finden, mit welchen er wahrscheinlich in Zusammenhang zu bringen ist.

Urundi und Süd-Ruanda.

In diesen Gebieten herrschen nach Baumann (4) ähnliche Verhältnisse wie in Nord-Uha. Die Randberge gegen die Tanganyika-Senkung, die Missossi ya Mwesi, erreichen hier eine gewaltige Höhe (über 3000 m), sie fallen schroff zum Thal des Russissi ab, gehen aber ziemlich allmählich in die Hochländer von Urundi und Ruanda über. Während in Uha alte krystallinische Gesteine herrschen, treten diese hier offenbar zum Teil zurück; in Süd-Ruanda herrschen allerdings Gneise (4. p. 154; 65. p. 270—272), und in den Thälern des Akenyaru und Kagera tritt Granit und Diabas zu Tage (4. p. 154; 65. p. 266); in Urundi aber südlich des Akenyaru fand Baumann meist Quarzite und Phyllite, welche im ganzen von NNO. nach SSW. strichen und steil nach WNW. fielen, also ebenso gelagert waren wie die Gneise, die auch NNO.—SSW. und NNW.—SSO. streichen. Daneben kommen auch Grauwacken und Schieferthone konkordant mit diesen Schichten vor, die Gneise und Glimmerschiefer treten aber hier sehr zurück (4. p. 154; 65. p. 274—277).

---

1) Besonders interessant ist, dafs hier im Untergrund des Sees Petroleum und bituminöse Substanzen sein müssen; denn man fand sie nach stärkeren Erdbeben auf dem Wasser schwimmend und am Ufer angespült (52. p. 3; 140. p. 24).

Ruanda.

Graf Götzen, der quer durch das mittlere Ruanda zog, fand hier neben Gneis (146. p. 389) mehrfach Glimmerschiefer und auch Thonschiefer (142. p. 167, 172; 146. p. 390), von dem letzteren gibt er ein NNO.—SSW. Streichen an; es spricht also alles dafür, dafs hier dieselben Verhältnisse herrschen, wie im übrigen Zwischenseegebiet. Ruanda ist ein Hochland, das allmählich gegen Westen zu ansteigt, bis zum Grabenrand (2580 m). Im Graben selbst, dessen Sohle 1500 bis 1700 m hoch liegt, befindet sich nördlich des Kivu-Sees eine Querreihe von mehreren hohen Vulkanen, die Kirunga- oder Mfumbiro-Berge, von welchen der westlichste, der Kirunga tsha gongo, ein 3470 m hoher Kegel von Nephelinit (146. p. 390, 391), noch thätig ist. Laven und Tuffe dieser Vulkane bedecken hier die ganze Grabensohle (142. p. 197, 199, 230, 233), doch kommen an der Nordwest-Ecke des Kivu-Sees junge Strandbildungen vor, in welchen neben Lavateilen auch Granit und Gneisreste sind (146. p. 392, 393), Gesteine, welche offenbar von dem steilen westlichen Grabenrand stammen (146. p. 393).

Süd-Mpororo.

Die Angaben, welche Stuhlmann (116) über die nördlich an Ruanda angrenzenden Gebiete macht, zeigen, dafs auch hier dieselben Gesteine herrschen, wie im Süden. Thonschiefer, Phyllite und Quarzite, im ganzen N.—S. streichend (116. p. 252, 254, 258, 259, 661), sind die Hauptgesteine; an einigen Punkten sind sie von Granit durchbrochen (116. p. 251, 254, 257, 258, 259).

Ussui-Karagwe.

Die Gesteine, welche wir in Urundi und Mpororo herrschend fanden, setzen auch die Gebiete östlich des Kagera bis zum Viktoria-See zusammen. Fast alle Angaben über diese Gegenden verdanken wir Baumann (4), Speke (105), Stuhlmann (114; 115; 116) und Götzen (142; 146), wir sind durch diese ziemlich gut über die Geologie von Ussui und Karagwe unterrichtet. Diese Landschaften erweisen sich darnach als Hochländer, welche durch viele, in Karagwe nordsüdlich verlaufende Thäler in Bergrücken und Höhenzüge in dieser Richtung modelliert sind; gegen den Viktoria-See fallen sie von Nyamagodjo an steil ab, gegen Unyamwesi zu scheinen sie aber mit niederen Höhenzügen allmählich zu beginnen, bis bei Nyakatonto und Kassuras Hauptort das eigentliche Hochland mit mehreren Terrassen in steilen Abfällen beginnt, um von hier nach Westen zu langsam anzusteigen, bis das tiefe Kagera-Thal sie von Ruanda trennt, wo aber, wie wir sahen, das Ansteigen nach Westen noch anhält. Der Steilrand, der das eigentliche Hochland nach Osten zu begrenzt, streicht von Nyamagodjo an im ganzen nach SSW., also in derselben Richtung, welche auch das Schichtstreichen in einem grofsen Teile des Zwischen-seegebietes hat; auch das Lohugati-Thal verläuft in dieser Richtung. Die Schiefer, welche das Gebiet zusammensetzen, beginnen im Osten bei Kagongo (105. p. 170), in Ost-Usindja (4. p. 154) und bei Nyama-godjo (116. p. 126), bis wohin der Granit von Unyamwesi am Viktoria-Seeufer entlang reicht. In Ost-Usindja und Ussui herrschen nach Baumann Quarzite (4. p. 154; 65. p. 276; 146. p. 387) mit Streichen NNO.—SSW., Fallen steil NNW., doch scheinen auch Phyllite sehr häufig zu sein (4. p. 154; 65. p. 276; 142. p. 134, 141, 142; 146. p. 388), während Gneise und Glimmerschiefer zurücktreten (4. p. 154; 65. p. 270, 271, 291; 146. p. 387, 389); vereinzelt ist hier auch Sandstein gefunden (65. p. 293) und Gabbro und Granit (65. p. 266, 280). Auch Stuhlmann fand bei Nyamagodjo über Granit körnigen Quarzit, der nach oben infolge von Verwitterung sandsteinähnlich wurde (114. p. 127; 116. p. 126). Dies erklärt, warum Speke (105. p. 170, 177, 182, 193) hier von Sandsteinschichten mit Quarzgängen spricht; letztere sind offenbar Quarzitschichten, die aus mehr verwittertem körnigem Quarzit und zum Teil auch wohl wirklichen Sandsteinschichten hervorragen.

In Karagwe bis über den Kagera nach Norden hinaus herrschen nach Stuhlmann (116) und Speke (105) dieselben und ähnliche Gesteine: Phyllite, Quarzite, Glimmerschiefer und Thonschiefer (114. p. 127; 116 p. 130, 218, 221, 223, 243, 661, 663, 670, 698; 105. p. 201); nur bei Kifui am Windermere-See fand ersterer Granit (116. p. 245), und Speke erwähnt auch weiche braune und rote Sandsteine und weiche blaue Schiefer (105. p. 196, 200, 201, 265, 266). Die Angaben Stanleys aber von Gneis an der Lupassi-Spitze am Viktoria-See (107. p. 236) und von Porphyr am Uhimba-See, südlich von Kafuro (107. p. 518), bedürfen noch der Bestätigung, wenn auch, nach der Ähnlichkeit der Verhältnisse mit denjenigen von Ussui und Urundi zu schliefsen, das Vorkommen dieser Gesteine gar nicht unwahrscheinlich ist.

Auch die Inseln an dem Westufer des Viktoria-Sees bestehen aus denselben Gesteinen, wie das Zwischenseegebiet: Quarziten, Thon-schiefern und Quarzsandsteinen (115. p. 190; 116. p. 698, 728, 737, 739; 107. p. 245); das Vorkommen von Basalt auf der Alice-Insel bei Bussira (107. p. 247) ist noch sehr zweifelhaft; die wabigen, eisenschüssigen Konglomerate, die Stuhlmann auf der Maissome-Insel im Emin Pascha-Golf fand (116. p. 739), sind auch kaum vulkanischer Natur, es sind wohl Zersetzungsprodukte alter Gesteine durch Eisenerz verkittet, ähnlich wie das Tapanhoacanga-Erz in Brasilien.

Die krystallinischen Schiefer und alten Sedimentärgesteine bilden
auch noch nördlich des deutschen Gebietes die herrschenden Gesteine;
erst in Uganda, Unyoro und nördlich des Albert-Sees finden wir
Gneise und dann Granite (34; 105; 116; 141); näher auf diese noch
wenig bekannten Gebiete einzugehen, würde aber zu weit führen. Es
genügt hervorzuheben, dafs die zentralafrikanischen Schiefergebirge
in der Gegend des Albert-Sees enden, und dafs dort überall Granit
in gewaltigen Massen aufzutreten beginnt.

Die Gesteine des Zwischenseegebietes.

Von den Schiefergebirgen ist hier vor allem auffällig, dafs sie
nicht mehr in der Hauptsache aus Gneisen und ähnlichen Gesteinen
bestehen, sondern aus Gesteinen, die entschieden jünger sind, Phylliten,
die in Thonschiefer, und Quarziten, die in Sandstein überzugehen
scheinen. Diese Gesteine sind aber alle ebenso gelagert wie die
Gneise und Glimmerschiefer, die untergeordnet mit auftreten; sie
haben also sicher nichts zu thun mit den Sandsteinen von Tanganyika,
die diskordant über den alten Schichten lagern. Wenn auch Versteinerungen in diesen Gebieten noch nirgends gefunden worden sind[1]),
so können wir doch nach der Analogie mit Südafrika und Westafrika
annehmen, dafs die Tanganyika-Sandsteine, die weiter im Westen im
Kongo-Becken überall verbreitet sind, der Karoo-Formation entsprechen,
während die gefalteten und aufgerichteten Schichten präkarbonisch
sind (2; 30). Unter den letzteren soll wieder eine Diskordanz zwischen
den schwach gefalteten devonischen und den darunter lagernden, stark
gestörten, archäisch-silurischen Schichten, der Primärformation, bestehen. Wahrscheinlich gehören also die Schichten der zentralafrikanischen Schiefergebirge zur Primärformation. Ob die Sandsteine am
Tanganyika-Südende mit denjenigen in Kawendi und Uguha gleichalterig sind, ist noch unsicher, ebenso ob vielleicht die Rikuru-
Schichten und überhaupt die Sandsteine und Thonschiefer am Nyassa,
die ja ähnlich gelagert sind, mit den Tanganyika-Sandsteinen in Zusammenhang zu bringen sind. Wahrscheinlich ist allerdings, dafs alle
diese Gesteine die Reste einer ähnlich wie im Kongo-Becken überall
verbreiteten Sandsteindecke sind.[2])

---

1) Ein im Thonschiefergebiet von Nord-Ussui in Lehmschichten von Graf
Götzen gefundenes Stück von eisenschüssigem Quarz ist nach der Untersuchung
von Felix in Leipzig wahrscheinlich ein fossiler Baumstamm, wenn auch eine
organische Struktur nicht nachweisbar war (146. p. 388, 389).
2) Siehe Cornet: Les formations postprimaires du bassin du Congo (Ann. de
la soc. de Géol. de Belgique, 1893/94, p. 193 ff.

V. Die innerafrikanischen Hochländer.

Das ganze Innere Deutsch-Ostafrikas von den Randgebirgen bis zu den zentralafrikanischen Schiefergebirgen trägt keinen Gebirgscharakter, sondern den von welligen Hochebenen, in welchen allerdings lokal höhere Berge und einzelne Gebirge auftreten. Das ganze riesige Gebiet scheint nach allem, was wir wissen, fast gar keine Sedimentärgesteine aufzuweisen, es besteht zum gröfsten Teil aus Granit, zum kleineren aus Gneis und jungen Eruptivgesteinen. In ungefähr nordsüdlicher Richtung durchzieht eine gewaltige Verwerfung die Hochländer vom Natron-See bis zum Nyassa, es ist der »ostafrikanische Graben« von Suefs (120).[1]) Obwohl dieser keineswegs mit Formationsgrenzen zusammenfällt, ergibt sich doch durch ihn am besten eine Gliederung in zwei Hauptteile, die Gebiete im Graben und östlich davon und die höher gelegenen im Westen.

Der ostafrikanische Graben und die Hochländer östlich davon.

Diese Gebiete sind leider noch nicht von Fachleuten systematisch untersucht, nur der Kilimanjaro ist planmäfsig erforscht worden durch Dr. Lent, der aber ermordet wurde, ehe er den geologischen Teil seiner Aufgabe vollenden konnte. Durch zahlreiche petrographische Arbeiten besitzen wir aber doch wenigstens über die Gesteine dieses Berges und seiner Umgebung sichere Anhaltspunkte. Aus allen übrigen Teilen des Gebietes liegen aber fast nur vereinzelte und allgemein gehaltene Angaben vor, von welchen besonders diejenigen von Dr. Fischer, Mügge (38; 78; 79), Dr. Baumann, Lenk (3; 4; 65), Dr. Stuhlmann (112; 116) und Thomson (124) Vertrauen verdienen, alle anderen sind mehr oder minder unzuverlässig; wir besitzen solche in ziemlicher Menge, besonders über Ugogo, weil hier die wichtige Strafse Bagamoyo—Tabora unser Gebiet durchzieht. Über die Gegenden südlich davon sind wir aber fast gar nicht unterrichtet, da nur Elton sie ihrer ganzen Ausdehnung nach durchzogen hat (35).

Gebiet des Natron-Sees und Nguruman.

Der einzige Reisende, dem wir geologische Angaben über die Gebiete nördlich des Meru-Berges verdanken, ist Dr. Fischer (38), die Gesteinproben, die er mitbrachte, hat Dr. Mügge beschrieben (78; 79).

---

1) Obwohl der Charakter eines Grabens, wie später sich zeigen wird, in unserem Gebiet meist nicht gewahrt ist, hat sich dieser Name für das langgestreckte Senkungsgebiet, das die Fortsetzung des im englischen Gebiet typisch entwickelten Grabens bildet, schon eingebürgert und wird deshalb am besten beibehalten.

Leider sind wir über die Topographie und Geologie dieser Gegenden
nur sehr ungenügend unterrichtet. Aus dem Berichte Fischers (38)
geht aber doch hervor, daſs hier in dem Depressionsgebiet der Charakter
eines von zwei Steilrändern begrenzten Grabens deutlich hervortreten
muſs. In diesem Graben liegt der langgestreckte Natron-See (650 m),
an dessen Westufer sich heiſse Quellen (50° C.) befinden (38. p. 84).
Nördlich von demselben dehnen sich Steppen aus, die den Charakter
ehemaligen Seebodens an sich tragen, so die Salzsteppe von Nguruman
(38. p. 58), die aber in ihrem südlichen Teile durch Höhen in zwei
Teile getrennt sein muſs, von welchen der eine am Natron-See, der
andere am Nordfuſs des Gelei-Berges liegt. Das letztere Becken
ist von 80 m hohen Steilrändern umgrenzt und hat graugelben Boden,
überstreut mit Chalcedonstücken (38. p. 58; 78. p. 699); es wurde dort
auch Akmit-Trachyt anstehend gefunden (78. p. 590). Der Gelei-Berg
selbst, der wie seine Umgebung vulkanischer Natur sein dürfte, scheint
in den Graben weit vorzuspringen; weiter südlich ist an der ent-
gegengesetzten Seite, dem Steilrande wie angeklebt, der Dönjo-Ngai,
ein Vulkan mit vorherrschenden Nephelin- und Melilith-Gesteinen
(78. p. 584, 594, 603, 605, 607), der im Jahr 1880 einen Ausbruch hatte.[1]
Der Steilrand, welcher an der Stelle, wo der Vulkan sich erhebt,
nieder ist und wie zerrissen aussieht, wird nach Süden zu wieder
höher. Hier bildet offenbar die Ebene von Ngaruka mit grauem
Thonboden (38. p. 88) die Fortsetzung des Grabens; sie ist im Osten
von dem Steilabfall des Nanja-Hochlandes begrenzt, scheint aber
weiterhin stark eingeengt zu sein durch den Kawinjiro- und Ssimangor-
Berg, die wohl vulkanisch sind.

Gegend des Manyara-Sees und Umbugwe.

Von den weiter südlich gelegenen Landschaften sind wir durch
Baumann (4) unterrichtet, nach dessen Schilderungen hier die Verhältnisse einfacher zu sein scheinen. Im Westen ist ein 700 m ca.
hoher, schroffer Steilrand vorhanden, der ungefähr N.—S. streicht,
während im Osten von einem solchen nicht die Rede sein kann, da
sich die Massai-Steppe ganz allmählich in die Grabenniederung senkt.
In dieser liegen die Salzseen Manyara und Laua ya sereri (65. p. 292),
welche wohl einst viel weiter ausgedehnt waren; denn am Nordende
des ersteren ist eine Ebene mit jungem Kalk und Geröllen (4. p. 136;
65. p. 291), und auch Umbugwe trägt den Charakter eines alten See-

---

1) Als ihn Fischer 1882 besuchte, war einmal noch eine Rauchsäule wahr-
nehmbar (38. p. 85), der Zoologe Neumann, der ihn 1894 bestieg, fand nahe an
seinem Gipfel nur ein kleines Dampfloch (81. p. 421).

bodens; dafs aber der Manyara einst mit dem Natron-See zusammenhing, erscheint bei den grofsen Höhenunterschieden zwischen beiden
(1000 und 650 m) nicht sehr wahrscheinlich. Ebenso wie am Natron-
See treten auch am Westufer des Manyara heifse Quellen auf (65. p. 292).
Das herrschende Gestein ist Gneis, der sowohl am Manyara-Ost- und
Westufer (65. p. 269, 270), als in Hügeln in Umbugwe ansteht
(4. p. 137); nur am Nordende des Sees besteht der ganze Steilrand aus
jungvulkanischen Gesteinen (4. p. 136; 65. p. 288, 289).

Ufiomi-Mangati.

Der Steilrand im Westen des Grabens setzt sich nach Süden zu
fort, er ist auch in Mangati noch sehr hoch und schroff. Im Osten
aber ist noch keine scharfe Begrenzung vorhanden, doch beginnt eine
solche mit dem vulkanischen Ufiomi-(= Ngarut-)Berg (4. p. 137).
Die Grabensohle steigt hier sanft von Umbugwe an, sie besteht aus
Basalt und Tuff (4. p. 137; 65. p. 294). Hier liegt, als Ausnahme in
diesen trockenen, abflufslosen Gebieten, ein Süfswassersee, der Mait-
simba (1440 m); westlich von ihm liegen Höhenzüge vor dem hohen
Steilrand, der sich weiter südlich bei Mangati nach Westen und dann
nach Südwesten wendet und viel niederer wird (4. p. 138). An dieser
Stelle erhebt sich aus der Ebene der steile Basaltkegel des Gurui
über 3000 m (4. p. 138). Neumann (80. p. 136), der ihn bestieg, fand
keinen Krater auf seinem Gipfel, wohl aber südwestlich und nordwestlich von ihm kraterähnliche Thäler, in deren einem er auch
Schlacken und Bimstein antraf; Götzen erwähnt aber mehrere Nebenkrater an ihm (45. p. 104; 142. p. 45), er fand nur Nephelinit an
seinen Hängen (142. p. 45; 146. p. 385). In der Nähe des Berges liegen
mehrere Seen (45. p. 104; 4. p. 138), so der Balangda-Salzsee zwischen
ihm und dem Steilrand (65. p. 292). Gegenüber von ihm ist hier auch
im Osten einer scharfer Grabenrand vorhanden im Abfall des Uassi-
Plateaus, doch fällt dieses auch nach Westen zur Massai-Steppe steil
ab, bildet also nur ein kleines Hochland (4. p. 137).

Unyanganyi und Ussandaui.

Am Gurui war die höchste Höhe der Grabensohle erreicht
(1300 m ca.), von hier an senkt sich diese allmählich nach Süden zu,
es beginnt das Flufssystem des Bubu, der teils aus dem Graben, teils
aus der Massai-Steppe östlich davon seine Zuflüsse empfängt und
nach Süden fliefst, um in Ugogo im Sande zu verlaufen, während er
früher wahrscheinlich in den Ruaha im Süden von Ugogo einmündete.
Der Westrand des Grabens ist südlich des Gurui zwar bedeutend

niedriger als am Manyara-See, aber doch sehr scharf, im Osten dagegen ragt das Ussandaui-Plateau und das Hügelland von Irangi nur
wenig hervor; ein Steilrand fehlt hier. In der geologischen Beschaffenheit greift in dieser Gegend ein Wechsel Platz; die Grabensohle besteht nämlich, wie die Plateaus im Westen, aus Granit (4. p. 138;
116. p. 770), der von Laterit oder graubraunem Thon überlagert ist
(116. p. 770; 65. p. 291).

Ugogo.

Trotz der vielen Angaben über die Geologie von Ugogo ist hier
noch manches klarzustellen, und viele Widersprüche sind noch zu
lösen. So berichten die meisten Reisenden nur von krystallinischen
Gesteinen, besonders Granit und jungen Alluvien, einige erwähnen
aber auch Sandstein ohne aber eine bestimmte Lokalität anzugeben
(17. p. 295—296; 21. II. p. 234). Man kann deshalb diese von Laien
herrührenden Angaben nicht in Betracht ziehen. Ebenso ist eine
Bemerkung Thomsons (124. II. app. III), daſs auſser Granit auch
Eruptivgesteine vorkämen, nicht zu verwerten, da er keine näheren
Angaben darüber macht. Da Stuhlmann (112; 116) sämtliche charakteristische Erscheinungen Ugogos erwähnt, so wird es am besten sein
sich an seine Berichte zu halten und die anderen nur als Ergänzung
zu betrachten.

Ugogo hat den Charakter einer Ebene, die vielfach von niederen
Höhenzügen durchsetzt ist, welche meist aus Granit bestehen (116. p. 47;
17. p. 246, 251, 295, 296; 21. I. p. 86, 104; II. p. 234; 105. p. 56, 63;
135. p. 280), zum Teil besonders in Ost-Ugogo auch aus Gneis (116. p. 47;
104. p. 548—550). Nur bei Ugogi scheinen auch andere krystallinische
Schiefer vorzukommen (17. p. 247). Zwischen diesen Hügeln breiten
sich flache Niederungen aus, die ganz den Eindruck ehemaliger Seebecken machen, was dadurch bestätigt wird, daſs in denselben vielfach Kalkgerölle, Salzeffloreszenzen und Mergelschichten auftreten.
(16. p. 505; 17. p. 295—296; 21. p. 97; 106. p. 186; 107. p. 107; 112.
p. 53; 116. p. 46.) Laterit ist in Ugogo nicht sehr verbreitet, grauer
Thon (124. II. app. III), grober Sand und Flugsand bedeckt weite
Strecken (112. p. 52; 116. p. 46). Der Grabenwestrand ist auch hier
deutlich, aber insofern modifiziert, als hier nicht überall ein Steilrand
vorhanden ist, sondern zwei parallele durch eine Terrasse getrennt
(112. p. 53); ein Ostrand ist kaum vorhanden, bei Tschunjo senkt sich
das Land allmählich, und bei Ugogi ist zwar eine scharfe Grenze vorhanden, aber nicht durch einen Plateaurand, sondern durch den Westflügel des Rubeho-Gebirges.

Usango.

Über die Grabengebiete südlich von Ugogo sind wir leider fast gar nicht unterrichtet, wir besitzen darüber nur einige Bemerkungen Eltons (35. II.), der aber auf den Hochländern westlich davon nach Norden zog und nur im Süden den Graben überquerte. Das ganze Gebiet wird der Länge nach von dem Ruaha durchströmt, der besonders von Westen her zahlreiche Zuflüsse zu bekommen scheint. Durch diese ist offenbar der scharfe Plateaurand vielfach zerstört, es besteht aber ein ziemlicher Höhenunterschied zwischen dem Graben und den westlichen Hochländern, und der Anstieg ist steil; über die Ostseite gegen Uhehe und Ubena hin wissen wir gar nichts; es wird dort kaum ein scharfer Grabenrand sein. Im Süden aber endet der Graben plötzlich, es zieht sich dort ununterbrochen das Livingstone-Hochland quer herüber. Dort dehnen sich zwischen Merere's am oberen Ruaha und dem Mbarafu-Fluß in der Grabensohle Ebenen aus, die sandig oder mit Raseneisenstein (?) bedeckt sind (35. II. p. 369). An letzterem Fluß bei Karausu begann der Aufstieg auf die Hochländer, dort fand Elton Granit, weiche und harte Schiefer mit Quarzgängen und Hämatit (35. II. p. 370). Granit erwähnt er auch vom Msombe-Fluß, viel weiter nördlich, wo er wieder in die Grabenniederung herabstieg (35 II. p. 377). Da, wie wir später sehen werden, sowohl im Osten wie im Westen dieses Gebietes Granit fast ausschließlich herrscht, so darf man wohl annehmen, daß dies auch hier der Fall ist. Es herrschten hier dann also ganz ähnliche Verhältnisse, wie in Ugogo, nur daß ein starker Strom das Gebiet entwässert.

Gebiet um Matiom und Meru-Berg.

Von den östlich des Grabens liegenden Hochländern ist zuerst das Gebiet zu besprechen, das sich zwischen dem Natron-See und dem Kilimanjaro befindet. Nach den Berichten Fischers, dem wir fast die einzigen Angaben darüber verdanken (38), sind hier zwischen dem Kilimanjaro und dem Meru Steppenebenen vorhanden, die ebenso wie diejenigen südlich und nördlich des ersteren vielfach Salzeffloreszenzen aufweisen (38. p. 50, 55). Hier dürfte auch der kleine Mandschara-Salzsee liegen, von welchem Peters Salz mitbrachte (83; 133). Westlich davon erheben sich Hochländer und zahlreiche Berge, so das Nanja-Hochland, das Matiom-Bergland, der Longido- und Erok-Berg. Die Grundmasse dieser Berge und Höhen dürften krystallinische Gesteine bilden, besonders Gneise, die auch oft nachgewiesen sind (78. p. 577, 578, 581, 607; 128. p. 249). Doch müssen jüngere Eruptivgesteine auch häufig sein, solche sind am Kitumbin-Berg (78. p. 605) und am

Abfall des Nanja-Hochlandes gegen die Ngaruka-Ebene (78. p. 601),
also am Ostrand des Grabens gefunden worden. Es ist demnach
kaum berechtigt, dieses Gebiet als gröfstenteils jungvulkanisch anzugeben, wie auf Toulas sonst so vorzüglicher Karte geschieht (131);
es ist vielmehr wahrscheinlich, dafs die krystallinischen Schiefer, die
südlich des Meru-Berges auftreten, westlich von ihm mit denjenigen
des Matiom- und Longido-Berges in Zusammenhang stehen, und dafs
nur einzelne höhere Berge, besonders am Grabenrand, vulkanisch sind.

Der gewaltige, isoliert stehende Meru (4740 m ca.) im Südosten
dieses Gebietes ist leider noch wenig untersucht, es ist ein erloschener
Vulkan, von dessen Fufs von Fischer und Teleki einige junge Eruptivgesteine mitgebracht worden sind (78. p. 601, 602; 93. p. 487, 489).

Der Kilimanjaro.

Über kein Gebiet Deutsch-Ostafrikas besitzen wir so zahlreiche
und so zuverlässige Angaben als über den Kilimanjaro und seine
Umgebung. Dieser riesige Vulkan, der sich mitten aus 6—800 m
über dem Meere gelegenen Steppen unvermittelt zu der gewaltigen
Höhe von mehr als 6000 m erhebt, hat seit seiner Entdeckung durch
den deutschen Missionar Krapff das Interesse aller derer, die
sich um die Erforschung Äquatorial-Ostafrikas bemühten, wachgerufen
und eine grofse Zahl Reisender angelockt.[1]) Der Südabhang des
Berges ist nicht besonders steil, im Norden dagegen fällt er verhältnismäfsig schroff ab; er besitzt zwei Hauptgipfel, den Kibo (6010 m ca.)
und den Mawensi (5355 m ca.). Während der letztere zackige, schroffe
Formen besitzt, zeigt der Kibo auf den ersten Blick die typische Gestalt eines abgestumpften Vulkankegels. Dr. H. Meyer, dem es
gelang, seine Spitze zu ersteigen, fand oben auch einen bis auf einen
Spalt auf der Westseite vollständig geschlossenen Krater, der aber,
mit Ausnahme eines kleinen Aschenkegels in der Mitte, ganz von
Schnee und Eis erfüllt war. Der Mawensi ist offenbar nur der Rest
des Kraterrandes einer älteren Ausbruchstelle. Zwischen den beiden
Gipfeln ist ein 4000 m ca. hohes Sattelplateau, das ebenso wie die
Flanken des Berges mit zahlreichen parasitischen Kratern besetzt ist.
Diese Ausbruchstellen scheinen besonders am Ost- und Westhang des
Berges häufig zu sein, sie bilden im Westen die sogenannte Schiras-

---

1) Für die Geographie des Gebietes sind besonders die Arbeiten von
v. d. Decken (26), Höhnel-Teleki (Denkschr. k. k. Ak., Wien 1891), H. Meyer (76)
und Lent (66) wichtig; die von diesen und anderen mitgebrachten Gesteinsproben
sind von Bonney (13), Hatch (50), Hyland (55), Miers (77), Mügge (78; 79) Rose (92),
Rosiwal (93), Roth (94) und Tenne (123) petrographisch untersucht worden.

Kette und reichen im Osten bis weit in die Ebene bei Taveta; dort
befindet sich auch der Kratersee Dschala.

Aus den vielen Gesteinsproben geht hervor, daſs am Mawensi
Feldspatbasalt, am Kibo Nephelinbasanit herrscht (76. p. 264); näher
auf den Charakter der Gesteine des Kilimanjaro einzugehen, ist jetzt,
wo seine einzelnen Ausbruchstellen, seine Lavaströme etc. noch nicht
systematisch untersucht sind, nicht angebracht. Man muſs den Kilimanjaro und seine Nebenkrater zwar als junge Ausbruchstellen, aber
gegenwärtig als erloschen betrachten; denn abgesehen von Sagen der
Eingebornen über den Dschala-See weiſs man fast nichts, was auf
eine Thätigkeit in historischer Zeit hindeutet. Am Berg ist nur eine
einzige, mäſsig warme Quelle (33° C.) gefunden worden, doch sind Erdbeben ziemlich häufig (15. p. 110; 36. p. 382); auch ist auffällig, daſs
der Aschenkegel im Kibo-Krater schneefrei ist.

Vulkanische Hügel, Laven und Tuffe nehmen auch den gröſsten
Teil der Kilimanjaro-Steppen ein, sie reichen im Süden bei
Taveta bis zur Mitte des Djipe-Sees, nördlich des Uguëno-Gebirges
bis zum Rufu-Fluſs und östlich desselben bis zum Mruschunga-Bach
(76. p. 191). Doch kommen sie hier auch noch weiter südlich vor,
wie die von Hyland (55. p. 265) angeführten Basanittuffe aus der
Ebene zwischen dem Uguëno-Gebirge und dem Pangani und zwischen
den Lassiti- und Ssambo-Bergen beweisen. Besonderes Interesse bieten
aber andere Gesteine, die in den Kilimanjaro-Steppen gefunden worden
sind. So reicht nach Thornton (130. p. 448) der Taita-Sandstein
bis an den Südostfuſs des Vulkans, wo ein Rücken aus Schichten
desselben, mit Str. N.—S., F. O 20° ca., aus den Laven aufragt; doch
wird dieser Sandstein sonst nicht erwähnt. Dagegen ist Kalk hier
vielfach gefunden worden (58. p. 280; 92. p. 246, 247; 94. p. 544),
doch ist dieser nicht mit dem Sandstein in Zusammenhang zu bringen.
Kalk ist aber auch in der Ebene zwischen Taveta und dem Lettima-
Gebirge vielfach verbreitet (66. IV. p. 4; V. VI. p. 58). Dieser ist nach Lent
(66. IV. p. 4) dadurch entstanden, daſs die Gewässer, welche von dem
Kilimanjaro herabkommen, durch Zersetzung Calciumhaltiger Gesteine
Kalk mit sich führen, der sich dann in der trockenen Steppe, wo die
Gewässer gröſstenteils versiegen, als lockerer Kalktuff mit vulkanischen
Geröllen absetzt. Auſserdem sind aber in der Ebene zwischen Aruscha
und Kahe Geröllschichten (66. V.—VI. p. 9) und südöstlich von Aruscha
Kalkbänke mit Süſswasserfossilien, Melanien- und Paludinen-Arten,
wie sie heute noch im Djipe-See leben (3. p. 247; 66 V.—VI. p. 21,
III. p. 34; 55. p. 266; 92. p. 247). Lent (66. V.—VI. p. 21) nimmt
deshalb an, es habe sich am Südfuſse des Kilimanjaro ein groſser See
ausgedehnt, der zum Teil durch die Sedimente der Gewässer, die sich

hier vom Kilimanjaro-, Meru-, Lettima- und Uguëno-Gebirge sammelten, ausgefüllt, zum Teil bis auf den Djipe-See dadurch trocken gelegt wurde, daſs sein Abfluſs, der Pangani-Fluſs, sein Bett allmählich vertiefte. Auſser diesen jungen Sedimentärgebilden stehen aber auch krystallinische Gesteine vereinzelt in den Steppen an und zeigen so, daſs sie hier wie überall in Innerafrika die Grundlage bilden, so Glimmerschiefer an der Ostseite des Djipe-Sees (94. p. 544), Gneis am Baumann-Hügel (66. V.—VI. p. 58) und an den Höhnel-Katarakten (3. p. 251) bei Aruscha. Besonders interessant ist aber ihr Vorkommen nördlich von Uguëno, das Lent eingehend bespricht (66. I.—II. p. 39, V.—VI. p. 37 ff.). Uguëno endet südlich des Rufu-Flusses in einem steilen Abbruch, der die Form eines Halbkreises hat, dem »Uguëno-Zirkus«. In der Fortsetzung der Flügel desselben liegen einerseits die Makessa-Kitowo-Hügel zwischen Taveta und dem Himo-Fluſs, andererseits der Euphorbien-Hügel, 3 km westlich des Himo bei Kahe, mitten in der Ebene, die hier ganz aus vulkanischen Gesteinen und Tuffen besteht. Der Kitowo-Hügel besteht aus Gneis, der SSO.—NNW. streicht und nach NO. mit 30° einfällt, ebenso der Euphorbien-Hügel, wo allerdings die Schichten stark gestört sind, aber im ganzen nach Osten oder Südosten mit 25° einfallen, also ebenso wie in Uguëno, so daſs diese Hügel offenbar die Fortsetzung der Flügel des Uguëno-Zirkus bilden. Den Verwerfungen, durch die sich dieser längliche Einbruch zwischen den Hügeln und am Zirkus bildete, entsprechen am Kilimanjaro Eruptionslinien. Doch scheint die Anordnung der Kilimanjaro-Krater hauptsächlich durch andere tektonische Leitlinien beeinfluſst zu sein.

Ssogonoi- und Lettima-Gebirge.

Jenseits des Rufu erheben sich als erhöhter Rand der Massai-Steppe die Ssogonoi- und Lettima-Berge (1700 m ca.), welche zwar der Hauptsache nach aus krystallinischen Gesteinen bestehen (3. p. 250; 4. p. 134; 65. p. 277; 78. p. 583; 93. p. 473, 474, 513), aber auch von Basalt durchbrochen sind (3. p. 250; 78. p. 603), der wohl mit der groſsen vulkanischen Gruppe in Zusammenhang steht, die wir soeben besprochen haben. Im Streichen und Fallen der Schichten (Str. N.—S., F. schwach O. u. Str. NW.—SO., F. NO. 45° ca.) schlieſst sich das Lettima-Gebirge sowohl an die Pare-Uguëno- als an die Massai-Steppe an, in die es übergeht.

Die Massai-Steppe.

Diese weite Hochebene, die nur vereinzelte Höhen besitzt, wird gegen Osten teils durch einen steilen Abfall gegen das Pangani-Thal, teils durch die Lettima-Berge, im Norden durch die Ssogonoi-Berge begrenzt, im Südosten reicht sie bis zu den Nguru-Bergen und im Süden bis Usagara, im Westen senkt sie sich teils allmählich zum Graben-gebiet, teils ist sie hier durch höhere Plateaus und Bergzüge von ihm getrennt. Sie ist von Baumann im Norden (4) und von Stuhlmann (116) im Süden durchzogen worden; diesen verdanken wir die einzigen geologischen Angaben über dieselbe. Darnach scheint sie in grofser Einförmigkeit fast nur aus Gneisen und krystallinischen Schiefern zu bestehen (4. p. 135; 65. p. 269, 270; 116. p. 832), die meist N.—S. streichen und leicht nach Osten fallen. Nur lokal fand Baumann auch Kalk (4. p. 135; 65. p. 291), der wohl sogenannter Steppenkalk sein dürfte. Der Boden ist im Süden der Massai-Steppe nicht Laterit, sondern grau-brauner Thon (116. p. 818).

Uassi, Irangi und Ost-Ussandaui.

Während Uassi ein Plateau bildet, das sowohl zum Graben, als zur Massai-Steppe steil abfällt, steigt Ost-Ussandaui allmählich vom Graben an und geht in die niederen Irangi-Berge über. Im Norden läuft Uassi in die niederen Höhen von Ufiomi aus, es besteht ganz aus Gneisen und krystallinischen Schiefern (4. p. 137; 65. p. 270, 273), die meist N.—S. streichen und steil nach Westen fallen; Ost-Ussandaui dagegen aus Granit, der erst am Bubu-Flufs in Gneis übergeht (4. p. 138). In Irangi herrschen schon Gneise (4. p. 137; 65. p. 270), die aber nach Stuhlmann noch sehr granitähnlich sind (116. p. 808). Es scheinen also die Granite des Grabengebirges ganz allmählich in die Gneise der östlichen Hochländer und Gebirge überzugehen. Der Boden ist in Irangi, ebenso wie in der Massai-Steppe graubraun (116. p. 804), er ist stellenweise salzhaltig (65. p. 292), am Bubu ist lokal auch junger Kalk (65. p. 290).

Uhehe-Ubena.

Da West-Usagara, das sich südlich an die eben besprochenen Gebiete anschliefst, schon weiter oben (S. 36) geschildert worden ist, können wir sogleich zu den südlich des Ruaha liegenden Hochplateaus von Uhehe und Ubena übergehen, die leider nur sehr wenig bekannt sind. Nach Thomson (124. II. app. III.) bestehen sie ausschliefslich aus Granit, überlagert von rotem Thon, was durch einige Angaben Girauds (43. p. 119, 124) bestätigt wird. Nur an dem Südende der welligen Ebenen, am Mbangala-Flufs, wo eine wichtige orographische und geologische Grenze ist, tritt Grünstein auf (124. II. app. III), der darauf hinweist, dafs tektonische Vorgänge an dieser Grenzlinie eine Rolle spielten.

Die Hochländer westlich des grofsen Grabens.

Diese sind zwar durch den schroffen Westrand desselben scharf von den östlichen Gebieten getrennt, in Bezug auf ihre Gesteins-beschaffenheit aber eng mit denselben verbunden. Sie sind fast nirgends gebirgig; es sind meist weite, wellige Hochebenen, die bis zum Viktoria-See und zu den zentralafrikanischen Schiefergebirgen sich ausdehnen. Man kann zwei Hauptteile bei denselben unterscheiden: die Massai-Hochländer im Norden und Nordosten und die Unyamwesi-Ukonongo-Plateaus im Süden und Südwesten.

Die Massai-Hochländer.

Die ersteren Gebiete sind nur durch Baumann geologisch er-forscht (4), der sie vom Manyara-See bis zum Viktoria-Nyansa durch-zog. Sie sind im Osten sehr hoch (über 2000 m) und senken sich allmählig bis auf 1200 m in der Gegend des Viktoria-Sees. Dort er-heben sich aber nördlich vom Speke-Golf höhere Berge, während sonst fast nur Hochplateaus mit vereinzelten Höhen und Höhenzügen sich auszudehnen scheinen. Mitten in diese ist eine gewaltige Depression eingesenkt, in welcher der Eiassi-See (1050 m) liegt; das Südwest-Ende derselben reicht aber noch weit in das Unyamwesi-Plateau.

Das Gebiet zwischen Manyara und Eiassi-See.

Während wir über die Geologie der Hochländer westlich des Natron-Sees, die in der sogenannten Mau-Kette zum Graben abfallen, gar nichts wissen, sind wir durch Baumann über die Landstriche südlich davon ziemlich gut unterrichtet. Der hohe Plateaurand, der die Ostgrenze des Mutiek-Plateaus bildet, besteht nach dessen Berichten ganz aus jungen Eruptivgesteinen, die auch auf dem Hochland von hier bis nördlich des Eiassi-Sees überall verbreitet sind (4. p. 136; 65. p. 287, 288). Eingesenkt in dieses Hochland, das in Mutiek höhere Berge (Vulkane?) trägt, ist der Ngorongoro-Kessel, dessen Steilränder ebenfalls ganz aus jungvulkanischen Gesteinen bestehen (4. p. 136; 65. p. 283—287), während am Ufer des Sees in seinem Grunde sich junger Kalk abgesetzt hat (4. p. 136; 65. p. 290). Er dürfte wohl mit einem Maar verglichen werden, vielleicht aber eher bei seiner Gröfse mit einem Kesselbruch, wie das Ries im bayerischen Jura. Eine ganz ähnliche Bildung scheint der Hohenlohe-See südlich davon zu sein, doch erstreckt sich von ihm aus nach Nordosten die Killa-Ugalla-Ebene, ein Senkungsgebiet mit deutlichem Westrand und wenig ausgeprägter östlicher Begrenzung, ähnlich wie die noch zu erwähnende Wembere-Steppe (142. p. 50). Leider besitzen wir über diese Gegenden, die, ebenso wie Ussanssu westlich davon, ziemlich gebirgig zu sein scheinen, keine geologischen Angaben. Nur von dem Ostrand, besonders von Iraku, wissen wir einiges. Dort treten unten am Plateauabfall am Manyara-See und oben auf dem Plateau überall Gneise und krystallinische Schiefer zu Tage, meist mit Str. NO.—SW. (4. p. 137; 65. p. 269, 276), die auch noch am Grabenrand bei Mangati gefunden worden sind (4. p. 138). Übrigens ist sehr wahrscheinlich, dafs krystallinische Schiefer auch bei Mutiek die Unterlage der Hochländer bilden, sie sind hier nur durch die vulkanischen Gesteine völlig überdeckt. Dafür spricht auch, dafs Baumann unten am Plateauabfall nördlich des Eiassi-Sees Gneis anstehend fand (4. p. 139).

Die Hochländer und Gebirge nördlich des Eiassi-Sees bis zum Viktoria-See.

Während am Ostufer des Eiassi-Sees hohe Bergketten sich erheben, die wohl mit den Issanssu-Bergen in Zusammenhang stehen, ist an seinem Nordende ein steiler Abfall von dem über 2000 m hohen Sirwa-Plateau vorhanden, an welchem, wie oben erwähnt, ganz unten Gneise zu Tage treten, die von verschiedenen jungvulkanischen Gesteinen und deren Tuffen überlagert werden (4. p. 139; 65. p. 269, 282, 285, 287, 289, 294). Diese bilden auch die Höhe des Plateaus, doch scheinen sie von Serengeti an nach Westen völlig zu fehlen. Hier dehnen sich zuerst noch weite Hochländer aus; erst nahe am Viktoria-See sind Gebirge vorhanden, die besonders nördlich des Speke-Golfes eine ziemlich bedeutende Höhe erreichen. In diesen Gebieten treten nun Granite in grofser Ausdehnung auf, aber auch krystallinische Schiefer und zwar meist nicht Gneise und Glimmerschiefer, sondern besonders häufig Hornblendeschiefer, Quarzite und verkieselte Grauwacken (4. p. 142; 65. p. 264, 265, 266, 268, 274, 275, 277, 293), die vor allem in den gebirgigen Gegenden neben Granit eine grofse Rolle zu spielen scheinen. Sie streichen meist N.—S. und fallen nach Osten, ob sie aber dem Granit aufgelagert sind, oder ob dieser wenigstens zum Teil jünger ist, läfst sich nicht entscheiden. Jüngere Eruptivgesteine sind hier nirgends gefunden worden, in Ikoma wird nur Diabas erwähnt (65. p. 278). Von jungen Sedimenten ist dort Kalk, wohl Steppenkalk, gefunden worden (4. p. 142; 65. p. 290), ebenso auch am Duvai-Hügel (65. p. 290) und Arkosen in Serengeti (4. p. 142).

Unyamwesi-Ukonongo-Plateau.

Zwischen den eben besprochenen Hochländern und denjenigen westlich davon läfst sich eine scharfe Grenze nicht ziehen. Granit tritt schon in diesen, besonders in Schaschi, in grofser Ausdehnung

auf, er wird dann weiter im Westen zum herrschenden Gestein.
Hier dehnen sich vom Südufer des Viktoria-Sees bis Ugogo und wohl
auch bis nordwestlich von Usango weite, wellige Hochebenen aus,
die überall eine grofse Einförmigkeit zeigen. Nach den grofsen Landschaften wollen wir sie die Unyamwesi-Ukonongo-Hochebenen nennen.
Wie wir eben sahen, ist ihre Grenze im Nordosten nicht scharf, auch
südlich der Wembere-Steppe ist dies nicht der Fall. In Iramba und
Turu herrscht zwar schon Granit (116. p. 761, 762, 769, 823; 107. p. 139),
aber es wird auch noch vielfach Gneis erwähnt. In den übrigen Teilen
des weiten Gebietes bis zu den zentralafrikanischen Schiefergebirgen
scheint aber fast nur Granit vorhanden zu sein.[1] Auch die Inseln
am Süd- und Ostufer des Viktoria-Sees bestehen ganz aus Granit
(4. p. 143; 107. p. 272; 116. p. 728, 739). Die Landschaft wird
meist als wellige Ebene geschildert, die fast ganz mit Sand oder
Laterit bedeckt ist. In dieser erheben sich nur einzelne Hügel oder
Höhenzüge, welche fast stets aus riesigen Granitblöcken, den bekannten Wollsackformen, zusammengesetzt sind (4. p. 141; 9. p. 209;
10. p. 276; 16. p. 512, 520; 17. I. p. 282, 326, II. p. 6; 21. p. 116, 122;
105. p. 73, 79, 85, 99, 101, 132; 112. p. 57; 116. p. 57, 58, 103, 104,
124, 673, 677, 681; 113. p. 113; 124. II. app. III; 142. p. 64, 109;
145. p. 545). Tief schneidet in dieses Gebiet die breite Wembere-
Steppe ein, welche die Fortsetzung der Eiassi-Senkung bildet. Sie
wird allmählich immer flacher besonders nach Nordwesten zu scheinen
ihre Ränder ganz verwischt zu sein. Die Steppe ist ganz mit Alluvien
bedeckt, gegen den Eiassi-See zu treten Salzeffloreszenzen und vereinzelte Blöcke von Granitgneis auf (4. p. 139; 116. p. 756; 65. p. 292;
146. p. 385).

Vereinzelt sind in den Plateaus aufser Granit auch vulkanische
Gesteine sicher konstatiert, so Gabbro in Meatu (65. p. 280) und in
Ussure (65. p. 280) und ebendort am Rande der Wembere-Steppe
(65. p. 280), ferner Uralitdiabas am Mssayu-Bach, am Nordrand der
Nyarasa-Steppe (65. p. 279) und Quarzporphyr in Irangala am Emin-
Pascha-Golf (65. p. 277). Wenn aber Stanley Trapp und Basalt in
Usmao und Usukuma erwähnt (107. p. 141, 151), so bedürfen diese
Angaben noch sehr der Bestätigung, wahrscheinlicher erscheinen die
öfters erwähnten Syenitvorkommnisse (17. p. 282, 287, 290; 106. p. 199,
200, 307). Was die kieseligen, feldspathaltigen Schichten sind, die
Stanley am Gogo- und Monanga-Flufs in Usukuma fand (107 p. 143, 145),

---

1) Von den zahlreichen Angaben, die wir über diese Gebiete besitzen, sind
nur diejenigen von Baumann (4), Stuhlmann (112; 113; 114; 116) und Thomson (124)
ganz zuverlässig; sehr brauchbar sind ferner diejenigen von Burton (17), Elton (35)
und Speke (105); auch Stanley (107) und Götzen (142) machten zahlreiche Angaben.

ist nicht festzustellen; es dürften krystallinische Schiefer sein. Stuhlmann fand übrigens am Nata-Bach im Zentrum des Granitgebietes
phyllitartige Thonschiefer (113. p. 113), Götzen bei Ushirombo Quarzite
(142. p. 76; 146. p. 385), Stanley erwähnt blauen Schieferthon von
Usukuma (107. p. 141), und Burdo krystallinische Schiefer von Mtoni
südlich von Tabora (16. p. 514). Raseneisenstein wird vielfach
erwähnt; er scheint besonders häufig in Usindja südlich des Viktoria-
Sees zu sein (116. p. 117; 142. p. 111; 146. p. 385), am Wala in Ugunda
(9. p. 212) und in der Niam-Niam-Gegend am grofsen Graben westlich
von Usango (35. II. p. 376). Aufserdem wird aber von Speke erwähnt
(105. p. 85), dafs Eisenerz in Sandstein in den Thälern Unyamwesis
vorkomme; auch Burton (17. p. 282) führt Sandstein in der Mgunda-
mkali an, er gibt auch eine Erklärung, wie hier mitten im Granitgebiet
Sandstein vorkommen kann. Derselbe tritt nämlich in den Thälern
auf, er ist eine rezente Bildung, indem Sand durch Raseneisenerz
oder Kalk und Thon verkittet wird. Mit den Sandsteindecken am
Tanganyika haben diese Sandsteine also nichts zu thun. Eine ebenso
junge Bildung dürfte der Kalk sein, der in Ntussu (4. p. 142; 65. p. 290),
am salzigen Singisa-See (4. p. 138; 65. p. 291), bei Kilimatinde (145)
und im Alluvialgebiet des Wembere gefunden wurde (116. p. 757).

Wenn aber auch nur lokal andere Gesteine als Granit sicher
konstatiert sind, so ist doch zu bedenken, dafs diese weiten Gebiete
nie von einem Fachmann untersucht worden sind, und dafs der gröfste
Teil des Landes von Sand, Laterit und anderen Verwitterungsprodukten bedeckt ist, aus welchen nur gelegentlich Gestein zu Tage
tritt. Es steht allerdings fest, dafs unter diesem Granit die Hauptrolle spielt; aber ein einfaches riesiges Granitmassiv sind diese Gebiete
anscheinend nicht, da mitten darin krystallinische Schiefer mehrfach
erwähnt werden und bei näherer Kenntnis des Landes wohl noch
vielfach gefunden werden dürften. Welches Alter dem Granit
zuzuweisen ist und welche Stellung er zu den ihn rings umgebenden
Gneisen und Schiefern einnimmt, ist noch nicht klargestellt. In
Ugogo, Turu und Ussandaui scheint ein allmähliger Übergang von
Granit zu Gneis vorhanden zu sein (116. p. 832, 833), am Viktoria-
See scheint im Osten auch keine scharfe Altersgrenze zu existieren
zwischen Granit und Gneis, wenigstens tritt der Granit mitten zwischen
den krystallinischen Schiefern noch vielfach auf, ähnlich auch in
Ost-Usindja und bei Ushirombo südlich des Emin-Pascha-Golfes; bei
Nyamgodjo aber am Emin-Pascha-Golf und beim Mbangala-Flufs in
Ubena scheint der Granit älter zu sein als die Schiefer, da er hier
von denselben überlagert wird.

Kurze Übersicht über die Geologie Deutsch-Ostafrikas.

Nachdem wir die geologische Beschaffenheit der einzelnen Gegenden Deutsch-Ostafrikas besprochen haben, erübrigt nur noch, das Gebiet als Ganzes nochmals zu betrachten und vor allem zu versuchen, uns von seiner Entstehungsgeschichte eine Vorstellung zu machen. Es ist begreiflich, dafs dies nur in den allgemeinsten Zügen geschehen kann, da unsere Kenntnisse noch viel zu dürftig sind, um ein näheres Eingehen und einigermafsen sicher begründete Theorien zu erlauben.

Die Gräben.

Das Auffallendste, was Deutsch-Ostafrika in Bezug auf seinen geologischen Aufbau bietet, sind entschieden die schon mehrfach erwähnten gewaltigen Depressionen. Es ist nicht zu verwundern, dafs dieselben schon längere Zeit die Aufmerksamkeit der Reisenden und Gelehrten auf sich zogen, speziell der Tanganyika-See wurde Gegenstand vielfacher Erörterungen. Schon Thomson (124. II. app. III; 127) betonte, dafs dieses Senkungsgebiet nur durch einen Einbruch zu erklären sei, und diesem tüchtigen Beobachter fiel es auch schon auf, dafs so viele Vulkane vom Nyassa-See bis zum Baringo reihenförmig angeordnet seien. Aber erst Suefs, gestützt auf die vorzüglichen Beobachtungen der Teleki-Höhnelschen Expedition in dem Gebiet zwischen Kilimanjaro und dem Rudolf-See, gab eine genauer ausgeführte Theorie über die Entstehung dieser Depressionen (120). Er wies darauf hin, dafs in ungefähr meridionaler Richtung eine Reihe meist von schroffen Abfällen begrenzter Depressionsgebiete liege, die nicht von Gebirgsketten umgeben, sondern in weite Plateaus eingesenkt seien und überdies sich durch eine grofse Zahl von Eruptionsstellen auszeichneten. Da diese Depressionsgebiete meist sehr breit seien, und ihr Boden sehr verschiedene, rasch wechselnde Höhen über dem Meer besitze, so sei eine Erklärung durch Erosionsthätigkeit ausgeschlossen, und nur ein tektonischer Vorgang könne eine solche Wirkung erzielen. Er nimmt deshalb folgendes an: Infolge einer in diesen Gebieten herrschenden Spannung in der Erdkruste fand eine Auslösung derselben dadurch statt, dafs sich eine ungeheure Spalte bildete, welche dadurch nicht so einfach erscheint, dafs die Trümmer der angrenzenden Gesteine in verschiedener Höhe eingeklemmt wurden, und dafs in den Zwischenräumen aus der Tiefe dringendes Material die Ausfüllung und oft auch hohe Vulkanberge bildete. Da in dieser vom Schire und Nyassa durch ganz Ostafrika sich fortsetzenden Grabenspalte, deren Verlängerung Suefs in dem roten Meer und der Yordan-Senkung sieht, speziell in Englisch-Ostafrika zahlreiche abflufslose und deshalb salzige Seen sind, diese alle aber eine ganz gewöhnliche nilotische Fauna haben, nimmt Suefs an, dafs die Bildung der Spalte erst in neuerer Zeit erfolgte, als die nilotische Fauna schon differenziert war, worauf auch die Massen von jungen Eruptivgesteinen und die noch thätigen Vulkane hinweisen.

Diese Theorie hat durch die neuerlichen Forschungen des Geologen Gregory (48) in Englisch-Ostafrika eine völlige Bestätigung gefunden. Da uns aber eine Erörterung der Verhältnisse dieser Gebiete zu weit führen würde, wollen wir uns auf die Besprechung der Theorie in Bezug auf unsere Gebiete beschränken.

Hier tritt uns vor allem die Thatsache entgegen, dafs zwar eine Depression unser Gebiet von Norden nach Süden durchzieht, dafs aber ein Graben mit zwei deutlichen Rändern gröfstenteils nicht vorhanden ist. Im Norden allerdings, am Natron-See, sind noch zwei Steilränder vorhanden, weiter südlich aber vom Manyara-See bis Usango finden wir zwar einen schroffen Steilrand im Westen, im Osten dagegen fehlt ein solcher fast ganz. Nur in Uassi ist ein solcher vorhanden, und auch das Rubeho-Gebirge östlich von Ugogi dürfte als Ostgrenze des Grabens aufzufassen sein. Die zahlreichen Vulkane im Grabengebiet und der schroffe, keineswegs mit geologischen Grenzen zusammenfallende westliche Steilrand beweisen aber zur Genüge, dafs die Spalte hier keineswegs unterbrochen ist; nur hat sich in unserem Gebiet der tektonische Vorgang offenbar in etwas anderer Weise abgespielt, als in den nördlich angrenzenden Gebieten. Es ist nicht möglich, anzunehmen, dafs hier ein Ostrand vorhanden gewesen sei und etwa durch Erosion zerstört worden sei; denn überall an den Grabengebieten dehnen sich trockene Steppen aus.

Dafs der Weststeilrand nicht überall einfach ist und keineswegs geradlinig verläuft, darf nicht auffallen; es ist begreiflich, dafs neben anderen Ursachen der verschiedene geologische Aufbau der Grabengebiete, vorher schon vorhanden gewesene Brüche oder tiefe Erosionsthäler einen Einflufs auf die Richtung der Spalte gehabt haben müssen.[1]) Näher auf die Geologie der Grabengebiete einzugehen, ist unnötig, da sie oben schon, so weit sie bekannt ist, im einzelnen erörtert worden ist.

---

1) Man kann sich die Bildung einer solchen Spalte am besten vorstellen, wenn man ein grobfaseriges, ästiges Brett einer Spannung aussetzt. Es wird dadurch zuletzt ein Rifs entstehen, der zwar im ganzen senkrecht zur Spannungsrichtung verläuft, je nach der Faserrichtung und der Festigkeit der einzelnen Teile aber Abweichungen zeigen wird und bald als einfache Spalte, bald in mehrere Risse mit Splitterbildung aufgelöst erscheinen wird.

Im Norden unseres Gebietes scheint ungefähr parallel zu dieser
Hauptspalte noch eine zweite aufzutreten, welche durch das obere Pangani-
Thal bezeichnet ist. Die Ränder dieses Grabens bilden im Osten die
steil abfallenden Uguëno-Pare-Gebirge, im Westen das Lettima-Gebirge
und der Ostrand der Massai-Steppe. Die südliche Fortsetzung dieses
Pangani-Grabens ist noch unbekannt; Baumann nimmt an, dafs er
zum Kinyarck-See nördlich von Ungúu hinstreiche. Das oben be-
sprochene Bruchsystem am Nordende des Uguëno-Gebirges steht wahrscheinlich mit diesen grofsen Verwerfungen in Zusammenhang. Der
Kilimanjaro erhebt sich an der Stelle, wo diese sich wohl mit einer
Ostwest-Spalte, die durch den Meru, Kibo und Mawensi bezeichnet ist,
kreuzen. Über dieses Spaltensystem und sein Verhältnis zum grofsen
ostafrikanischen Graben kann aber erst nach genauerer Erforschung
der Gegend des Meru-Berges ein richtiges Urteil gefällt werden.

Im Süden unseres Gebietes ist, wie schon Suefs (120. p. 560)
hervorhebt, der grofse Graben plötzlich unterbrochen. Zwar scheint
der von hohen, steilen Plateauabfällen umgebene Nyassa die Fortsetzung des Grabens zu bilden, aber dessen Nordende wendet sich
allmählich nach Nordwest, was besonders an dem schroffen Ostrand,
dem sog. Livingstone-Gebirge, deutlich hervortritt. Die Hochländer
setzen sich nördlich von Konde kontinuierlich quer über den Graben
fort. Es ist aber von Bedeutung, dafs gerade hier in Konde in neuerer
Zeit eine starke Eruptionsthätigkeit geherrscht hat. Suefs nimmt
übrigens an, dafs die Senkung des Rikwa-Sees die Fortsetzung des
nach NW. gerichteten Depressionsgebietes bilde, eine Ansicht, die
sehr viel Wahrscheinlichkeit hat. Leider wissen wir über diese Gegenden nur sehr wenig. Das tiefe, langgestreckte Becken des Rikwa-Sees
ist aber nur durch einen Einbruch zu erklären, wofür auch der in
Ost-Fipa besonders steile Abfall der Hochländer zum See und das
Auftreten heifser Quellen bei Mpimbwe im Kawu-Thal spricht.

Der Rikwa-Graben leitet uns zu dem sog. zentralafrikanischen
Graben über, der auch durch eine Reihe grofser Seen bezeichnet ist,
den Tanganyika- (810 m), den Kivo- (1500 m), den Albert-Edward
(965 m) und den Albert-See (680 m), die aber sämtlich einen Abflufs
besitzen. Der Charakter eines Grabens tritt hier überall deutlich hervor; ob er aber als eine einfache Spaltenbildung oder durch Absinken
eines Streifens der Erdrinde zwischen zwei parallelen Verwerfungen
zu erklären ist, läfst sich nicht entscheiden.

Der Tanganyika ist auf allen Seiten von Hochländern und Gebirgen umgeben, die alle schroff zu ihm abfallen. Die horizontal gelagerten Sandsteine, die hier plötzlich abbrechen, die auf beiden
Ufern gleiche geologische Beschaffenheit sprechen dafür, dafs hier eine

zusammenhängende Plateaulandschaft war, die von dem Graben durchbrochen worden ist, ohne daſs eine Faltung oder Hebung stattfand. Ganz im Süden ist der Ufersteilrand sehr hoch, im mittleren Teile wird er viel niederer, aber im Norden wieder sehr hoch und schroff. Hier ist auch das vorhanden, was Sueſs eine Aufwulstung der Grabenränder nennt. Die den Graben begrenzenden Hochländer haben nämlich ihre höchsten Höhen ganz nahe am Rand der Senkung, es ist deshalb die Wasserscheide sehr nahe an derselben. Der See selbst liegt zwar ziemlich hoch über dem Meer, besitzt aber offenbar ganz aufserordentliche Tiefe (106. II. p. 110, 113, 114; 107. II. p. 23), nördlich von ihm muſs aber die Grabensohle sehr stark ansteigen, denn der Kivo-See liegt 1500 m ca. über dem Meer. Auch hier sind offenbar aufgewulstete Grabenränder vorhanden. Direkt nördlich von ihm durchsetzt als Wasserscheide zwischen Nil- und Kongo-Zuflüssen eine OW.-Reihe hoher Vulkane den Graben; der westlichste davon ist, wie schon erwähnt, noch thätig. Es ist zu beachten, daſs diese Vulkane gerade hier auftreten, wo der Graben aus der SSO.—NNW.- in eine SSW.—NNO.-Richtung umbiegt. Aber auch in dieser neuen Richtung behält er seinen Charakter bei, er ist am Albert-Edward-See, am Ssemliki-Fluſs und am Albert-See beiderseits von schroffen, meist »aufgewulsteten« Steilrändern eingefaſst. Nördlich des ersteren Sees springt aber in ihn der Runssoro- (= Ruwenzori-) Bergstock vor, an welchem Stuhlmann und Elliot (116. p. 284 ff; 141. p. 669 ff.) nur krystallinische Schiefer und altvulkanische Gesteine fanden, an dessen Ost- und Südfuſs aber jungvulkanische Gesteine (141. p. 674) und Krater und an dessen Westfuſs heiſse Quellen gefunden wurden (108. II. p. 257, 260; 116. p. 298).

In welchem Zusammenhang dieser Graben mit dem ostafrikanischen steht und ob er gleichalt ist, wissen wir nicht. Sicher ist nur, daſs er jünger als die Sandstein-Formation am Tanganyika sein muſs. Die noch thätigen Mfumbiro-Vulkane, die heiſsen Quellen am Runssoro und am Albert-See (60. p. 1) und die vielen an letzterem (60. p. 1) und besonders am Tanganyika[1]) beobachteten Erdbeben (20. p. 101; 52. p. 3; 53. p. 583; 54. p. 134; 140. p. 23) sprechen dafür, daſs der Graben kein groſses Alter hat und daſs hier noch keine völlige Ruhe eingetreten ist.

Ob die ungefähr nordsüdlich verlaufenden Hauptthäler in Karagwe Brüchen entsprechen und z. T. kleine Gräben sind, wie Stuhlmann

---

1) Übrigens wird auch in der Nähe des Tanganyika-Seeufers bei Karema Basalt erwähnt (70. II. p. 237), und heiſse Quellen sollen häufig an ihm vorkommen (21. I. p. 256; 54. p. 134).

meint (116. p. 834), ist sehr fraglich; sie können einfach durch die Richtung des Schichtstreichens bedingt sein. Dagegen ist wahrscheinlich, daſs der Steilrand von Nyamagodjo bis Nyarvongo und das dortige Westufer des Viktoria-Sees und die vorgelagerte Inselreihe Bruchlinien entsprechen, mit welchen dann auch wohl das Vorkommen von Eruptivgestein am Emin-Pascha-Golf in Zusammenhang zu bringen wäre. Übrigens muſs der See mit seiner unregelmäſsigen Form, seinen meist flachen Ufern und vielen Granitinseln eine ganz andere Entstehung haben als die Grabenseen.

Als Graben dürfen wir nur noch auſser der kleinen Killa Ugalla-Ebene mit dem Hohenlohe-See die Eiassi-Senkung auffassen, deren Fortsetzung, die Wembere-Steppe, nach Südwesten zu allmählich ganz verflacht. Daſs die Senkung mit scharfen Rändern sich zum Viktoria-See fortsetzt, wie auf der geologischen Karte in Peters (84) angegeben ist, ist sicher nicht richtig. Kein Reisender erwähnt hier scharfe Plateauränder oder eine Depression. Dagegen führt Stuhlmann an (116. p. 758, 833), daſs die Wasserscheide zwischen den Zuflüssen des Wembere- und des Viktoria-Sees sehr nieder sei, daſs der schmale Smith-Sund sich früher sicher noch weit nach Süden fortgesetzt habe, und daſs er sowohl im See als im Wembere Protopterus-Arten gefunden habe. Er nimmt daher an, daſs hier einst eine Verbindung existiert habe. Wenn der Wasserspiegel des Viktoria-Sees einst höher stand, dadurch, daſs der Felsriegel an den Ripon-Fällen am jetzigen Ausfluſs noch höher war, ist es auch sehr gut möglich, daſs ein Abfluſs durch den Smith-Sund zu dem viel tiefer liegenden Eiassi hin existierte.[1]) An seinem Nordostende ist der Graben rings von den Massaihochländern umgeben, hier ist besonders sein Nordrand scharf ausgeprägt. In der Fortsetzung des Eiassi-Grabens nach Nordosten liegt beachtenswerter Weise der Ngorongoro-Kessel, der wohl ein Bindeglied zum ostafrikanischen Graben hin darstellt.

Die Hauptrichtungen in Äquatorial-Ostafrika.

Bei Betrachtung der tektonischen und orographischen Verhältnisse Deutsch-Ostfrikas muſs auffallen, daſs überall eine ungefähr meridionale Richtung herrscht. Wir finden diese ebenso in der Hauptrichtung der Gräben und Plateauränder als in der der Gebirge und des Schichtstreichens. Nach den aufmerksamen Beobachtungen Lents, speziell im Kilimanjaro-Gebiet (66. V.—VI. p. 37), sind es übrigens zwei sich spitzwinklig kreuzende Hauptrichtungen, die Ostafrika beherrschen,

---

1) Hore (53. p. 584) führt auch vom Tanganyika an, daſs südlich von Karema eine Bresche in den Randbergen sei, durch welche der See bei höherem Wasserstand einen Abfluſs zum Rikwa-See gehabt haben könne.

die eine, welche von NNW. nach SSO. dem roten Meer parallel läuft,
nannte er das »Erythräische«, die andere, welche von NNO. nach
SSW. der Küste des Somali-Landes parallel streicht, das »Somali-
System«. Durch die Kombination dieser zwei Verwerfungs- und
Streichungsrichtungen entstehen die ungefähr meridionalen Bergzüge,
Plateauränder etc. So herrscht z. B. die erythräische Richtung im
Uguëno- und Pare-Gebirge, am oberen Teil des Rikwa-Grabens und
des Nyassa-Sees und am Tanganyika[1]), dagegen im Zug der Uhehe-
Gebirge, des Jura, des ostafrikanischen Grabens vom Manyara-See bis
Unyanganyi, im südlichen Teil des Zwischensee-Gebietes und am
Albert-See die Somali-Richtung. An den Hügeln nördlich des Uguëno-
Zirkus konnte Lent beide Richtungen kombiniert beobachten, was
sicher noch vielfach der Fall sein wird. Ausnahmen bilden besonders
die Meru-Kilimanjaro-Spalte, der Eiassi-Graben und der östliche Teil
des Rikwa-Grabens. Auf die Ausführungen Barrats (2), der ein regel-
mäfsiges Netz solcher Leitlinien in ganz Afrika konstruiert hat, ist
nicht nötig näher einzugehen. Diese Linien scheinen zum grofsen
Teil ganz willkürlich gelegt; man müfste an ihnen, speziell an ihren
Schnittpunkten, doch stärkere Brüche oder viele Vulkane finden, es
ist dies aber meist nicht der Fall. Unsere Kenntnis von dem Aufbau des Landes, speziell über die Lagerung der Schichten, ist noch
viel zu fragmentarisch, um diese Theorien genauer prüfen zu können,
doch dürften die Grundgedanken Lents richtig sein. Demnach blieben
diese Hauptrichtungen seit den ältesten Zeiten, als die krystallinischen
Schiefer aufgerichtet wurden, bis in die Zeit, wo der Jura gehoben
wurde und die Gräben sich bildeten, die herrschenden. Sicher ist
die geringe Gliederung der ostafrikanischen Küste, wie überhaupt die
massive einfache Gestaltung Zentral- und Südafrikas diesem Umstand
und dem Fehlen jüngerer Faltungen zuzuschreiben.

Die Entstehung Zentralafrikas und der Tanganyika-See.

Nach dem Vorgange Murchisons versuchte Thomson (127) ein
Bild von der Entstehung der von ihm bereisten Gebiete zu geben,
und da er sicher einer der besten Kenner der geologischen Verhältnisse Äquatorial-Ostafrikas war, mufs man seine Theorie wohl eingehender besprechen. Seine Grundgedanken sind folgende: Zuerst bildeten
sich zwei grofse, gegen Süden konvergierende Inselketten, die sich
allmählich zu Festländern zusammenschlossen; es sind dies die ost-

---

1) Auch die Thermenlinie Kisaki-Kipalalla-Berg in Khutu verläuft in dieser
Richtung, während die Schichten in dem benachbarten Uluguru Gebirge in der
Somali-Richtung streichen (119. p. 212).

und westafrikanischen Schiefergebirge. Diese umschlossen so ein
Meer, das durch allmähliche Vergröfserung der Festländer immer
mehr eingeengt und von den anderen Meeren abgetrennt wurde. So
bekam der Kontinent allmählich ungefähr seine jetzige Gestalt, um-
schlofs aber in seinem Innern ein riesiges Binnenbecken, in welchem
sich dann die grofsen Sedimentmassen ablagerten, die wir im Kongo-
Becken und am Tanganyika finden. Darauf folgte wieder eine Zeit
stärkerer tektonischer Thätigkeit; es brachen am Tanganyika und
Nyassa Porphyrmassen hervor, und die Sedimentgesteine erfuhren
hier starke Störungen. Später bildete sich dann der Tanganyika-Graben.
Durch allmähliche vertikale Hebung war aber das Binnenbecken hoch
über den Meeresspiegel gehoben worden und wurde infolge Durch-
brechung der Randgebirge, die durch tektonische Vorgänge oder durch
Erosion am Zambesi und unteren Kongo erfolgte, trocken gelegt. Als
Rest blieb nur der tief eingesenkte Tanganyika, in welchem sich die
Reste der Fauna des alten Binnensees finden.

Um diese Theorie richtig würdigen zu können, müssen wir vor
allem die Fauna des Tanganyika besprechen. Leider sind von derselben
fast nur die Conchylien nach ihren Schalen bekannt, von den anderen
Tieren wissen wir sehr wenig, von der Flora gar nichts.

Jedem, der die Abbildungen der Tanganyika-Conchylien un-
befangen betrachtet, mufs die erstaunliche Mannigfaltigkeit, die für
Süfswasserformen ganz ungewöhnliche reiche Verzierung und die oft
grofse Ähnlichkeit vieler Formen mit marinen auffallen. Die meisten,
welche sich mit dieser Fauna beschäftigten, so Woodward (137),
E. Smith (101; 102; 103) und Bourguignat (14), haben auch diese auf-
fallenden Merkmale sehr hervorgehoben und betont, dafs diese eigen-
artige Fauna nicht wie eine gewöhnliche Süfswasserfauna sich heraus-
gebildet haben könne; sie weisen alle besonders auf die marinen
Formen hin, nur v. Martens (72) meint, es sei nur eine eigentümlich
differenzierte Süfswasserfauna. Er gibt aber gar keine Erklärung,
warum sie sich so differenzierte[1]. Wenn man bedenkt, dafs unter
30 im Jahre 1881 aus dem Tanganyika bekannten Conchylienarten
nach Smith (102) 17 diesem See eigen und 5 davon marinen Formen

---

1) Die Formen von marinem Aussehen sollen nur lokal an Uferstellen vorkommen, wo der Wellenschlag besonders stark ist. Es läge also nur eine An-
passungserscheinung vor (Cornet: Les formations postprimaires du bassin du Congo.
Ann. de la soc. de Géol. de Belgique, 1893/94, p. 218). Dagegen ist einzuwenden,
dafs ein nur lokales Vorkommen dieser Formen noch nicht feststeht, und dafs
nicht recht einzusehen ist, warum in dem fast ebenso grofsen Nyassa- und dem
viel gröfseren Viktoria-See eine solche Anpassung nicht stattfand, obgleich dort
der Wogenschlag kaum schwächer ist.

sehr ähnlich waren, dafs ferner Bourguignat (14), der allerdings den Artbegriff sehr eng fafst, sich genötigt sah, nicht nur eine grofse Zahl neuer species und genera, sondern selbst neue Familien aufzustellen und bei vielen Formen die »apparance thalassoïde«, wie er sich ausdrückt, hervorzuheben; wenn man weiter beachtet, dafs auch eine echte kraspedote Scheibenqualle, Limnocodium Tanganyikae Günther, im See zahlreich vorkommt (12. p. 176; 49), und neuerdings auch Bryozoën, die einer sonst nur marinen Familie angehören, gefunden wurden, so kann man nicht eine eigentümliche Differenzierung einer Süfswasserfauna oder gar nur zufällige Verschleppung und Einwanderung einiger Marintiere annehmen, sondern mufs in der Entstehungsgeschichte des Sees den Grund für diese auffälligen Verhältnisse suchen.

Hier scheint nun die Theorie Thomsons eine Erklärung zu bieten, sowohl was das Vorkommen eigenartiger, in allen Seen ringsum und überhaupt sonst nicht gefundener, als besonders der marinen Formen anlangt. Aber wir stofsen sofort auf die Schwierigkeit, dafs die Fauna des Tanganyika zwar sehr eigenartig, aber auch sehr altertümlich sein müfste, wenn sie aus einem alten, seit langen Zeiten abgeschlossenen Binnenmeere stammte, dafs dies aber keineswegs der Fall ist. Die Tanganyika-Formen zeigen alle ein ganz modernes Gepräge, keine zeigt Verwandtschaft mit sehr alten Formen [1]. Aufserdem ist die Tanganyika-Fauna aufserordentlich reich und differenziert, was man nicht erwarten darf in einem See, der nur der dürftige Rest eines seit langem abgeschlossenen, wenn auch riesigen Binnensees sein soll; ferner müfste dieser sicher eine ähnliche und noch reichere Fauna, als der Tanganyika besessen haben, wobei es dann auffällig ist, dafs in den Sedimenten des Sees nirgends Versteinerungen gefunden wurden, welche mit den Tanganyika-Formen verwandt wären, und dafs solche überhaupt sehr selten zu sein scheinen.

Aber es bestehen noch weitere Einwände gegen die Thomsousche Theorie. Nicht nur in den Randgebirgen treffen wir die krystallinischen und altpaläozoischen Gesteine gefaltet und aufgerichtet, sondern wir fanden dieselben Schichten ebenso aufgerichtet auch weit verbreitet in den Hochländern und besonders im zentralafrikanischen Schiefergebirge. Der petrographische Charakter, die Richtung der Faltung, die ganze Lagerung spricht dafür, dafs alle diese Schichten ungefähr gleichzeitig gefaltet wurden und alle zusammengehören.

---

1) White und Tausch (121; 122) identifizierten einige Tanganyika-Formen, Syrnolopsis und Paramelania, mit solchen aus den Cosina- und Laramie-Schichten, also Grenzschichten von Kreide und Tertiär, aber Bourguignat (14) verwirft diese Ansicht auf das entschiedenste.

Wir müssen also annehmen, dafs in einer Zeit, die, nach den Verhältnissen in Südafrika und am unteren Kongo zu schliefsen, postdevonisch war, die Hauptmasse des Kontinentes aufgerichtet war. Das Meer drang seitdem nie mehr in das Innere vor. Denn wenn von Barrat (2) das Vorkommen von Kalkschichten im Kongobecken zum Beweis benützt wird, dafs das Meer zur Perm-Trias-Zeit in das Innere Afrikas gereicht habe, so ist sein Beweis sehr ungenügend. Marinfossilien sind hier nirgends gefunden, und Kalk kann sich auch in grofsen Binnenseen absetzen. Wir müssen nun annehmen, dafs im Innern Afrikas, das mit Indien und Brasilien zusammenhing, riesige Süfswasserbecken sich befanden, in welchen die Sedimente der Karoo-Formation sich absetzten, zu welchen wahrscheinlich die Rikuru-Schichten von Nyassa und die roten und bunten Sandsteine in Usagara und am Tanganyika gehören. Ob die Usaramo-Sandsteine und überhaupt die alten Vorland-Sandsteine abgesunkene Schollen der Karoo-Formation sind oder ob sie zur Kap-Formation gehören, da marine Karbonfossilien in denselben vorkommen sollen, ist, wie oben (S. 28) ausgeführt wurde, noch ganz ungewifs. In viel späterer Zeit soll dann im Kongobecken noch ein Süfswassersee erhalten geblieben sein (30), in welchen sich die hier weit verbreiteten weifsen, weichen Sandsteine und zuletzt der sogenannte Kongolaterit absetzten. [1] Dieser See soll dadurch trocken gelegt sein, dafs sein Abflufs, der Kongo, das Randgebirge durchsägte. Doch hebt auch hier Barrat (2) als gewichtigen Einwand hervor, dafs die sogenannten Randgebirge, welche das Westufer des Sees bilden sollten, vielfach niederer seien als das Innere, und dafs hoch auf ihnen Schollen des weifsen Sandsteines lägen. Doch nimmt auch er einen kleineren See am mittleren Kongo an.

Auch bei dieser Vorstellung von der Entwicklungsgeschichte Zentralafrikas bleibt aber das Vorkommen mariner Formen und die Reichhaltigkeit der Fauna im Tanganyika-See unerklärt, ebenso auch die merkwürdige Einförmigkeit der weit verbreiteten Sedimentschichten und ihre Versteinerungsarmut. Solange nicht eine gröfsere Zahl von Versteinerungen in den Schichten Zentralafrikas gefunden worden ist und uns über deren Alter und Charakter sicheren Aufschlufs gewährt, kann man überhaupt keine weitergehenden Theorien aufstellen.

---

1) Cornet (Les formations postprimaires du bassin du Congo. Ann. de la soc. de Géol. de Belgique 1893/94, p. 193 ff.) nennt diese letzteren Lubilasch-Schichten, die älteren roten feldspathaltigen Sandsteine, die am Tanganyika allein auftreten, im eigentlichen Kongo-Becken aber von den jüngeren Sedimenten überlagert sind, Kundelungu-Schichten.

Sicher ist jetzt nur, daſs zur Jura- und Kreide-, auch zum Teil zur Tertiärzeit manche Gebiete der Vorländer vom Meer überflutet waren, daſs also um diese Zeit die Verbindung mit Indien und Brasilien wenigstens zum gröſsten Teil gelöst wurde. Seitdem haben starke Faltungen hier nicht stattgefunden, aber kleinere Bewegungen müssen doch noch stattgehabt haben und noch stattfinden, im Innern sogar gewaltige Senkungen an Brüchen, verbunden mit starkem Erguſs eruptiven Materials, was noch nicht ganz zur Ruhe gekommen ist.

Die Eiszeit in Äquatorial-Afrika.

Während Barrat (2) in Französisch-Kongo und Drummond (28) am Nyassa-See keinerlei Glacialspuren fanden, was übrigens bei der verhältnismäſsig geringen Höhe der von denselben untersuchten Gebirge (2000 m ca.) und der starken Verwitterung in diesen Tropengegenden nicht zu verwundern ist, hat neuerdings Gregory (48) am Kenia und Elliot am Ruwenzori (141. p. 680) sichere Anzeigen einer starken Vergletscherung gefunden. Am Kilimanjaro scheint leider bisher die interessante Frage, ob die dortigen Gletscher einst weiter herab reichten, keine Beachtung gefunden zu haben. Dagegen besitzen wir aus unserem Gebiet zahlreiche Angaben, die eine Periode gröſserer Feuchtigkeit sehr wahrscheinlich machen. An vielen Seen Ostafrikas fand man nämlich Anzeigen von einstiger gröſserer Ausdehnung, und in manchen Gebieten sind offenbar ehemalige groſse Seen ganz ausgetrocknet. Wenn dies auch zum Teil dem Umstand zugeschrieben werden kann, daſs der Abfluſs des betreffenden Sees sein Bett vertiefte, wie Lent (66. V.—VI. p. 21) vom Djipe-Aruscha-See, Stanley (108. II. p. 304) vom Albert-Edward-See annimmt, oder daſs der Zufluſs aufhörte, wie es am Eiassi möglich ist (siehe S. 66), so darf man derartige Ursachen doch nicht überall annehmen, wenn wir junge Kalke und Mergel oder salzige Schlammebenen an abfluſslosen Seen oder in Niederungen finden, wie am Natron- und Manyara-See, am Ngorongoro- und Singisa-See, in Ugogo und West-Usagara. Es liegt nahe, bei der groſsen Zahl von eingeschrumpften oder ganz ausgetrockneten Seen nach einer im ganzen Gebiet wirkenden Ursache zu suchen, also am besten auf eine Abnahme der Regenmenge zu schlieſsen. Eine sichere Entscheidung kann leider auch hier noch nicht getroffen werden, da noch zu wenig genaue Untersuchungen vorliegen; doch erscheint der Schluſs auf eine Abnahme der Feuchtigkeit auch nach den Befunden in anderen Gebieten Afrikas sehr wahrscheinlich.

Nutzbare Mineralien in Deutsch-Ostafrika.

Entsprechend unserer geringen Kenntnis von den geologischen
Verhältnissen des Landes, wissen wir auch wenig von dem Vorkommen
nutzbarer Mineralien. Die Eingebornen haben solche allerdings schon
vielfach gefunden und beuten dieselben aus, aber bisher sind nirgends
Mineralien von solcher Beschaffenheit und in solcher Menge gefunden
worden, um eine Ausbeutung durch Europäer bei den jetzigen Verhältnissen lohnend erscheinen zu lassen.

In den Küstengebieten, speziell in Usaramo und bei Saadani,
wird schon seit längerer Zeit ein subfossiles Harz, Kopal, gewonnen,
das hier im Boden in geringer Tiefe vielfach vorkommt. Es stammt
von einem Baum, Trachylobium Mozambicense (62. p. 189), der jetzt
noch in dem Gebiet vorkommt, aber nur vereinzelt, während er früher
gröfsere Bestände gebildet haben mufs. Doch ist der Baum wohl
weniger infolge klimatischer Veränderungen seltener geworden, wie
Thomson annimmt (124. II. app. III.), sondern infolge der Vernichtung
der Wälder in den Küstengebieten, welche durch die Kulturart der
Eingebornen verursacht ist. Der Kopal wird durch einfaches Graben
gewonnen, er liegt selten tiefer als 2—3 Fufs (17. II. p. 403 ff.), im Innern
des Landes soll er nicht vorkommen. Wenn auch die Art seiner
Gewinnung einfach ist und wenig Kosten verursacht, so dürfte seine
Ausbeutung durch Europäer kaum lohnend sein, da er nirgends in
gröfserer Menge vorkommt und auch nicht besonders wertvoll ist (62).

Weitaus gröfsere Bedeutung hat die Frage nach dem Vorkommen
von Kohlen. Leider sind in unserem Gebiet solche noch nicht gefunden worden, denn die Angaben von Cameron, dafs er am Tanganyika Kohlen gefunden habe (21. II. p. 245), bedürfen noch sehr der Bestätigung. Es ist aber gar nicht unwahrscheinlich, dafs in unserem
Gebiet Steinkohlen gefunden werden, denn nahe an unserer Südgrenze
kommen solche vor. Allerdings hat man am Nyassa nur Kohlen
in sehr geringer Menge gefunden (110. p. 263; 28), und auch von den
Kohlen am Ludjende ist noch nicht festgestellt, ob sie abbauwürdig
sind (1. p. 375; 68. p. 466); doch ist wenigstens das Auftreten von
echten Steinkohlen in den betreffenden Schichten sicher erwiesen, und
da diese in unserem Gebiete auch vielfach verbreitet sind, kann man
hoffen, sie hier zu finden. Es kommen hiefür einesteils die im Süden
unseres Schutzgebietes und am Rufidji auftretenden pflanzenführenden
Sandsteine in Betracht (35. I. p. 100; 68. p. 466), andernteils die Schichten
am Nyassa und Tanganyika. Doch darf man erst bei eingehender
Untersuchung der betreffenden Gegenden auf Erfolg hoffen; denn
selten stehen die Kohlen zu Tage an, sie können nur durch Tief-
bohrungen aufgeschlossen werden.

Da krystallinische Schiefer und altpaläozoische Gesteine eine
grofse Verbreitung in Deutsch-Ostafrika haben, so kann nicht verwundern, dafs Graphit und Eisen häufig erwähnt wird. Besonders
in West-Ukami und in den Uluguru-Bergen (119. p. 212) sind graphit-
haltige Gneise häufig, doch sind gröfsere Lager reinen Graphites hier
noch nicht gefunden (68. p. 468). Dagegen hat Baumann am Muhemba-
Berg in Urundi (4. p. 154) und Graf Götzen in Ruanda (44. p. 575) gröfsere
Graphitlager entdeckt; aber diese kommen bei der grofsen Entfernung
von der Küste jetzt praktisch noch nicht in Betracht.

Da die krystallinischen Gesteine vielfach sehr eisenreich sind,
finden sich in den Zersetzungsprodukten Eisenerze sehr häufig. So
enthält der Laterit sehr oft viele Eisenkonkretionen (123. p. 2), in
sumpfigen Niederungen ist Raseneisenstein, so besonders in Kawendi
(8. p. 187; 70. II. p. 163, 164, 166), in Urambo (65. p. 291), in Usindja
(114. p. 124; 142. p. 111; 146. p. 386) und am Wala in Ugunda (9. p. 212).
In Usambara und Pare ist in den Alluvien Magneteisen häufig (97.
p. 450; 3. p. 199, 201; 94. p. 545; 123. p. 2), das offenbar aus den
Gneisen und Glimmerschiefern dieser Gebirge stammt. Diese Erze
lassen sich leicht gewinnen und werden daher von den Eingeborenen
vielfach verarbeitet, seltener werden Eisenerze in primärer Lagerstätte
ausgebeutet. Für Europäer kommen natürlich nur die letzteren in
Betracht, da der Betrieb auf Eisen nur lohnt, wenn dasselbe in gröfseren
Massen sich gewinnen läfst. Bis jetzt sind aber grofse Eisenlager
noch nicht gefunden, wenn auch Magneteisen oder Eisenglanz häufig
erwähnt wird und mit Sicherheit angenommen werden kann, dafs
Eisenerze nicht nur verteilt im Gestein, sondern auch in Lagern
konzentriert vorkommen (1. p. 373; 68. p. 468; 123. p. 2; 124. II. p. 195).

Auf das Vorkommen von Kupfer läfst schliefsen, dafs öfters
Malachit erwähnt wird, so in der Gegend von Massassi (1. p. 373;
68. p. 468), in Irangi (68. p. 468) und bei Udjidji in Ulambulo und
Uvinsa (100. p. 166, 216). Doch wird nirgends Kupfer gewonnen, und
in abbauwürdiger Menge ist es nicht gefunden worden.

Bleiglanz kommt in dem Duruma-Sandstein bei Schimba vor
(51. p. 260) und soll auch in Usambara gefunden sein (37. p. 82), doch
ist über Auftreten in letzterer Gegend nichts näheres bekannt. Dort
soll übrigens auch Gold vorkommen, was bei dem vielfachen Auftreten dieses Minerals in Afrika nicht verwundern kann (41. p. 158);
es ist aber erst noch zu untersuchen, ob es in genügender Menge
vorhanden ist. Silber ist in Deutsch-Ostafrika überhaupt noch nicht
gefunden worden, ebenso noch keine wertvollen Edelsteine (68. p. 469).
Gutes Kochsalz und kohlensaures Natron ist nicht selten, besonders
in den Massai-Ländern (4. p. 136; 65. p. 292; 83. p. 141; 133. p. 166), wo

es an den abflufslosen Seen vorkommt. Vielfach wird es aus dem Boden ausgelaugt, der in den trockenen Steppenniederungen oft ganz mit Salzeffloreszenzen bedeckt ist, so am Kilimanjaro (3. p. 291; 66. VI. p. 9) in Ugogo (21. p. 97; 106. p. 186), Uvinsa (17. II. p, 37; 21. p. 200; 65. p. 292) und anderen Gegenden.

Erwähnenswert ist noch, dafs in der Nähe der Küste mehrfach Pegmatite mit grofsen, technisch verwertbaren Glimmerplatten vorkommen, so im Mhindu-Gebirge in Ukami, zwischen den Lagerplätzen Yange-Yange und Koo an der Strafse Bagamoyo-Kondoa (68. p. 469) und am Pongwe-Berg bei Saadani (117. p. 285).

Gesteins-Verzeichnis.

Sandstein, gelb, stark kalkig, mit Kohleteilchen, Pangani . . .	40. p, 18
Septarien, Mauria am Pangani	40. p. 18
Kalk, grau, mit verkieselten Fossilien, bei Mkusi	56. p. 507
Sandstein, bröckelig, verwittert, am Weg Leva-Tschogwe	111. p. 174
Kalk, grau, derb, mit Ammoniten, 8 Stunden ober Pangani . .	112. p 49
Kalk, grau, Ballen mit Rissen voll Krystallen (Septarien), ibidem .	112. p. 49
Sandstein, grob, rötlich, zwischen Pangani und Umba	125. p. 558
Kalk, dicht, braungrau, mit Fossilien, im Sandstein in zwei Lagen, horizontal, bei Umba	125. p. 558
Kalk, fest, Mergel, blaugraue, thonige Kalkknollen, Septarien mit Kalkspat, mit Ammoniten, Mtaru am Pangani	132. p. 5

Usambara-Hochland.

Kryst. Gestein, ober Massangu am Sigi	3. p. 118
Gneis und kryst. Schiefer, Str. N.—S., F. O., ganz Bondëi . . .	3. p. 119
Gneis und kryst. Schiefer, Str. N.—S., F. O., Ost-Usambara; Str. O.—W., F. S., Mittel-Usambara; Str. N.—S., F. O., Nord-Usambara . .	3. p. 163
Granit, Durchbrüche, vereinzelt in Usambara	3. p. 163
Laterit- oder Mergelarten, häufig in Usambara	3. p. 163
Kalk (Urkalk), bei Makania, am Fufs des Mlalo-Berges, bei Lungusa	3. p. 163
Alluvien, am Luëngera	3. p. 5
Gneis, am Siwa-Bach, an den Makunyene-Hügeln am Umba und an den Thalhängen bei Kitivo	31. p. 207, 208
Sandstein, unten mit Bleierz, und Granit, Usambara-Gebirge . .	37. p. 82
Granit, Mkulumusi und Sigi-Thal bei Magila, bei Handei . .	37. p. 88—90
Lehm, rot, über Granit und Sandstein, Usambara-Gebirge . . .	37. p. 91
Granit, Eisenbahn bei Ngomeny	83 p. 608
Granit und Kalk, Steilrand bei Masinde	58. p. 290
Laterit und Gneis, am Pangani ober Korogwe	87. p. 6
Glimmerschiefer, Felspartie am Umba-Flufs	92. p. 246
Kalk, bräunlichrot, thonig, an einem Nebenflufs des Umba . .	92. p. 247
Granulit, am Weg Kitifu-Mbaruk, Pangani-Thal	93. p. 470
Amphibol-Granulit, zwischen Leva und Kwa-Fungo (Bondei) . .	93. p 470
Amphibol-Hypersthen-Granulit, ibidem	93. p. 470
Gneis-Granulit, zwischen Kwa-Fungo und Mruasi	93. p. 471
Amphibol-Gneis, Weg Mruasi-Korogwe	93. p. 472
Hypersthen-Anomit-Plagioklas-Gneis, Weg Korogwe-Mauria . .	93 p. 472
Gneis, fast horizontal, ganz Usambara	97. p. 450
Hornblende-Granat-Gneis, sehr häufig in Usambara	97. p. 450
Biotit-Granat-Gneis, selten in Usambara	97. p. 450
Muskovit-Gneis, hell, öfters in Usambara	97. p. 450
Phyllitschiefer, in den Nordost-Ausläufern Usambaras	97. p. 450
Quarzgänge, häufig in Usambara	97. p. 450
Kalk, sehr selten , ,	97. p. 450
Magneteisen im Sand, Fuga, Zentral-Usambara	97. p. 450
Laterit und kryst. Gestein, bei Korogwe am Pangani	111. p. 172
Gneis, granatführend, oft mit Hornblende und Graphit, Str. N.—S., F. leicht O., Bondei und Handei	125. p. 558
Laterit durch Gneiszersetzung, Bondei	125 p. 558
Konglomerat, metamorphisch, in Blöcken bei Magila	125. p. 558

Gneise, im Norden in Glimmerschiefer übergehend, rosa und grauer Granit, herrſchen in Ungúu	111. p. 161
Quarz, rosa, in Gängen und Feldspat, häufig in Ungúu	111. p. 161
Gneise, Kilindi-Berg am Rukagura	111. p. 163
Granit in Laterit, Kihenga	111. p. 165
Gneis, Ganga-Berg östlich von Ungúu	111. p. 168
Laterit und Sand, Malianga kwa Mlindi, Nord-Useguha	111. p. 169
Laterit und Sand, Weg nach Heluguembe	111 p. 170
Gneis und Granit, ibidem	111. p. 170

Hinterland von Saadani und Bagamoyo.

Quarz und Sandstein, Weg Matunga-Simba-Nbili	7. p. 358
Geröll und roter Sand mit Kopal in 3 Fuſs Tiefe, Saadani	17. II. p. 403
Sandstein, Geröll von Quarz und kryst. Gestein, Abstieg zum Geringeri westlich von Kissémo	21. I. p. 54
Sandstein, rot, weich, darunter Quarz und Granit, Msuwa	21. II p. 228
Kryst. Kalk, Gneis und kryst. Schiefer, Berge westlich des Dilima- (= Mfisi-)Berges	40. p. 36
Sandstein, F. O., zwischen Dilima und Mtu-ya-mgazi	40. p. 37
Mergel mit Septarien und Ammoniten, konkordant darüber, Mtu-ya-mgazi bei Saadani	40. p. 37
Kalk, braun, grobkörnig, und Kalk, grobsandig, über den Mergeln von Mtu-ya-mgazi	40. p. 37
Mergel mit einer Gypsbank, F. leicht O., Kizigo-Berg bei Saadani	40. p. 37
Sandstein, feinkörnig, kalkhaltig, konkordant darüber, ibidem	40. p. 37
Kalk mit Perisphincten, konkordant über feldspatreichem Sandstein, Kessa westlich von Bagamoyo	40. p. 49
Kalkstein, pisolithisch, bei Kingaru östlich von Msuwa	106 p.97; II.p.147
Sandstein-Schichten, westlich von Rossako	107. p. 95
Sandstein, sehr grob, unter dem Korallenkalk, bei Bagamoyo	112. p. 49
Sandstein-Brocken und Quarzgeröll, bei Kivugu	111. p. 147
Gneis und Granit-Brocken, Weg zum Pongwe-Berg	111. p. 148
Gneis, im Wami bei Mbaha	111. p. 149
Sandstein, graugelb, bei Msua	112. p. 49
Glimmerschiefer, F. O. 50°, und Gneis, westlich von Msua	{ 112. p. 50 116. p. 20
Sandstein, gelb, kalkig, Str. N.—S., F. O. 10—30° bei Msua und bei Kivugu	116. p. 18, 832
Greis, Str. N.—S., F. O. 20°, Weg westlich des Pongwe	116. p. 823
Thonknollen mit Kalkspat, Boden grau, öfters Sandstein gelb, Str. N.—S., F. O. fast 90°, östlich von Masisi	116. p. 824
Sand, grau, oder Laterit, Weg Rosako-Kiwansi	117. p. 283
Thonboden, hellgrau und pechschwarz, westlich von Kiwansi	117. p. 283
Mergel, sandig mit Kieseln, von Laterit bedeckt, ibidem	117. p. 283
Sandstein, rötlich, Stücke im Boden, Thal bei Kiwansi	117. p. 284
Septarien mit Fossilien, nördlich von Kiwansi	117. p. 284
Konglomerate, Str. N. 50° O., F. NW., ibidem	117. p. 284
Thonboden, grau, Alluvial-Ebene des Wami	117. p. 284
Sandstein, grob, ungeschichtet, mit Fossilien, kwa Dikwaso am Wami	117. p. 284
Thonschiefer, dünnblätterig, sandig, Hügel nördlich am Wami	117. p. 284

Sandstein, rot, kalkig, Str. N.—S., F. O., Schieferthon, Konglomerate,
    auch Kalke und Kohlenflöze, Usaramo-Khutu . . . . . | 124. II. app. III
Kieselsandstein, quarzitartig, überlagert von rotem Gestein mit
    Konchylien-Abdrücken, Vikuruti-Bach östlich von Yegéa bei
    Rukinga . . . . | 119. p. 211
Eruptivgestein, weifs, mit Schwefelgeruch, 30 m hohes Lager Sin-
    gayongo bei Ngaru am Ruhoi-Flufs . . . . | 138. p. 650
Ablagerungen, weifslich, heifse Quellen (44⁰ u. 51,5⁰ C.) bei Nyon-
    goni am Ruhoi-Flufs . . . . | 138. p. 650
Lehmboden, sandig, rotgelb, Hochplateaus in Magongo . . . . | 138. p. 650
Sand, zwischen Makoge und Magaroba in Magongo . . . . | 138. p. 650

Khutu und Mahenge.

Alluvial-Ebene, am Rufidji . . . . | 5. p. 646
Granit an der Mündung des Luvegu in den Ulanga . . . . | 5. p. 646
Gneis, granitähnlich, grau und rötlich, zwischen den Pangani- und
    Schuguli-Fällen . . . . | 5. p. 646
Sandstein, gelblich, und rote Erde, auf dem Gneis, ibidem . . . | 5. p. 646
Kalktuff, Stücke von Quarzit und Sandstein, heifse Quelle bei
    Kissaki . . . . | 17. p. 159
Urgestein, Hügel am Mgeta-Flufs . . . . | 17. p. 160
Alluvien, Ulanga-Ebene . . . . | 69. p. 271
Sandstein, hellgelb, dickbankig, oft hart, 100—150 m, zwischen
    Kungulio am Rufidji bis Lager Mangwasa am Ruaha . . . | 69. p. 273
Schiefer, weich, mit weifsem Glimmer und Pflanzenresten, unter
    dem Sandstein, ibidem . . . . | 69. p. 273
Gneis, westlich vom Lager Mangwasa, Hügel in der Ulanga-Niede-
    rung bis Lupembe . . . . | 69. p. 273
Urgestein, Granit, Hügel bei Kissaki . . . . | 85. p. 354
Sinterkegel, heifse Quellen, ibidem . . . . | 85. p. 354
Gneis, Sandstein, Basalt und Basaltlaven, Khutu . . . . | 98. p. 88
Sandstein, feinkörnig, braun, Lavaschichten, Sandstein, grobkörnig,
    graulich-rot, Schichtfolge am Johnston-Berg bei Rubehobeho . | 124. I. p. 147
Sandstein, rot, kalkig, meist Str. N.—S., F. O., oft steil, Khutu
    und Rufidji-Thal . . . . | 124. II. app. III
Basalt, intrusiv im Sandstein, Khutu . . . . | 124. II. app. III
Kalk, weich, Hügel der heifsen Quellen bei Kissaki . . . . | 105. p. 43
Sinter- und Tropfsteinbildungen, heifse Quellen am Kipalalla-Berg
    südlich von Rubehobeho . . . . | 143. p. 32

Ukami.

Quarz- und Granit-Gerölle, im Geringeri, westlich von Kissemo . | 21. p. 55
Granit und Quarz, Kungwe-Berg . . . . | 21. p. 55, II. p. 229
Sandstein und Quarz, Pafs westlich von Kiroka . . . . . | 21. p. 59
Granit, Hügel, jenseits des Geringeri-Oberlaufes . . . . | 21. II. p. 229
Sandstein, hellgrau, mit Glimmer und Pflanzenresten, rechtes
    Geringeri-Ufer, 70 km ober seiner Mündung . . . . | 68. p. 466
Sandstein und dunkle Schiefer, im Nord-Ukami . . . . | 68. p. 467
Sandstein mit Versteinerungen darüber Oalithe und dichte Kalke,
    F. O.S.O. 10—15⁰, am Ostrande der Uluguru-Ukami-Berge . . | 68. p. 467

Gneis mit Graphit, Uluguru-Gebirge südlich von Mrogoro, in West-Ukami, am Südhang des Mkumbaku bei Kolero, auf der Pafs-höhe zwischen Mvua und Manimkombwe	68. p. 468
Pegmatit mit Kaliglimmer, im Mhindu-Gebirge	68. p. 468
Metamorphisches Gestein, Nordufer des Geringeri, Nord-Ukami .	87. p. 8
Hornblende und Granat-Gneis, oft mit Graphit, Ukami	98. p. 87
Kalk, am Geringeri	98. p. 87
Granitblöcke und Quarz, Mussundi am Geringeri	106. p. 112
Gneis, schwarz-weifs, mit Graphit und Turmalin, Gebirge bei Mrogoro	116. p. 27
Pegmatit mit Muskovit, Mgu-ya-ndege-Berg	116. p. 27
Gneis, schwarz-weifs, jenseits des Geringeri-Oberlaufes . . .	116. p. 28
Gneis, F. N., Gipfel des Fulukisa-Berges	117. p. 287
Steppenkalk mit Geröll, bei Vilansi	117. p. 288
Gneis, Uluguru-Gebirge	117. p. 289
Gneis, Kungwe-Berg	117. p. 290
Thonschiefer, rot, Str. N.—S., F. leicht O., 1 Stunde westlich von Tununguo bis Magogoni	119. p. 210
Thon, graubraun, Ebene östlich dieser Thonschiefer	119. p. 210
Oolith-Kalk, Str. N. 310° O., F. 10° N.O., Gongarogwa-Höhen am Rufu	119. p. 211
Quarzitartiges Gestein, grau und rötlich, Str. N. 340° O., F. 10° W., westlich der Gongarogwa-Höhen vom Gumba-Bache an . .	119. p. 211
Gneis- und Quarz-Schotter, Abfall der Moa-Berge bei Magogoni .	119. p. 211
Thonschiefer, violettgrau, Str. N. 40° O., F. 5° S.O., Bachbett bei Viansi	119. p. 211
Septarien, nördlich davon, bei Viansi	119. p. 211
Kalk, hell, graugelb, südlich davon, bei Viansi	119. p. 211
Quarz, krystallinisch, Vorberge von Uluguru, beiderseits am Ruon wo er westöstlich fliefst	119. p. 211
Quarz, Str. N. 70° O., F. 35° S., bei Kondutshi; Str. N. 33° O., F. 40° W. bei Makongolo, etc.	119. p. 211
Gneis, in den Vorbergen von Uluguru, Str. meist NNO., F. OSO.	119. p. 211
Gneis, F. W., bei Lussegwa	119. p. 212
Gneis, Str. NNO., F. OSO., Uluguru-Zentral-Gebirge	119. p. 212
Quarzit, westliche Uluguru-Vorberge	119. p. 212
Glimmerplatten in Nestern im Gneis, im N. und NO. der Uluguru-Berge	119. p. 212
Graphit, oft im Gneis, besonders am oberen Ruon, bei Kingara's, am Mkumbaku, am Südhang des Mkalatei-Thales	119. p. 212
Kalk mit Fossilien, zwischen den Küstenbergen und Simbaweni	124. II. app. III

Usagara.

Quarz, rot, gelb und weifs, Blöcke, Mzizi-Ndogo-Höhe, südlich der Makata-Ebene	17. p. 162
Urgestein mit Quarzgängen, am oberen Mgeta-Flufs	17. p. 166
Syenit, grau, und Sandstein, Thal des Rufuta, Nebenflufs des Mgeta	17. p. 168
Krystallinischer Schiefer, Sandstein glimmerig und eisenschüssig, Berghöhen südlich der Makata-Ebene	17. p. 170
Sandstein, Marenga-mkali, östlich des Rubeho-Gebirges	17. p. 205

Hinterland von Kilwa.

Hinterland von Lindi.

Sandstein, F. O., gehärtet durch Granit, westlich des Mkonya-
    Flusses am Ende des Makonde-Plateaus . . . . | 70. p. 34

Granit oder Syenit, geschichtet, Str. O.—W. am Rovuma-Nordufer
    südlich der Massassi Ebene . . . . | 70. p. 34, 36, 37

Dolomit, aus vulk. Tuff entstanden, Chisulwe am Rovuma . . . | 70. p. 39

Dolomit, oft weifs, und metamorphische Gesteine, chokoladebraun,
    am Rovuma bei der Ludjende-Mündung . . . . | 70. p. 40

Granit-Berg, am unteren Ludjende . . . . | 70. p. 41

Kohlenstücke im Sand, ibidem . . . . | 70. p. 41

Granit- oder Syenit-Hügel, am Rovuma-Oberlauf . . . . . . | 70. p. 47

Gneis, Str. N.—S., F. W., auch Str. O.—W., und eisenschüssiges
    Konglomerat, Ngozo-Berg am oberen Rovuma . . . . . | 70. p. 50

Granit, von eisenschüssigem Konglomerat überlagert, südlich von
    Mtonde, oberer Rovuma . . . . | 70. p. 70

Trapp u. Dolomit, Chilole-Hügel am Rovuma unter dem Ludjende-
    Einflufs . . . . | 70. p. 84

Granit, Felsen bei Massassi . . . . | 71. p. 338

Korallenkalk, 20—40 m über dem Meer, Lindi . . . . | 82. p. 644

Sandstein grob, rot und grau auf metamorphischem Gestein, Ma-
    konde-Plateau . . . . | 126. p. 65 ff.

Gestein, metamorphisch, Ebene westlich von Kwamatola . . . | 126. p. 65 ff.

Schieferthon, bituminös, und Sandsteine, am Ludjende von Itule
    bis Kwamakanja . . . . | 126. p. 65 ff.

Gneis und Granit, die Sedimentgesteine umgebend, am Ludjende | 126. p. 65 ff.

Granitmassiv, Lipumbula-Berg in Kwamantusi am Ludjende . . | 126. p. 65 ff.

Granit, Hügel am Rovuma bei Unde . . . . | 126. p. 65 ff.

Tropfsteinhöhlen und Vulkane, südwestlich des Lindi-Kreeks . . | 144. p. 311

Urungu.

Granit und Sandstein, hell, weich, am Kap und Flufs Runangwa | 21. I. p. 251

Sandstein, rot, und Porphyr, Halbinsel zwischen Niamkolo und
    Rhodes-Bucht in der Ilore-Bai . . . . | 67. p. 115

Thonschiefer, ziegelrot, Pambete . . . . | 70. I. p. 204

Sandstein und Dolomit, zwischen Kuwu und Kalambo . . . . | 70. II. p. 247

Aphanit mit Amphibol, Bergfufs bei Jendwe . . . . | 91. p. 41

Sandstein, thonig, blafsrot, ibidem . . . . | 91. p. 41

Euritin, grünlich, Aufstieg bei Jendwe auf den Weg nach Mambwe | 91. p. 41

Sandstein, glimmerig, Plateau ober Jendwe . . . . | 91. p. 41

Sandstein, röthlich, geschichtet, horizontal, Kap Kurungwe und
    Mtombwe-Spitzen . . . . | 101. II. p. 37

Sandstein, rötlich und bunt, quarzitisch, meist horizontal, am Süd-
    ende des Tanganyika . . . . | 124. II. app. III

Itahua und Marangu.

Sandstein, dunkelrot, weich, bei Kap Mulango . . . . . . | 21. II. p. 249

Granitblöcke, Seeufer bei Mpala . . . . | 91. p. 39

Gneis, Mpala im Gebirge . . . . | 91. p. 39

Granit und Gneis in Laterit zersetzt, ibidem . . . . | 91. p. 39

Gneis, Kiensa bei Manda . . . . | 91. p. 39

Granit und Pegmatit, ibidem . . . . | 91. p. 39

Porphyr, Rollstücke, Ufer bei Kiensa . . . . | 91. p. 40

Porphyr, Seeufer, kleiner Hafen nördlich von Kapampa	91. p. 40
Porphyr, Rollstücke, nördlich von Mlilo	91. p. 40
Eurit-Blöcke, Seeufer bei Mlilo	91. p. 40
Grünstein, nördlich von Kap Kalambwe	107. II. p. 44
Feldspat-Gestein (Porphyr), Nordufer des Lofu-Flusses	124. II. app. III
Sandstein, weich, tiefrot, mit Geröllschichten, wenig gestört, nördlich von Mpala	124. II. app. III
Granite, besonders Pegmatite und Syenite, am Tanganyika-Ufer zwischen Katete und Rutuku	139. p. 133
Pegmatite, am Mrumbi-Berg bei Mpala	139. p. 133
Sandstein, rot, oben konglomeratisch, F. O., Mrumbi-Berg, bei Mpala	139. p, 133
Sandstein rot, feldspatig, z.T. konglomeratisch, oben einzelne Bänke von Sandstein weifs, glimmerig, F. 22° ONO., Mrumbi-Berg .	140. p. 23

Uguha.

Thonkonglomerat, Lehm rot mit Eisenoxyd, Sandstein, stark gestört, dunkle Felsen wie Säulenbasalt, Ufer des nördlichen Tanganyika	17. II. p. 141
Granitblöcke, Kabesa-Insel bei Plymouth	52. p. 9
Thonschiefer, Sandstein, schieferig, mit Quarz und viel Glimmer, bei Kap Kahangwa	52. p. 9
Kies, mit roter Erde gemischt, 50 Fufs am Tanganyika-Ufer . .	70. II. p. 60
Thonschiefer, fein, 60 Fufs, darüber, ibidem	70. II. 60
Kies, 5 Schichten mit einer Schieferschicht, über dem Thonschiefer, am Tanganyika-Ufer	70. II. p. 60
Konglomerat, eisenschüssig, und Sandstein, weich, Lukuga-Ausfluss	107. II. p. 55
Sandstein, weich, tiefrot, mit Geröllschichten und Schieferthonen, wenig gestört, Uguha	124. II. app. III
Sandstein, grob, rot, am Lukuga-Ausfluss	135. p. 225
Sandstein, rot, konglomeratisch, Hügel am Tanganyika von Rutuku an, bei Albertville und am Lukuga	139. p. 134

Fipa.

Porphyrisches Gestein, hellrosa, Kap Mpimbwe	12. p. 172
Breccie in Bänken, Bindemittel thonig, teils hart, teils bröckelig, und Sandstein, rezent, Strand am Seespiegel bei Kap Mpimbwe	12. p. 173
Granitblöcke, aufgetürmt, Kap Mpimbwe	21.I.p.231,II.246
Granit und harter Sandstein, eingebettet in sehr weichen, roten Sandstein, Kap Kabemba	21. I. p. 232
Puddingstein, Kap Chakuola	21. I. p. 233
Granitfelsen, Kap Makurungwe	21. I. p. 233
Kreide oder Kalk, reinweifs, Uferfelsen südlich der Polungo-Insel	21. I. p. 240
Granit, hell, überlagert von Sandstein, rot, Uferfelsen bei Kassangalova	21. I. p. 246
Granit, Kap Masungi bei der Polungo-Insel	21. II. p. 248
Gestein, rot, dünn geschichtet, Kap Yamini	21. II. p. 248
Granit, Kap Muntewa bis Msamba-Insel	107. II. p. 34
Granit, Kap Mpimbwe	107. II. p. 33
Thonschiefer, grau, Kap Kalavera bei Kakungu's	107. II. p. 37
Gneis und kryst. Schiefer, Fipa und am Rikwa-See	124. II. app. III
Feldspath-Gestein (Porphyr), Seeufer vom Kap Mpimbwe an . .	124. II. app. III

Kawendi, Ugalla und Uvinsa.

Ujiji und Süd-Uha.

Sandsteinblöcke und rote Erde, Seeufer nördlich von Ujiji . . .	17. II. p. 100
Thonkonglomerat, hart, oder roter Lehm mit Eisenoxyd, Sandstein, stark gestört, Basaltsäulen (?), Ufer des nördlichen Tanganyika	17. II. p. 141
Salz in Schlamm, nördlich des Malagarasi	21. p. 200, 202
Granit, westlich des Rusugi-Flusses	21. p. 202
Kochsalz, 95% NaCl, Nord-Uvinsa und Süd-Uha	65. p. 292
Malachit, 57% Kupfer, bei Kasawa in Ulambulo	100 p. 166, 216
Urfelsen, westlich des Rugufu-Flusses	106. II. p. 37
Thonschiefer, Konglomerat Sandstein, Quarzgeröll, Lehm, Strand bei Njasanga	106. II. p. 112
Konglomerat Sandstein, Platte, Kap Kitunda	106. II. p. 115
Kreidefelsen, weich, Seeufer am Malagarasi	106. II. p. 193
Sandstein, tiefrot, mit Geröllschichten, vielfach gestört, auch Schieferthone, Ujiji	124. II. app. III
Bitumen und Petroleum, Untergrund im nördlichen Teil des Tanganyika-Sees	140. p. 24

Nord-Uha.

Kryst. Gestein, eisenschüssig, herrscht in Nord-Uha	4. p. 154
Diabas-Mandelstein, feinkörnig, Uschingo und 2 Tagemärsche östlich davon	65. p. 279
Kalk, fest, Str. NNO., F.OSO. 60° ca., Ost-Uha	65. p. 290
Mergel, fest, ungestört, Uschingo	65. p. 290

Süd-Ruanda und Urundi.

Quarzit, Str. NNO.—SSW., F.WNW. steil, herrscht in Urundi bis zum Akenyaru	4. p. 154
Gneis, Glimmerschiefer und Phyllit, gleichgelagert, untergeordnet, ibidem	4. p. 154
Phyllit mit Graphit, Muhemba-Berg	4. p. 154
Granit und Diabas, Thal des Kagera und Akenyaru	4. p. 154
Gneis, herrscht in Ruanda	4. p. 154
Mikroklin-Granit, Ruanda	65. p. 266
Muskovit-Gneis, Ruvuvu-Fähre	65. p. 270
Zweiglimmergneis, Str. NNO., F.OSO. 80°, Nord-Urundi . . .	65. p. 271
Epidot-Gneis, Str. SSO.—NNW., F. SSW. 70° ca., Ruanda . . .	65. p. 272
Andalusit-Glimmerschiefer, Quelle des Msawula-Baches in Urundi	65. p. 274
Quarzamphibolit mit Graphit und Rutil, Str. SSW.—NNO., F.OSO. 70°, Urundi	65. p. 275
Amphibolit, kryst., Gebirgskamm am Tanganyika	65. p. 275
Hornblendeschiefer mit Epidot, Muvarasi-Bach, Urundi . . .	65. p. 275
Phyllit, Str. SSW.—NNO., F.OSO. 70°, Ruvuvu-Thal	65. p. 276
Phyllit, Str. NNW.—SSO., F. WSW. 80° ca., Wasserscheide zwischen Ruvuvu und Russissi	65. p. 276
Phyllit, Mahemba-Berg, Mugitiva, Urundi	65. p. 276
Phyllit, Str. WNW., F. NNO. 45° ca., Südost-Urundi	65. p. 276
Quarzit und Quarzitschiefer, meist feinkörnig, Str. NO.—SW., F. SO fast 90°, Nord-Urundi	65. p. 276
Quarzit, schieferig, Str. NO.—SW., F. SO. 30° ca., Ruanda . .	65. p. 276
Quarzit, schieferig, Urundi und Nord-Urundi	65. p. 276
Kaolin, weiß, rein, Imbo, Urundi	65. p. 291

Quarzit, rötlichgrau, Rand des Plateaus an der 1. Terrasse . . .	146. p. 387
Quarzit, lose durch Eisenhydroxyd verkittet, 1. Terrasse in Ussui	146. p. 387
Quarz, crêmeweifs, sandsteinartig, 3. Bruchlinie bei Kassusura's in Ussui	146. p. 387
Quarzitblock, im Nyambugu-Bach in Nordwest-Ussui	146. p. 387
Gneis, mittelkörnig, Nyambugu-Bach in Nordwest-Ussui	146. p. 387
Thonschiefer, dicht, gelblichgrau, Südostanstieg in Nord-Ussui . .	146. p. 388
Quarz, eisenschüssig in Lehm, wie ein fossiler Baumstamm aussehend, strukturlos, Nord-Ussui	146. p. 388
Glimmerschiefer, dicht, Ussui	146. p. 389
Glimmerschiefer, grau, Str. SSW.—NNO., F. 85° WNW., Grenze von Ussui und Karagwe	146. p. 389

Karagwe.

Sandstein, verschieden hart, Kitare bis Kitangule am Kagera . .	47. p. 254
Sandstein, thonig, weich, dunkelbraune und rote Schichten mit gelblichweifsen wechsellagernd, und Quarz, Hügel bei Vigura	105. p. 196
Sandstein-Konglomerat, rot, und Boden rot, bei Vigura	105. p. 196
Sandstein, thonig, wie bei Vigura, bei Uthenga	105. p. 200
Sandstein, thonig, mit blauem Schieferthon, Sandstein, quarzitisch, metamorphisches und vulkanisches Gestein, bei Rosoka . .	105. p. 201
Quarz, weifs, Gänge, Hügelkämme bei Katawanga	105. p. 201
Sandstein, thonig, blau oder gestreift, Hügel bei Katawanga . .	105. p. 201
Sandstein, thonig, rot gestreift, bei Ndongo und Ngambesi, nördlich von Kitangule	105. p. 265, 266
Gneis, grau, Lupassi-Spitze südlich des Kagera	107. I. p. 236
Porphyr, braun, Uhimba-See, südlich von Kafuro	107. I. p. 518
Sand, Düne, 7—9 m hoch, Strand von Bukoba	115. p. 190
Quarzit, rosa, weifs und grau, F. W. leicht, herrscht bei Bukoba .	115. p. 190
Thonschiefer, rot, untergeordnet, ibidem	115. p. 190
Quarzit, Str. NNW.—SSO., F. leicht W., Ihangiro	116. p. 130
Quarzit, am Kinyavassi-Flufs bei Bukoba	116. p. 218
Thon, graubraun, und Schlamm, schwarz, Kagera-Thal bei Kitangule	116. p. 220
Schicht weifs (Infusorienerde?) unter dem Thon, ibidem . . .	116. p. 220
Laterit, westlich von Bukoba	116. p. 217
Schiefer, F. fast 90°, Kamha-Rücken bei Kitangule	116. p. 221
Quarzit, weifs, grau und rot, alternierend mit Thonschiefer, F. SO. 70°, Plateaurand bei Kitunguru	116. p. 221
Schiefer, grau und rot, F. ONO. 50—70°, bei Kassesse . . .	116. p. 223
Quarzit-Sandstein, Str. N. 8° W., F. fast 90°, Kyivóna-Höhe . .	116. p. 243
Granit, grau, lokal bei Kifui	116. p. 245
Thonschiefer, Str. N. 21° W., F. W. 80°, beiderseits am Kagera bei Kanyonsa	116. p. 661
Thonschiefer, Str. N.—S., F. O. 30°, Kagéhe-Bergrücken . . .	116. p. 661
Kieselsandstein, rot, heifse Quellen von Mtagata	116. p. 663
Quarzit, graurötlich, Kahéngere in Ihangiro	116. p. 670

Inseln am Westufer des Viktoria-Sees.

Schieferthon, Musira- (= Busira-) Insel bei Bukoba	107. I. p. 245
Basalt, Alice-Insel bei Busira	107. I. p. 247
Thonschiefer rot, F. leicht W., Busira-Insel bei Bukoba	116 p. 698

Quarzit, Thonschiefer, Quarzsandstein, grau und rötlich, Roteisen-
  stein etc. Inseln nordwestlich von Sosswe-Insel im Emin-
  Pascha-Golf . . . .   116. p. 728
Quarzit, weifs, rosa und grau, dicht kryst., Luwire-Insel . . . .   116. p. 737
Thonschiefer, rot und violett, Str. N. 50° W., F. NO. 30°, Sosswe-
  Insel . . . .   116. p. 739
Konglomerat, rotbraun, wabig, Maissóme-Insel . . . .   116. p. 739

Gebiete westlich des Kilimanjaro- und Meru-Berges.

Feuerstein auf graugelbem Lehm, Becken am Fufs des Gelei-Berges   38. p. 58
Salzsumpf, am Dönjo-Ngai . . . .   38. p. 85
Lava, grau, schwarzer Sand mit Glimmer, ibidem . . . .   38. p. 87
Lehm, graugelb, Ebene von Ngaruka . . . .   38. p. 88
Salzkrusten, Steppe von Nguruman . . . .   38. p. 58
Gneise, Longido-Berg, Bergland Matiom, Mossiro-Mutiek-Gebirge bei
  Nguruman . . . .   78 p. 577, 581
Quarzblöcke, Bergland Matiom . . . .   78. p. 578
Granophyr, Westfufs des Longido-Berges . . . .   78 p. 578
Gneis mit viel Hornblende, Fufs des Longido und Matiom-Gebirges   78. p. 581
Nephelin und Melilithgestein, Dönjo Ngai . . . .   78. p. 584
Akmit-Trachyt, Kiwangaine-Thal am Gelei-Berg . . . .   78. p. 590
Nephelinit, Umgebung des Dönjo Ngai . . . .   78. p. 594
Nephelin-Tephrit, Hang des Nanja Hochlandes gegen die Ngaruka-
  Ebene . . . .   78. p. 601
Melilith, Basalt, Tuffe und Sande, Dönjo Ngai-Umgebung . . .   78. p. 603, 607
Plagioklas-Gestein, Kitumbin-Berg, Dönjo Ngai-Umgebung . . .   78. p. 605
Sanadinit, am Fufs des Dönjo Ngai . . . .   78 p. 606
Cyanit-Geröll aus kryst. Schiefern, Matiom . . . .   78. p 607
Chalcedon, Ngaruka-Ebene . . . .   78. p. 609
Graphit-Gneis, Gneis und Schiefer, Dönjo Erok und Ngaptuk . .   128. p 249
Salz 45% CO_2 Na_2, 38% $(CO_2)_2$ H_2 Na_2, 16% H_2O, Mandschara-See,
  3 Tagemärsche westlich von Kibonoto . . . .   133. p. 141, 166

Meru-Berg.

Nephelin-Tephrit, am Meru bei Grofs-Aruscha . . . .   78. p. 601
Limburgit, Ebene von Grofs-Aruscha, Blöcke am Meru . . . .   78. p. 602
Hornblende-Phonolith, Magsuru-Flufs am Meru . . . .   93. p. 487
Nephelinit-Gerölle, ibidem . . . .   93. p 489

Kilimanjaro.

Glas-Basalt oder basischer Augit-Andesit, Mittelgrat 4270 m . . .   13. p. 682
Augit-Andesit, lichtgrau und schlackenartig, ibidem . . . . .   13. p. 682
Hornblende-Andesit, dunkelgrau, basaltähnlich, Fufs des Mawensi
  in 4480 m . . . .   13. p. 682
Augit-Andesit mit Orthoklas, Fufs des Kibo 4270 m . . . . .   13. p. 682
Augit-Andesit, schwarz, schlackig, Mittelgrat 4270 m . . . .   13. p. 682
Schlackengerölle mit grofsen Sanidinkrystallen, Südhang, Giesbach-
  thal, 3960 m . . . .   13. p. 682
Augit-Andesit, schwarze Lava, ibidem . . . .   13. p. 682
Schwarze Lava mit grauem Feldspat, ibidem und in 4270 m . .   13. p 682

Ssogonoi und Lettima-Gebirge.

Massai-Steppe.

Gegend des Manyara-Sees und Umbugwe.

Salz, 5,38% NaCl, 20,46% $SO_4 Na_2$, 48,63% $CO_3 Na_2$, 25,19% Thon
und Sand, Südende des Manyara-Sees . . . . 65. p. 292
Salz, 2,31 NaCl, 12,92% $CO_3 Na_2$, 80,72% Thon und Sand, salziger
Lehm von Laua-ya-Sereri . . . . 65. p. 292
Salz, 4,8 NaCl, 12,04 $CO_3 Na_2$ in 1000 Teilen Wasser des Manyara-
Sees . . . . 65. p. 292
Salz, 0,62‰ NaCl, 1,5‰ $CO_3 Na_2$, heiße Quelle am Manyara . . 65. p 292

Uflomi, Unyanganyi, Mangati und Ussandaui.

Basalt und Tuff, Grabensohle in Ufiomi . . . . 4. p. 137
Basalt, Gurui-Vulkan in Mangati . . . . 4. p. 138
Granit, Grabensohle zwischen Turu und Irangi . . . . 4. p. 138
Granit, Ussandaui-Plateau . . . . 4. p. 138
Kryst. Gesteine, Str. meist N.—S., Ussandaui am Bubu . . . 4. p. 138
Melilith-Basalt, glasreich, Hang bei Makinga-Hügel . . . . . 65. p. 289
Hornstein-Knollen, lichtgrau, Strandgeröll am Balangda-See in
Mangati . . . . 65. p. 291
Töpferthon, grau, Unyånganyi . . . . 65. p. 291
Kochsalz, 59,53% NaCl, 22,74% $SO_4 Na_2$, 13,13% $CO_3 Na_2$, Balangda-
See in Mangati . . . . 65. p. 292
Salz, 144,40‰ NaCl, 94,10‰ $CO_3 Na_2$, im Wasser, ibidem . . . 65. p. 292
Basalttuffe mit Olivin, Makenga-Bach . . . . 65. p. 294
Tuff, lichtgrau, kalkreich, mit vulkanischem Material, wohl lakuster,
Nordende des Maitsimba-Sees in Ufiomi . . . . 65. p. 294
Schlacken und Bimstein, kraterähnliches Thal, westlich des Gurui-
Berges . . . . 80. p 126
Granit, Laterit oder Thon, graubraun, Unyanganyi . . . . . 116. p. 770
Nephelinit, am Gurui Berg . . . . 142. p. 45
Nephelinit, am Grat des Gurui-Berges in 3000 m Höhe . . . 146. p. 385

Uassi und Irangi.

Gneis und kryst. Schiefer, Str. N.—S., F. steil W., Uassi-Plateau . 4. p. 137
Kryst. Gesteine, Irangi-Berge . . . . 4. p. 138
Gneis, mechanisch deformiert, undeutlich geschichtet, Maragoya-
Mave, südlich von Irangi . . . . 65. p. 270
Muskovit-Gneis, Str. NW., F. SW. 40° ca., Uassi . . . . . 65. p. 270
Muskovit-Schiefer, Uassi . . . . 65. p. 273
Biotit-Schiefer, Str. NO., F. SO. 10°, Uassi . . . . 65. p. 273
Kalk, rein, fest, Abfall zum Bubu-Fluß, Irangi . . . . . . 65. p. 290
Kochsalz, im Boden von Irangi . . . . 65. p. 292
Gneisgranit, graubraun, Str. O.—W., F. S. 10—70°, bei Móndo,
Irangi . . . . 116. p. 808
Thonboden, graubraun, herrscht in Irangi . . . . 116. p. 804

Ugogo.

Salzeffloreszenzen, östlich von Khonko bei Mizanza . . . . . 16. p. 505
Granit, grau, Blöcke, Ebene östlich von Ugogi . . . . . . 17. p. 246
Granit, grau, Hornblende, Grünstein, Quarz, Glimmerschiefer, Kalk-
schiefer, Abhang der Marenga-mkali, westlich von Ugogi . . 17. p. 247
Granit, Ufer des Siwa-Flusses . . . . 17. p. 251

Granit, überlagert von Sandstein und grobem Sand oder von Thon, gelbrot, eisenschüssig mit Quarzkieseln und Kalkknollen oder von Sand, weifs oft mit Eisenerz, und von Kies, Süd-Ugogo	17. p. 295—296
Granit, Hügel, sandige Ebene westlich von Tschunjo	21. I. p. 86
Salzeffloreszenzen, Niederung von Kanyenye	21. I. p. 97
Granitblöcke, Useke	21. I p. 104
Granit, Hügel, Marenga mkali, westlich von Tschunjo	21. II. p. 234
Sandstein, von Thon überlagert, Ugogo	21. II. p. 234
Gneis- und Granit-Blöcke, Ugogo	90. p. 96
Granit, Gneis und Quarz, Mkombi, westlich von Tschunjo	104. p. 548
Granit und Gneis, bei Masanga	104. p. 549
Granit und Gneis, Westrand der Ilindi-Niederung	104. p. 550
Granit, hie und da in Ugogo	105. p. 56
Granit, Hügel und Pfeiler, Useke	105. p. 63
Salz, Ebene bei Niamba	106. p. 186
Thonschiefer und Syenit, Ugogo	106. II. p. 147
Tuff, graulich, kalkartig, Weg nach Lihumwa	107. p. 107
Gneis und Granit, meist hellgrau und sehr grob, auch rosa, herrscht in Ugogo	112. p. 52
Flugsand, hellgrau, selten Laterit, Ugogo	112. p. 52
Mergel, hellgrau, thonig, Niederungen in Ugogo	112. p. 53
Kalkgerölle, weifs, sinterartig, auf grauschwarzem Boden, Ebene zwischen Ipála und Mjésse	112. p. 53, 116. p. 46
Gneis, Höhen in Ost-Ugogo	116. p. 47
Granit, graurötlich, West-Ugogo von Matangisi an	116. p. 47
Sand, rot, oder Mergel, grau, über 3 m mächtig, Marenga-mkali	116. p. 46
Granit mit grofsen Feldspatkrystallen, Ugogo westlich von Msanga	116. p. 832
Granit, Sand und grauer Thon, herrscht in Ugogo	124. II. app. III
Vulkanisches Gestein, im Granit von Ugogo	124. II. app. III
Granitgeröll in Ugogo	135. p. 280

Usango, Grabengebiet.

Sand und Eisen, Ebene am Msanga-Flufs	35. II. p. 369
Quarz und Granit, am Mbarafu-Flufs	35. II. p. 370
Hämatit, Schiefer weich und hart, mit Quarzgängen, im Bett des Mbarafu-Flusses	35. II. p. 370

Uhehe- und Ubena-Hochland.

Granitblöcke, Hügel der Uhehe-Hochebene	43. p. 119, 124
Granit und vulkanisches Gestein, Uhehe-Hochebene	124. II. app. III
Boden rot, thonig, Uhehe	124. II. app. III
Granit, Boden rot, thonig, Ubena	124. II. app. III
Grünstein, am Mbangala-Flufs in Ubena	124. II. app. III

Hochland zwischen dem Eiassi- und Manyara-See.

Laterit und Basalt, Plateauabfall nördlich des Manyara-Sees	4. p. 136
Tuffe, vulkanisch, Wände des Ngorongoro-Kessels	4. p. 136
Kalk, jung, Seeufer von Ngorongoro	4. p. 136
Gneis, Str. meist NO., Plateauabfall westlich des Manyara-Sees und im Iraku-Plateau	4. p. 137

Hochland zwischen dem Eiassi-See und der Ostseite des Viktoria-Sees.

Wembere-Steppe, Iramba, Ussure und Turu.

Hochland von Usango, Uyansi und Mgunda-mkali.

Litteratur-Verzeichnis zu Deutsch-Ostafrika.

Die für die Kenntnis der Geologie Deutsch-Ostafrikas besonders wichtigen Quellen sind mit fetten Cursivlettern, solche mit zahlreichen Einzelangaben mit gewöhnlichen Cursivlettern gedruckt, petrographische und mineralogische Arbeiten sind mit einem * ausgezeichnet.

1. *Angelvy:* Voyage dans le bassin de la Rovouma (Compte rendu de la soc. de Geogr., 1885, p. 373).
2. Barrat, M.: Sur la Géologie du Congo Français, Paris 1895.
3. *Baumann, O.:* Usambara, 1891.
4. **Baumann, O.:** Durch Massai-Land zur Nilquelle, 1894.
5. Beardall, W.: Exploration of the Rufidji River (Proc. r. geogr. soc., 1881, p. 641).
6. Beyrich: Über Hildebrand's geologische Sammlungen von Mombasa (Monatsbericht d. Berl. Ak., 1877, p. 96, 1878, p. 767).
7. Bloyet, A.: De Zanzibar à la station de Kondoa (Bull. de la soc. de Geogr., 1890, p. 350).
8. Böhm und Kaiser: Bericht über eine Reise nach dem Tanganyika (Mitt der afrik. Ges. in Deutschland, III, p. 181).
9. Böhm und Reichard: Bericht über die Befahrung des Wala (ibidem, p. 209).
10. Böhm: Reise nach Urambo (ibidem, p. 275).
11. Böhm und Reichard: Bericht über die Reise von Gonda nach Karema (ibidem, IV, p. 79).
12. Böhm: Bericht vom August 1883 (ibidem, IV, p. 170).
13. *Bonney, G. F.: Report on the rocks, collected by H.H. Johnston, Esq., from the upper part of the Kilimanjaro massif (Rep. of the Brit. Assoc. for the adv. of science, 1885, p. 682).
14. Bourguignat: Histoire malacologique du Lac Tanganyika (Ann. des sc. nat., Zoologie, Paris 1890, tome X, p. 1).
15. Brehme: Bericht über das Kulturland des Kilimanjaro (Mitt. aus d. D. Schutzgeb., 1894, p. 106).
16. Burdo: Rapport sur la route suivie de Mpwapwa jusqu'à Kouihara (Soc. Belge de Géogr., 1880, p. 498).
17. *Burton:* Lake Regions of Central Afrika, 2 vol., London 1862.
18. Cambier: Explorations belges africaines, lettre, 22. nov. 1879 (Revue géogr. internat., 1881, p. 78).

19. Cambier: Rapport sur la marche de Tabora à Carema (Soc. Belge de Géogr. 1880, p. 86).

20. Cambier: Lettre de Karema, 24. sept. 1879 (ibidem, 1880, p. 99).

21. *Cameron:* Across Africa, 2. vol., Leipzig 1877.

22. Cornet, J.: Die geologischen Ergebnisse der Katanga-Expedition (Peterm. Mitt., 1894, p. 121).

23. Crosse, H.: Faune malacologique du lac Tanganyika (Journal de Conchiologie, Paris, 1881, p. 105 u. 272).

24. Cross Kerr: Notes on the country lying between lakes Nyassa and Tanganyika (Proc. r. geogr. soc., 1891, p. 95).

25. *Cross Kerr:* Crater-lakes North of Lake Nyassa (Geogr. Journal, London 1895, V, p. 112).

26. *Decken, Cl. v. d.:* Reisen in Ost-Afrika, I. und II. Band, Leipzig 1869.

27. Drummond, II.: Notes on the recent examination of the Geologie of East Central Africa (Rep. Brit. Assoc., Aberdeen 1885, p. 1032).

28. **Drummond, H.:** Inner-Afrika, Gotha 1890.

29. *Drummond, H.:* Geologie of Central Africa (Nature, 10. April 1884, p. 551).

30. Dupont: Lettres sur le Congo, Paris 1889.

31. Eberhard: Bemerkungen zu meinem Itinerar auf der Route Kwale—Mlalo (Mitt. aus d. D. Schutzgeb., 1892, p. 206).

32. Ebert, Th.: Skizze der geologischen Verhältnisse Deutsch-Ostafrikas (Ber. des Vereins f. Naturkunde, Kassel 1889, p. 31).

33. Eisenbahnbau (D. Kol.-Blatt, 1894, p. 607).

34. Elliot Scott: Expedition to Mount Ruwenzori (Geogr. Journal 1894, p. 349).

35. *Elton and Cotteril:* Travels and researches among the lakes and mountains of Eastern and Central Africa, I u. II, London 1879.

36. Erdbeben in Deutsch-Ostafrika (D. Kol.-Blatt 1893, p. 388, 1894, p. 246, 1895, p. 382).

37. Farler, J. P.: The Usambara country in East Central Africa (Proc. r. geogr. soc., London 1879, p. 81).

38. *Fischer, G. A.:* Bericht über die im Auftrage d. geogr. Gesellsch. in Hamburg unternommene Reise in das Massai-Land (Mitt. der geograph. Ges., Hamburg 1882/83, p. 189).

39. *Fletcher, L, and Miers, H.: Supplementary note on felspar from Kilimanjaro (Min. Mag., vol. VII, No. 34, p. 131).

40. *Futterer:* Beiträge zur Kenntnis des Jura in Ostafrika (Zeitschr. d. D. geol. Ges., Berlin 1894, H. 1).

41. Futterer: Afrika in seiner Bedeutung für die Goldproduktion, Berlin 1895.

42. Ganzenmüller, K.: Usegura und Usaramo, Ukhutu, Usagara und Ugogo (Mitt. des Ver. f Erdk, Halle 1886, p. 94).

43. Giraud, V.: Les Lacs de l'Afrique équatoriale, Paris 1890.

44. Götzen, Graf von: Expedition (D. Kol.-Blatt, 1894, p. 575).

45. Götzen, Graf von: Reise durch Zentralafrika, 1893/94 (D. Kol.-Blatt, 1895, p. 103).

46. Gold in Ostafrika (Allgem. Zeitung, München 1895, No. 199, p. 2).

47. Grant, J. A; Summary of observations of the Lake Region of Equatorial Africa made by the Speke and Grant Expedition, 1860—63 (Journal of the r. geogr. soc., 1872, p. 243).

48. Gregory, J. W.: Contributions to the physical geographie of British East Africa (Geogr. Journal, London 1894, p. 299).

49. Guerne, Jules de: La Meduse du Lac Tanganyika (Nature, 24. juin 1893).

50. *Hatsch, F. H.: On a Hornblende-Hypersthen-Peridotite from Losilwa, a low hill in Taweta district (Geol. Magaz. New. Ser. Dek. III, t. 5, p. 257).

51. Hildebrand, J. M.: Von Mombasa nach Kitui (Zeitschr. d. Ges f. Erdk., Berlin 1879, p. 241).

52. Hore, C.: Lake Tanganyika (Proc. r. geogr. soc. London 1882, p. 1).

53. Hore, C.: Lake Tanganyika (ibidem 1889, p. 581).

54. Hore, C.: Tanganyika, 11 years in Central Africa, London 1892.

55. *Hyland Shearson: Über die Gesteine des Kilimanjaro und dessen Umgebung (Tschermak, Min. Mitt. 1889, p. 203).

56. *Jäckel, O.:* Oberjurassische Fossilien aus Usambara (Zeitschr. d. D geol. Ges., Berlin 1893, p. 507).

57 Johannes: Aus der Landschaft Märu (D. Kol.-Blatt, 1894, p. 546).

58. Johnston, H. H.: Der Kilimanjaro. Leipzig 1886.

59. *Johnston-Lavis: Volcanoes on the shores of lake Nyassa (Nature, London 1884, p. 62).

60. Juncker, W.: Vom Albert-Nyansa nach dem Viktoria-Nyansa, 1886 (Peterm. Mitt., 1891, p. 1).

61. Kaiser, E.: Reise von Gonda zum Rikwa-See (Mitt. der afrik. Ges. in Deutschland, IV, p. 91).

62. Keyn, E.: Les gommes copales de l'Afrique (Soc. Belge de Géogr., 1889, p. 183).

63. *Kirk, J.:* Notes on two expeditions up the River Rovuma (Journal of the r. geogr. soc., 1865, p. 154).

64. Laws: Journey along Part of Western side of lake Nyassa in 1878 (Proc. r. geogr. soc., London 1879, p. 305).

65. *Lenk:* Gesteine aus Deutsch-Ostafrika (Anhang zu Baumann: Durch Massai-Land. Leipzig 1894, p. 264).

66. *Lent,* Dr. *C.:* Tagebuch-Berichte der Kilimanjaro-Station, I bis VI, Berlin 1894.

67. Lenz, O.: Nyassa—Shire (Ausland, 1892, p. 114).

68. *Lieder:* Über das Vorkommen technisch verwertbarer Mineralien im deutsch-ostafrikanischen Kolonialgebiete auf Grund eigener Untersuchungen (D. Kol.-Blatt, 1892, p. 466).

69. *Lieder:* Beobachtungen auf der Ubena-Nyassa-Expedition, 1893/94 (Mitt. aus d. D. Schutzgeb., 1894, p. 271).

70. *Livingstone, D.:* The last Journals, two vol. London 1874.

71. Maples, Ch.: Masasi and the Rovuma district (Proc. r. geogr. soc. 1880, p. 337).

72. Martens, E. v.: Über Bourguignat: Histoire malacologique du lac Tanganyika (Nachrichtsblatt der D. malak. Ges., 1891, p. 7).

73. Martens, E. v.: Über eine von Dr. Böhm im Tanganyika-See gefundene Qualle (Sitz.-Ber. d. Ges. naturf. Freunde, Berlin 1883, p. 197).

74. Merensky, A.: Konde-Land und -Volk in Deutsch-Ostafrika (Verh. d. Ges. f. Erdk., Berlin 1893, p. 383).

75. Merensky, A.: Deutsche Arbeit am Nyassa. Berlin 1894.

76. *Meyer, H.:* Ostafrikanische Gletscherfahrten. Leipzig 1890.

77. *Miers, H v.: Orthoclase from Kilimanjaro (Min. Magaz. vol. VII, Nr. 32, p. 10).

78. *Mügge, O.:* Über einige Gesteine des Massai-Landes (Neues Jahrb. f. Min. B. Bd. IV, 1886, p. 576).

79. *Mügge, O.:* Untersuchung der von Dr. Fischer gesammelten Gesteine (Mitt. der geogr. Ges., Hamburg 1882/83, p. 238).

80. Neumann, O.: Nachrichten von seiner Reise (D. Kol.-Blatt, 1894, p. 126).

81. Neumann, O.: Von der wissenschaftlichen Expedition (D. Kol.-Blatt, 1894, p. 421).

82. *Ortmann:* Die Korallenriffe von Dar-es-Salaam und Umgebung (Zool. Jahrb., VI, 1892, p. 631).

83. Peters, K.: Bericht über Minerallager am Kilimanjaro (D. Kol.-Blatt, 1892, p. 141).

84. Peters, K.: Das deutsche ostafrikanische Schutzgebiet. Leipzig 1895.

85. Pfeil, Graf: Die Erforschung des Ulanga-Gebietes (Peterm. Mitt., 1886, p. 353).

86. Pfeil, Graf: Uhehe (D. Kol.-Zeitung, 1891, p. 159).

87. Pfeil, Graf: Beobachtungen während meiner letzten Reise in Ostafrika (Peterm. Mitt., 1888, p. 1).

88. Rankin: The Elephant Experiment in Africa (Proc. r. geogr. soc., 1882, p. 273).

89. Reichard, P.: Bericht über die Station Gonda (Mitt. der afrik. Gesellschaft in Deutschland, III, p. 155).

90. Reichard, P.: Reisebeobachtungen aus Ostafrika (Verh. des VII. D. Geogr. Tages, p. 91).

91. *Reymond, F.:* Géologie du centre de l'Afrique ou des grands lacs, d'après les enseignements rapportés par V. Giraud (Bull. soc. Géol., 1885/86, p. 37).

92. *Rose, G.:* Beschreibung der von Herrn v. d. Decken gesandten Gebirgsarten aus Ostafrika, gröfstenteils aus der Gegend des Kilimanjaro (Zeitschr. f. allg. Erdk., Berlin 1863, p. 245).

92. *Rosiwal:* Gesteinsvorkommnisse in Ostafrika (Denkschr. d. k. k. Ak. d. W., Wien 1891, p. 531).

94. *Roth, Dr. R.:* Beschreibung der zweiten Reihe der von Herrn v. d. Decken aus der Gegend des Kilimanjaro mitgebrachten Gebirgsarten (Zeitschr. f. allg. Erdk., Berlin 1864, p. 543).

95. Sadebeck, A.: Geologie von Ostafrika (Anhang zu: v. d. Deckens Reisen in Ostafrika, III, Abt. 3, p. 23).

96. Schleicher, A. W.: Der grofse Süden (D. Kol.-Zeitung, 1890, p. 79).

97. *Schmidt C.:* Über das Gebirgsland von Usambara (Zeitschr. d. D. geol. Ges., 1886, p. 450).

98. Schmidt, C.: Die Bodenverhältnisse Deutsch-Ostafrikas (Peterm. Mitt., 1889, p. 81).

99. Schwefelquellen bei Tanga (D. Kol.-Blatt, 1894, p. 318).

100. Sigl: Bericht über den Handelsverkehr von Tabora (D. Kol.-Bl. 1892, p. 164).

101. Smith, E.: On the shells of Lake Tanganyika and of the neighbourhood of Ujiji (Proc. Zool. Soc., London 1880, p. 344).

102. Smith, E.: On a collection of shells from lake Tanganyika and Nyassa etc. (ibidem, 1881, p. 276).

103. Smith, E.: Description of two new species of shells from Lake Tanganyika (Proc. Zool. Soc., 1881, p. 558).

104. Southon, E. J.: Notes of journey through Northern Ugogo in East Central Africa (Proc. r. geogr. Soc., 1881, p. 547).

105. *Speke, J. H.:* Journal of the discovery of the Source of the Nile, London 1863.

106. Stanley, H.: Wie ich Livingstone fand, Leipzig 1893.

107. Stanley, H.: Durch den dunkeln Weltteil, Leipzig 1878.

108. Stanley, H.: Im Dunkelsten Afrikas, Leipzig 1890.

109. Stewart, J.: The second Circumnavigation of Lake Nyassa (Proc. r. geogr. soc., 1879, p. 289).

110. Stewart, J.: Lake Nyassa and the Water Route to the lake region of Africa (Proc. r. geogr. soc. 1881, p. 257).

111. *Stuhlmann:* Bericht über eine Reise durch Usegua und Ungúu (Mitt. d. geogr. Ges., Hamburg 1887/88, p. 143).

112. *Stuhlmann:* Beobachtungen über Geologie und Flora auf der Route Bagamoyo—Tabora (Mitt. aus d. D. Schutzgeb., 1891, p. 48).

113. *Stuhlmann:* Bemerkungen zur Route Tabora—Ussongo—Bussissi (ibidem, 1892, p. 112).

114. *Stuhlmann:* Bemerkungen zur Route um das Südwestende des Nyansa (ibidem, 1892, p. 122).

115. Stuhlmann: Bemerkungen zur Kartenskizze der Umgebung von der Station Bukoba (ibidem, 1892, p. 189).

116. *Stuhlmann:* Mit Emin Pascha ins Herz von Afrika. Berlin 1894.

117. *Stuhlmann:* Bericht über eine Reise im Hinterlande von Bagamoyo (Mitt. aus d. D. Schutzgeb., 1894, p. 282).

118. *Stuhlmann:* Forschungsreisen in Usaramo (Mitt. aus d. D. Schutzgeb., 1894, p. 225).

119. *Stuhlmann:* Über die Uluguru-Berge in Deutsch-Ostafrika (Mitt. aus d. D. Schutzgeb., 1895, VIII. p 209).

120. *Süss, E.:* Die Brüche des östlichen Afrika (Denkschr. d. k. k. Ak. d. W., Wien 1891, p. 555).

121. Tausch: Über einige Konchylien ans dem Tanganyika-See und deren fossile Verwandte. (Sitz.-Ber. d. k. k. Ak. d. W., Wien 1884)

122. Tausch: Über einige nicht marine Konchylien der Kreide und des steirischen Miocäns und ihre geographische Verbreitung (Verh. d. k. k. R. A. Wien 1889, p. 157).

123. *Tenne:* Die Gesteine des Kilimanjaro-Gebietes (Anhang zu H. Meyer: Ostafrikanische Gletscherfahrten). Leipzig 1890.

124. *Thomson, J.:* To the central African Lakes and back, two vol. London 1881.

125. *Thomson, J.:* Notes on the Geologie of Ussambara (Proc. r. geogr. soc. 1879, p. 558).

126. *Thomson, J.:* Notes on the basin of the river Rovuma (ibidem 1882, p. 65).

127. *Thomson, J.:* On the geographical evolution of the Tanganyika basin (Rep. Brit. Assoc., Southampton 1882, p. 622).

128. *Thomson, J.:* Durch Massai-Land. Leipzig 1885.

129. Thomson, J.: The Lake Bangweolo (Geogr. Journal, London, 1893, p. 97).

130. *Thornton:* On the geologie of Zanzibar (Quarterly journal, geol. soc. 1862, p. 447).

131. *Toula:* Beiträge zur Geologie von Ostafrika (Denkschr. d. k. k. Ak. d W., Wien 1891).

132. *Tornquist:* Fragmente einer Oxford-Fauna von Mtaru in Deutsch-Ostafrika. Hamburg 1893.

133. Untersuchung von Salz etc. Proben aus dem Gebiete westlich des Kilimanjaro (D. Kol.-Blatt 1892, p. 166).

134. Werther: Zum Victoria-Nyansa. 1894.

135. Wifsmann: Unter deutscher Flagge quer durch Afrika. Berlin 1890.

136. Wifsmann: Meine zweite Durchquerung Afrikas. Frankfurt a. O. 1891.

137. Woodward, S. P.: On some freshwater shells from Central-Africa (Proc. Zool. Soc. London 1859, p. 348).

138. Berg: Reise in das Rufidji Gebiet (D. Kol.-Blatt 1895, p. 649.)

139. Didderich, M. Esquisse géologique du Katanga (Bull. de la soc. r. belge de Géogr. 1893 p. 130).

140. *Didderich M.:* Au lac Tanganyika (Le Mouvement geogr. 1894, No. 6).

141. *Elliot Scott and J. W. Gregory:* The Geologie of Mount Rouwenzori and some adjoining regions (Quart. Jornal 1895, p. 669).

142. *v. Götzen, Graf:* Durch Afrika von Ost nach West. Berlin 1895.

143. v. Grawert: Bericht über heifse Quellen am Kipalalla-Berg (Mitt. aus d. D. Schutzgeb. 1895, IX. p. 32).

144. Perrot, K.: Brief von Lindi, 7. Oktober 1895. (D. Kol. Zeit. 1895, p. 371.)

145. Prince: Marsch nach Kilimatinde und Anlage der dortigen Station (D. Kol.- Blatt 1895, p. 544).

146. **Tenne,* Prof. Dr.: Über die vom Grafen. v. Götzen gesammelten Gesteine (Anhang zu Götzen: Durch Afrika von Ost nach West p. 385. Berlin 1895).

Deutsch-Südwestafrika.

————

Über die geologische Beschaffenheit dieser Kolonie besitzen wir erfreulicherweise zahlreiche Berichte, die größtenteils als zuverlässig angesehen werden können. Es hat dies seinen Hauptgrund darin, daß das Gebiet nahe am Kapland liegt und hauptsächlich durch seine metallischen Schätze viele Reisende, und zwar größtenteils natürlich Bergbau- und Geologiekundige, seit langem anzog. Aber auch durch die Beschaffenheit des Landes war selbst für den Laien die Beobachtung geologischer Phänomene ermöglicht und für den Fachmann sehr erleichtert, indem die Hauptformationen sich leicht unterscheiden lassen, und der Mangel an dichter Vegetation anstehendes Gestein leichter und öfter als in den Tropen zu finden gestattet. Schon in den vierziger Jahren wurde in dem Gebiete auf Kupfer Bergbau getrieben und auf den Inseln Massen von Guano gewonnen. Damals schrieb ein Deutscher, Knop in Bonn, die erste wissenschaftliche Arbeit über das Erzvorkommen in unserem Gebiete (34), und aus diesem und den folgenden Jahrzehnten stammen die Reisebeschreibungen von Anderson (1; 2), Baines (3), Chapman (9) und Galton (24), in welchen vielfach geologische Angaben sich finden.[1]) Nach der Besitzergreifung des Landes durch Deutschland kam eine große Zahl Reisender, und diesmal auch Fachleute, nach Südwestafrika. Von den letzteren haben wir sehr wichtige und zum Teil genaue Berichte über einige Teile des Landes, so von Gürich über Herero-Land (25; 26; 27), von Pohle über die Gegend von Angra Pequena (45) und von Schenk hauptsächlich über das mittlere Nama-Land (49; 50; 51; 52), aber auch Arbeiten über das ganze Gebiet (53; 54), und von Stapff (59; 60) eine genaue Schilderung

————

[1]) Am zuverlässigsten scheinen davon die Berichte Chapman's zu sein, während besonders Baines wenig Vertrauen verdienen dürfte.

der Verhältnisse am ǃKuiseb [1]). Aufserdem verdanken wir aber auch anderen Reisenden wichtige Angaben, welche eine wertvolle Ergänzung der Forschungsresultate der Geologen bilden. Von diesen ist besonders Schinz (57) und Peschuël Lösche (37; 38; 39) hervorzuheben, aber auch Dove (13), Fleck (15), François (16; 17; 18; 19; 20; 21), Hermann (30; 31), Hindorf (32), Pfeil (43; 44) u. a. haben uns viele interessante und brauchbare Beobachtungen mitgeteilt. Zugleich sind auch mehrere Arbeiten über einzelne Mineralien oder Gesteine erschienen, so von Gürich (25; 26), Hauchecorne (29), Scheibe (47; 48) und Wolf (65). Geologische Karten liegen leider nur wenige vor, so von Schenk (56) und Büttner (8). [2])

Wenn wir aber auch über grofse Teile des Landes ziemlich gut unterrichtet sind, so besitzen wir doch über weite Gebiete nur sehr dürftige und über andere fast gar keine Angaben, so besonders über das nördliche Kaoko-Land und über den gröfsten Teil der Küstengebiete von Nama-Land. Auch in den besser bekannten Landesteilen sind wir über die genaueren Verhältnisse fast nirgends unterrichtet und müssen uns meist damit begnügen, die dort herrschenden Gesteine zu kennen.

Die physikalische Beschaffenheit des Landes soll hier nur in den Hauptzügen hervorgehoben werden. Im Gegensatz zu den anderen deutschen Kolonien fehlt hier ein niederes Vorland an der Küste fast völlig, es ist meist nur ein schmaler, sandiger oder felsiger Streifen vorhanden, und es beginnen sofort die langsam gegen das Innere zu höher werdenden Gebirgszüge, welche der Küste parallel streichen. Aber auch diese weisen eine Besonderheit auf; sowohl im Süden bei Angra Pequena, als in der Mitte des Gebietes, hinter der Wallfisch-Bai treten diese Ketten meist nicht als solche hervor, sondern sie sind in Sand und Schutt begraben, und nur einzelne unregelmäfsig verteilte Kuppen und Höhenzüge ragen daraus empor, und das Ganze erscheint so, wie ein nach dem Innern zu steigendes Plateau mit vielen Höhen. Dieses Plateau ist allerdings, besonders im Herero-Land weiter landeinwärts, durch Erosion stark gegliedert, indem tiefe und zahlreiche Schluchten in allen Richtungen, scheinbar ganz unabhängig von dem ursprünglichen Bau des Gebirges dasselbe durchziehen, und aufserdem sind dort so viele Höhen und Bergzüge vorhanden, dafs man von eigentlichen Hochebenen nicht sprechen kann (13. p. 60; 27. p. 37; 60. p. 202).

---

1) Die Zeichen ǀ, ǂ, ǃ, ǁ bedeuten die Schnalzlaute der Nama-Sprache.

2) In Kapstadt erschien eine Karte von Damara-Land mit geologischen Angaben von Wilmer 1889, die mir leider nicht zugänglich war.

Während in Nama-Land schon in der Gegend von |Aus die höchste Höhe dieser Gebirge erreicht ist, und von da sich Tafelländer ausdehnen, welche sanft nach Osten geneigt allmählich in die Kalahari übergehen, steigt das Terrain in Herero-Land viel bedeutender an, bis es sich ebenfalls von der Wasserscheide der zur Küste und der zum Oranje und in die Kalahari fliefsenden Gewässer an langsam nach Osten senkt, um dann ebenfalls in die Kalahari überzugehen. Nach Süden zu scheint es bei Rehobot in Terrassen und steilen Abfällen gegen Nama-Land abgegrenzt, im Norden aber sind insofern komplizierte Verhältnisse, als hier die Ebenen der Kalahari weit nach Westen zu reichen scheinen, dazwischen aber wieder hohe Berge und Tafelgebirge sich erheben. Ganz im Norden gehört Ambo-Land völlig zur Kalahari, die sonst nur bis ungefähr zum 19.° östl. Länge reicht, hier aber bis zum Kunene sich ausdehnt. Diese ist eine ungeheure Hochebene von ca. 1000 m Höhe, fast ganz ohne gröfsere Erhebungen, welche sich im Norden sanft zum flachen Becken des Ngami-Sees, im Süden zum Oranje-Flufs senkt.

Aufser diesen orographischen Verhältnissen ist noch die grofse Trockenheit hervorzuheben, die fast in ganz Südwestafrika herrscht. Nur an der Grenze des Gebietes sind ständig fliefsende Ströme, so der Oranje im Süden, der Kubango (Okavango) und Kunene im Norden, wo überhaupt gröfsere Feuchtigkeit herrscht; alles andere sind nur periodische Gewässer, und auch die zahlreichen Seen trocknen alle in der regenlosen Zeit völlig aus. Infolgedessen ist die Vegetation sehr spärlich, und wir finden viele Wüstenerscheinungen. So kann man die Küstenregion direkt als Sand- und Kieswüste und Teile des Herero-Landes und der Nama-Plateaus als Stein- und Fels-wüsten bezeichnen, während die Kalahari oft den Anblick einer Dünenwüste bietet. Doch ist der Wüstencharakter meist dadurch abgeschwächt, dafs fast überall alljährlich Regen fällt und dafs deshalb eine, wenn auch dürftige Vegetation vorhanden ist (13. p. 105; 54).

Wenden wir uns zur Besprechung der Formationen, welche in unserem Gebiet herrschen, so ergibt sich eine scharfe Gliederung in drei Teile: 1. die Primärformation, 2. die Tafelbergformation[1]), 3. die Kalahari-Formation. Die wichtigsten Gesteine dieser Formationen weisen meist so charakteristische Ercheinungen auf, dafs selbst der Laie sie leicht unterscheiden kann. So ist die Primärformation gröfsten-teils durch Gneis und Granit vertreten; der Gneis bildet spitze, zackige Höhen, »kopjes«, der Granit infolge schaliger Absonderung meist

---

[1]) Schenk (49) hat für diese, hauptsächlich in Grofs-Namaland entwickelte, Formation den ganz passenden Namen Namaqua- oder richtiger Nama-Formation angenommen.

abgerundete Hügel, wie riesige Maulwurfshaufen, »platte klip«, während
die horizontal gelagerten Gesteine der Tafelberge abgestumpfte Kegel
bilden.   Doch sind dies meist keine einzelnen Tafelberge, sondern
nur der durch Erosion ausgezackte Rand weit ausgedehnter Plateaus
erscheint als eine Kette solcher Berge.   Die Kalahari ist wieder ausgezeichnet durch Sanddünen, flache, lehmige Becken und besonders
durch Kalkkrusten, welche, teils oberflächlich, teils von Sand bedeckt,
weit verbreitet sind.   Die Gesteine der Primärformation bilden den
Grundstock des Landes; die Küstengebirge und fast ganz Herero-Land
bestehen aus ihnen und sie treten auch als Basis der Tafelgebirge
und in tieferen Thälern der Kalahari zu Tage.   Die Tafelgebirge sind
besonders in Nama-Land und im nördlichen Herero-Land entwickelt; sie
scheinen in ersterem allmählich unter die Ablagerungen der Kalahari
zu verschwinden, welche sich im Osten unseres Gebiets und besonders
im Norden überall ausdehnt.

Da Versteinerungen fast nirgends gefunden sind, können wir nur
aus der Lagerung und der Analogie mit den Verhältnissen in Kapland
auf das Alter der Formationen Schlüsse ziehen.   Einstweilen genüge
die Bemerkung, daſs die Primärformation dem Archaicum bis Silur,
die Tafelberg- (= Nama-) Formation dem Devon oder der Permotrias
(Kap- oder Karoo-Formation)·und der Kalahari-Kalk dem Diluvium und
Alluvium angehören dürfte.   Bei der Besprechung der geologischen
Verhältnisse Deutsch-Südwestafrikas empfiehlt es sich, die Einteilung
in die Stammesgebiete im ganzen beizubehalten, doch sind aus praktischen Gründen einige Abänderungen nötig.   So wird als Nama-Land
der südliche Teil des Landes bis zum Wendekreis des Steinbocks und
ca. zum 19.° ö. L. bezeichnet, als Herero- und Kaoko-Land das Gebiet
nördlich davon bis in die Gegend der Etoscha-Pfanne, während Ambo-
Land mit der Kalahari zusammen besprochen wird, zu der das ganze
Gebiet östlich des 19.° gehört.

I. Nama-Land.

Der Süden unseres Gebietes, über welchen wir die wichtigsten
Angaben Pohle (45), Schinz (57) und besonders Schenk (49—54) verdanken, zerfällt in zwei Hauptteile, die Küstengebirge und das Innere,
das fast ganz von Tafelgebirgen eingenommen ist.

1. Das Küstengebirge.

Infolge der unwirtlichen Verhältnisse der Küstengebiete Südwestafrikas sind dieselben nur an wenigen Punkten besucht und
erforscht worden.   Nur am Oranje-Fluſs und bei Angra Pequena sind

östl. v. Greenwich

Kunene

C. Frio

Boanib

Fort Rock Spitze

Okar

Otjitu

Tsawisis

Franz

Kamasurab

Brand Bg.

Sarissoris

Okombah

Aubinhonis

C. Cross

Omaru ru

Usa

H E

Farilhao Sp.

Khuos

Diep

"Goani=Mantes

Salem

Swahop

"Husab

Walfisch B.

Tinke

De Pas

Sandwich Hafen

Swart Bank

N=guib

Hope M

Conib

Ichaboe I.

Angra Pequena

Possesion I.

Geologische Übersichtskarte
von
DEUTSCH - SÜDWESTAFRIKA

Maßstab 1 : 4.000,000

0   50   100   150   200 Km

Primär-Formation

Granit-Massive

Porphyre Diabase etc.

Basalt

Nama { Schiefer Sandstein Kalk

Hansami Plateau

Nama Sandstein " " Kalk z. Teil

Slangkop Mergel

Alluvien

Kalahari Kalk

Sanddünen

An den schwarz unterstrichenen Orten befinden sich heisse Quellen.

Die roten Linien sind Verwerfungslinien.

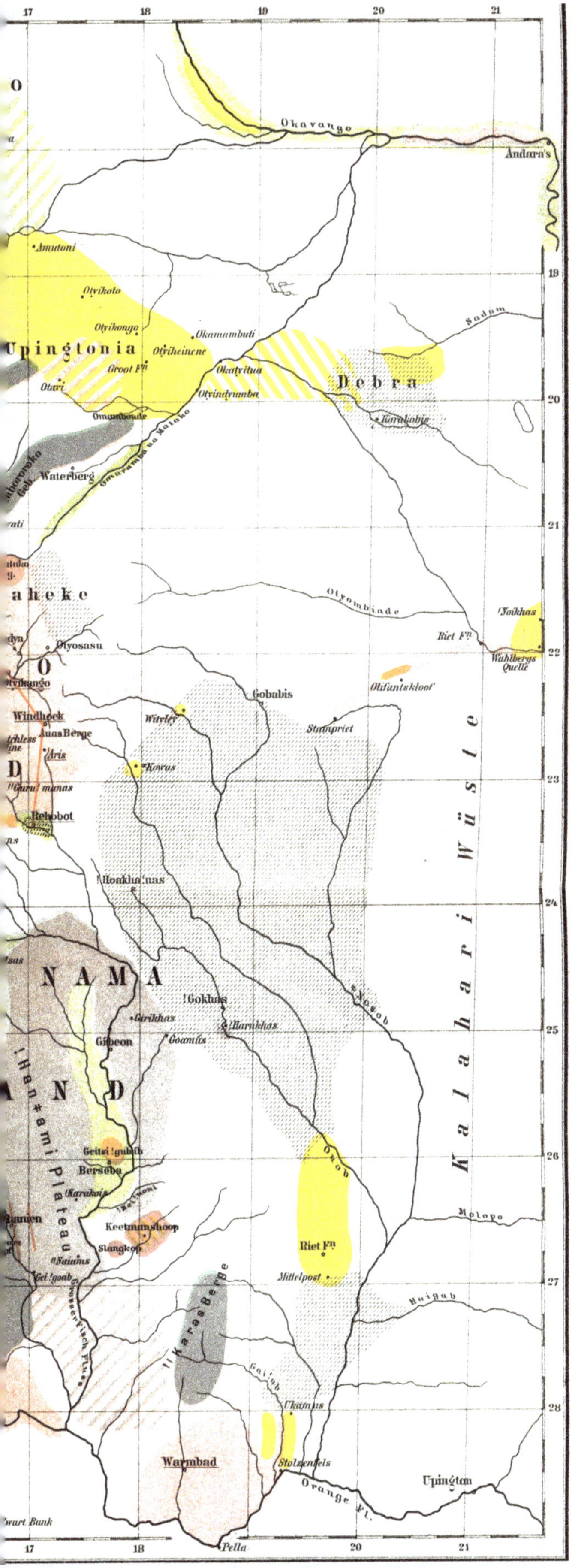

17
18
19
20
21
Okavango
Andara's
Amutoni
Otyikoto
Otyikongo
Okamambuti
Upingtonia
Otyiheinene
Groot F^n
Otari
Okatyitua
Otyindyumba
Omambonde
Omuramba ua Matako
Debra
Sadum
Karakobis
Waterberg
Otyombinde
Riet F^n
Wahlbergs Quelle
Otyosasu
Olifantskloof
Gobabis
Windhoek
Auas Berge
Aris
Stampriet
Kowas
Rehobot
Kalahari Wüste
NAMA
LAND
!Gokhas
Girikhas
Nosob
Gibeon
Goamus
Plateau
Bersebe
Keetmanshoop
Slangkop
Riet F^n
Mittelpost
Molopo
!!Karas Berge
Ukamas
Stolzenfels
Warmbad
Orange Fl.
Upington
Pella
19
20
21
22
23
24
25
26
27
28

diese Gebiete durchquert worden, und wir besitzen deshalb auch fast nur von hier geologische Angaben.

Das Gebirge scheint einen einheitlichen Zug entlang der ganzen Küste zu bilden, es besteht aus Bergketten, die, gegen das Innere zu allmählich höher werdend, fast ausnahmslos der Küste parallel laufen. Diese fallen dadurch auf, daß sie fast alle zur gleichen Höhe aufragen, als ob hier ein gegen das Innere zu steigendes Plateau durch Erosion und Verwitterung zu einem Gebirgslande ausmodelliert worden wäre. Außerdem sind sie fast ganz in Sand und Grus begraben, der besonders nahe an der Küste gewaltige Dünen bildet und die Thäler fast ganz ausfüllt, so daß hier nur die Kämme der Höhen und die Berggipfel hervorragen (49; 50. p. 238; 51; 52; 57. p. 429 ff.). Diese Dünenzone ist bei Angra Pequena 15 km ca. breit, nördlich davon reichen die Sanddünen sogar bis Tiras (57. p. 429). Die Höhen selbst scheinen ganz aus alten krystallinischen Gesteinen zu bestehen; so lassen sich am unteren Oranje 3 Hauptzonen unterscheiden, grüne Schiefer, krystallinische Kalke und Gneis und Granit (50. p. 238). Von der Zusammensetzung der Berge nördlich davon wissen wir leider fast nichts. Daß an der Küste dort Sandstein (28. p. 259) oder vulkanisches Gestein (5. p. 283) vorkommt, erscheint zweifelhaft; diese Angaben stammen auch nicht von Fachleuten. Die Kalkkrusten und Gerölle, die am Arasab an der Grenze der Küstenberge (45. p. 231, 233) und ebenso östlich von |Aus (30. p. 233) vorkommen, dürften ganz junge Gebilde sein, die mit den Kalahari-Kalken identisch sind; die Berge selbst aber werden wohl aus aufgerichteten alten Gesteinen bestehen. Erst bei Angra Pequena sind diese näher untersucht worden und zeigen hier Verhältnisse, welche uns zu dem Schluß berechtigen, daß der ganze Gebirgszug einheitlich aufgebaut ist. Grüne Schiefer finden sich hier aber nicht mehr, und auch krystallinischer Kalk tritt nur sehr untergeordnet auf (45. p. 230; 49. p. 534; 52. p. 138), es herrschen hier fast ausschließlich Gneise (45. p. 227, 228; 49. p. 534; 50. p. 239; 51. p. 132; 52. p. 136), die ebenso wie die grünen Schiefer am Oranje meist Str. N.—S., F. W. zeigen. Untergeordnet treten auch noch Glimmerschiefer, Granit, Hornblendeschiefer und Serpentin auf (45. p. 227 ff.; 49. p. 534; 52. p. 136, 138) und offenbar sehr häufig Gänge im Gneis. Diese bestehen meist aus Quarz (45. p. 228; 49. p. 535; 50. p. 239; 52. p. 138), aber auch oft aus Grünstein (Diorit?) (49. p. 535; 50. p. 239; 52. p. 138) oder Gemengen von Quarz und Feldspat oder Granit (52. p. 136). Zum Teil führen diese Gänge auch nutzbare Mineralien, doch anscheinend nirgends in abbauwürdiger Menge (45. p. 228; 50. p. 239). Bei |Aus scheint der Gneis zum Teil in Granit überzugehen (51. p. 132), der

8*

dann im Osten und weiter nördlich zu herrschen scheint (49. p. 535;
31. p. 214; 57. p. 65). Leider sind die Gebiete bis zum Sandwich-
Hafen überhaupt ganz unerforscht. Nur von der Ichaboë-Insel an
der Küste besitzen wir einige Angaben; während aber Anderson (2.
p. 343) dieselbe als vulkanisch bezeichnet, wird von anderer Seite
Granit, Sandstein, Schiefer und Quarz von dort angeführt (5. p. 283),
was, abgesehen von dem Sandsteinvorkommen, als wahrscheinlicher
angesehen werden muſs. Nach den Verhältnissen weiter im Norden am
!Kuiseb zu schlieſsen, dürfte das Küstengebirge ähnlich wie bei Angra
Pequena zusammengesetzt, aber fast ganz in Sand begraben sein. So
wird erwähnt, daſs die Dünenregion westlich der Naauwkluft-Gebirge
bei Tsamm am Tsaûkhab (67. p. 24) und südlich des !Kuiseb bei
!Hudaob beginne (60. p. 206; 66. p. 192).

Von den Inseln, welche der Küste von ganz Nama-Land vorgelagert
sind, wissen wir leider fast nichts; sie dürften alle dieselben Gesteine
aufweisen wie das Festland, sie zeichnen sich dadurch aus, daſs sie
vielfach Massen von Guano enthalten (2. p. 285; 5. p. 283), der aber
fast ganz ausgebeutet ist. Doch bevölkern sie solche Mengen von
Vögeln, welche von den groſsen Fischschwärmen des kalten Küsten-
stromes leben, daſs sich auch jetzt noch alljährlich Guano ansammelt,
der eine regelmäſsige, wenn auch geringer Ausbeutung gestattet.

2. Die Tafelberge.

Im Osten grenzt das Küstengebirge an die Tafelberge, welche
den gröſsten Teil von Nama-Land einnehmen, doch besteht auch hier
der Untergrund meist aus denselben Gesteinen wie an der Küste, und
diese sind häufig durch Erosion und Zerstörung der auflagernden
Schichten bloſsgelegt. Die Grenzen der Tafelgebirge sind groſsenteils
noch sehr unsicher, Schenk (56) gibt denselben sicher eine viel zu
geringe, Büttner (8) eine viel zu groſse Ausdehnung. Im Süden
beginnen die Tafelberge erst in einiger Entfernung vom Oranje, so
bei |Haris (50. p. 238) und nördlich von Warmbad (8. p. 374), während
an diesem selbst krystallinische Gesteine herrschen (8. p. 374); doch
liegen dieselben viel tiefer als die Plateaus, so daſs es wahrscheinlich ist,
daſs die Tafelbergschichten hier nur durch Erosion bis auf ihre Unterlage zerstört sind (50. p. 238). Im Westen verläuft der Plateaurand
von Süden nach Norden von |Haris an, östlich des Arasab (45. p. 231),
von |Aus (49. p. 535; 51. p. 132; 52. p. 139; 57. p. 25) und Tiras
(57. p. 65). Dort reicht dann der Granit des Küstengebirges weiter
nach Osten bis ≠Kûyas (31. p. 214; 53. p. 142). Weiter nördlich
verläuft der Abfall des Tafelbergplateaus östlich der breiten Senkung

von Grootfontein (1. p. 313; 10. p. 407; 31. p. 214; 57. p. 68), bis
die Tafelberge nördlich des grofsen Fischflusses, der zuerst von Westen
nach Osten fliefst, in schwachen Erhebungen enden (31. p. 214). Doch
sind auch in der Senkung von Grootfontein Tafelberge (31. p. 214)
und ebenso westlich davon; so werden an der Naauwkluft (66. Karte;
67. p. 23, 25), ferner bei ≠Am!hub (1. p. 313), bei !Khosis (57. p. 68)
und im Westen von Grootfontein selbst (31. p. 214) solche erwähnt,
die offenbar die Fortsetzung des bei ≠Kûyas unterbrochenen Plateaus
bilden. Im NO. enden die Tafelberge nördlich von Girikhas (8.
p. 382; 31. p. 203), das ganze Gebiet von Gibeon ist von ihnen eingenommen (31. p. 203), ja sie scheinen hier sogar bis zum Ouob-Flufs
zu reichen (21. p. 210). Doch ist die Ostgrenze der Tafelberge sehr
unsicher, sie scheinen östlich des Fischflusses allmählich zu verschwinden und teils durch Erosion zerstört, teils von den Ablagerungen
der Kalahari bedeckt zu sein. Nördlich von Keetmanshoop am !Nei-
!honi-Flufs werden sie von Schinz erwähnt (57. p. 49), Keetmanshoop
selbst liegt aber schon aufserhalb derselben (57. p. 41; 31. p. 203);
südlich davon erheben sich aber wieder höhere Tafelberge, die ‖Karás
Berge, deren Ostgrenze unbekannt ist, doch dürften sie nicht über
den 19⁰ ö. L. hinausreichen (8. p. 375; 53. p. 143; 54. p. 161;
57. p. 429).

Die Tafelberge zerfallen nun in 3 Hauptteile; das |Huib-Plateau,
das !Han≠ami-Plateau und das ‖Karas-Gebirge. Das erstere besteht
aus Granit und Gneis, überlagert von horizontalen oder vielmehr
ganz schwach nach Osten geneigten Schichten von Sandstein und
Kalk; das zweite besteht aus denselben Schichten, nur liegt unter
dem Sandstein noch konkordant grünlicher oder rötlicher Thonschiefer
statt der krystallinischen Unterlage; das ‖Karas-Gebirge aber besteht
wieder aus Granit und Gneis, bedeckt von Sandstein (54. p. 161).

a) Das |Huib-Gebirge.

Das |Huib-Gebirge oder vielmehr Plateau reicht von |Haris im
Süden bis ≠Kûyas im Norden und von |Aus im Westen bis Bethanien
(53. p. 142). Während es, wie oben erwähnt, im Süden einst wohl weiter
gereicht hat, dürfte es sich nach Westen zu kaum viel weiter erstreckt
haben; denn die Küstengebirge sind hier bei |Aus viel höher als das
Plateau. Im Norden aber dürften die Tafelberge westlich der Senkung von Grootfontein die Fortsetzung dieses Plateaus bilden.
Wenigstens wird von den Bergen an der Naauwkluft Granit (66. p. 211)
und Sandstein (67. p. 23, 25) erwähnt, also Gesteine, welche auch
die Hauptmasse des |Huib-Plateaus zusammensetzen. Die Unterlage

des Plateaus bildet bei |Aus ziemlich grobkörniger Granit (49. p. 535; 52. p. 139), gegen Bethanien zu aber meist Gneis (52. p. 139), der z. B. südlich von Guibes durch Erosion bloſsgelegt ist und hier ebenso wie der Gneis der Küstengebirge von Pegmatit und Grünsteingängen durchzogen ist (50. p. 239)· Diese Gesteine sind von einem quarz-reichen, weiſsen bis rötlichen Sandstein überlagert (49. p. 535), über welchem blaugrauer dolomitischer Kalk konkordant sich ausbreitet (49. p. 535). Doch ist der letztere durch Erosion und Verwitterung meist völlig zerstört, nur im Süden des Plateaus ist er mehr ent-wickelt (50. p. 238), während er im Norden zwischen |Aus und Bethanien

Profil quer durch Grofs-Namaland von Angra-Pequena nach Berseba von Dr. Schenk.

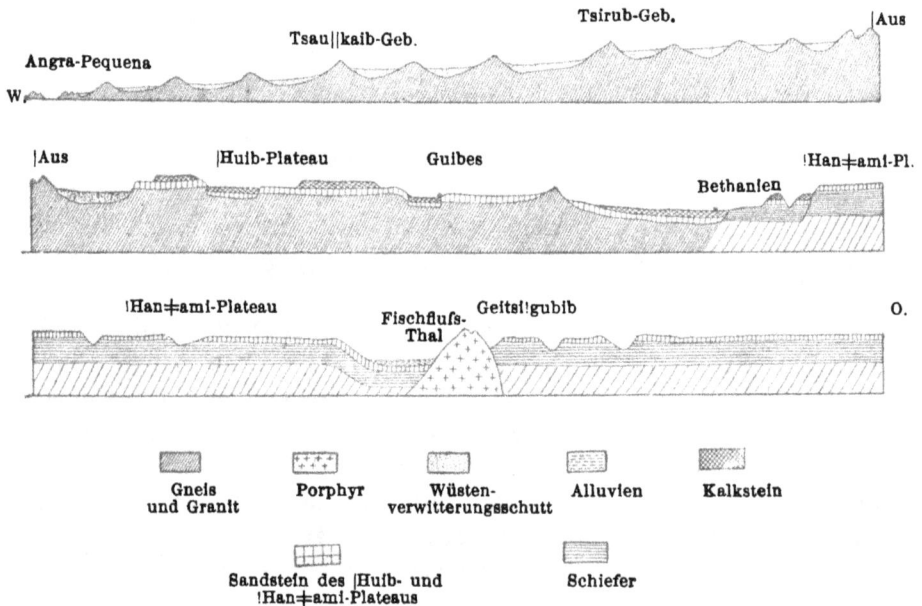

Tsirub-Geb.

|Aus

Tsau||kaib-Geb.

Angra-Pequena

W.

|Aus　　　|Huib-Plateau　　　Guibes　　　　　　　　!Han≠ami-Pl.

Bethanien

!Han≠ami-Plateau　　　　　　　Geitsi!gubib　　　　　O.

Fischfluſs-Thal

| Gneis und Granit | Porphyr | Wüsten-verwitterungsschutt | Alluvien | Kalkstein |

Sandstein des |Huib- und !Han≠ami-Plateaus　　　　　　Schiefer

besonders da erhalten ist, wo er infolge von Verwerfungen abgesunken ist (49. p. 535; 52. p. 139). Diese meist von Norden nach Süden streichenden Verwerfungen begrenzen auch das Plateau im Osten bei Bethanien. Die grofse Senkung von Bethanien bis Grootfontein ist offenbar dadurch entstanden als eine Art Graben. Leider aber kennen wir nur bei Bethanien die Verhältnisse näher. Dort treten noch im |Huib-Plateau zwei erwähnenswerte Berge auf, die Schwarzkoppe aus Gneis (49. p. 535) und der Rinberg aus steilaufgerichteten, schwarzem Sericit ähnlichen Schiefern und schwarzem Porphyr (49. p. 535). Schenk hält für wahrscheinlich, daſs die Schiefer nur ein Umwandlungsprodukt des Porphyrs seien (52. p. 140).

b) Das IHan≠ami-Plateau.

Während bei Bethanien selbst über dem Sandstein die Kalk-schichten lagern (31. p. 202; 49. p. 536), tritt etwas östlich davon in gleichem Niveau grünlicher Schiefer, überlagert von demselben Sand-stein und Kalk, in kleinen Hügeln auf und noch weiter im Osten wieder der Schiefer im Niveau des Kalksteins und setzt hier den Abfall des IHan≠ami-Plateaus zusammen, das oben von Sandstein bedeckt ist (49. p. 536). Man muß also zwei parallele Verwerfungen annehmen, um diese Lagerung zu erklären. Das IHan≠ami-Plateau dehnt sich von hier weit aus, die Tafelberge östlich von Grootfontein gehören sicher zu demselben, und im Süden dürfte es bis nahe an den Oranje und bis zum Abfall des ‖Karas-Gebirges reichen; doch ist leider hier nichts über seine Grenzen bekannt.[1] Gegen den Fischfluß zu neigen sich die Plateauschichten stärker, doch bildet dieses breite Thal keineswegs die Ostgrenze des Plateaus, vielmehr treten die Tafel-berge mit horizontalen Schichten auch jenseits desselben auf und reichen hier bis zur Grenze des Kalahari (50. p. 237; 53. p. 143; 54. p. 161).

Der blaue Kalk scheint auch hier oben auf dem Plateau meist zu fehlen, er wird nur am ≠AmIhub-Fluß (1. p. 313), ferner südlich von Bethanien bis zum Löwenfluß, hier aber offenbar durch Ver-werfungen abgesunken zum Fuß der Tafelberge (31. p. 202), und bei GeiIgoab erwähnt (50. p. 237). Sonst wird als Hauptmasse des Plateaus bald Schiefer (31. p. 202), bald Sandstein angeführt (57. p. 49, 50). Der Schiefer ist bei Bethanien mehr grünlichgrau, am großen Fischfluß bei Berseba aber rötlich (50. p. 237). Dort tritt im Thal ein hoher Berg aus Porphyr auf (50. p. 237), der GeitsiIgubib, sonst werden aber im Gebiete dieses Plateaus nirgends ältere Gesteine erwähnt. Erst südlich und östlich davon treten sie wieder zu Tage.

c) Das ‖Karas-Gebirge.

Das östlichste der Plateaus überragt seine Umgebung um 200 m ca., es fällt nach Westen steil ab. Es besteht aus Sandstein, unter welchem Gneis und Granit lagert (54. p. 161). Der Sandstein ist hier braunrot, aber von zahlreichen Gängen weißen Quarzes durchzogen (8. p. 377), Kalk scheint hier nicht aufzutreten. Wahrscheinlich ist die scharfe Westgrenze des Plateaus durch nordsüdliche Verwerfungen bedingt, doch sind wir leider darüber, wie überhaupt über die näheren Verhältnisse dieser Gegenden nicht unterrichtet.

---

[1] Die südlichsten Punkte, wo diese Tafelberge noch erwähnt werden, sind der Löwenfluß (31. p. 202), ‖Neiams (57. p. 35) und GeiIgoab (50. p. 237).

Es wären nun noch von der Ostgrenze der Tafelberge Gesteine zu erwähnen, deren Zugehörigkeit zweifelhaft ist. So wird von Goamûs und |Harukhas, östlich von Gibeon, rötlichgelber Sandstein überlagert von 10—15 m mächtigem, porösem Kalk, erwähnt (21. p. 210), der oberflächlich von Sand bedeckt ist. Wir dürfen diese Gesteine wohl zu den im Gibeoner-Gebiet verbreiteten Tafelbergschichten des |Han≠ami-Plateaus rechnen, wenn auch auffällig erscheint, daſs der Kalk als porös bezeichnet wird, was auf Kalahari-Kalk hinweist. Doch schlieſst die Mächtigkeit des Kalkes diese Annahme wohl aus. Auſerdem wird von Schinz, in der Gegend von Keetmanshoop, ein gelber Kalkmergel erwähnt, der in horizontaler Lage auf dem Slaugkop, im Guruanis-Gebirge und steil nach Osten fallend am Skap-Fluſs auftritt (57. p. 35, 41, 429). Er lagert zum Teil auf Diorit und Gabbro (57. p. 41) und ist so mächtig (20 m), daſs man ihn auch nicht zu den jungen Kalahari-Kalken zählen kann. Seine Stellung zu den Tafelberg-Formationen ist aber auch ganz unklar, doch glaubt Schinz ihn zu denselben rechnen zu müssen.

II. Herero-Land.

Im Gegensatz zu Nama-Land, in welchem wir zwei Hauptteile, die Küstengebirge und die Tafelländer, scharf trennen können, stellt Herero-Land ein einheitliches Gebirgsland dar. Da die wichtigsten orographischen Verhältnisse desselben schon S. 113 erörtert wurden, können wir sogleich zur Besprechung der geologischen Verhältnisse des Landes übergehen.[1]

Die Küste des Herero-Landes ist nicht felsig wie diejenige bei Angra Pèquena, sie ist stark versandet. Besonders südlich des |Kuiseb erheben sich gewaltige Dünen, die bis weit in das Innere alles bedecken (5. p. 283; 28. p. 261; 57. p. 429; 60. p. 206; 66. p. 180—192). Sandwich-Hafen, wo nur eine kleine Quarzitklippe aus dem Sande aufragt (60. p. 206), ist durch Abstürze von den Dünen und Sandwehen für gröſsere Schiffe schon unbrauchbar geworden, und das gleiche Schicksal scheint Walfisch-Bai zu drohen. Dort sind allerdings die Dünen nicht so bedeutend entwickelt wie südlich des |Kuiseb, sie beginnen aber schon den Unterlauf dieses Flusses zu überschreiten (57. p. 429). Erst an der Mündung des Swakop (= Tsoakhaub) wird

---

[1] Es ist bei dem jetzigen Stand der Kenntnisse nicht möglich und würde auch zu weit führen, die einzelnen Gesteine und die Art ihrer Lagerung in den Gebirgen des Landes zu besprechen. Wir können nur die Verhältnisse im allgemeinen erörtern und verweisen in Bezug auf die Gesteinsvorkommnisse auf die beigefügten Tabellen.

ihr Zug schmal, und sie treten nördlich desselben nur vereinzelt auf
(39. p. 253). Obwohl aber Sandwich-Hafen durch breite und hohe
Sanddünen von dem Innern abgeschlossen ist, treten doch gerade
hier Süſswasserquellen auf. Daraus schloſs Hahn (28. p. 261), daſs
der ǃKuiseb, dessen Unterlauf plötzlich nach Norden abbiegt, sich
einst hier in das Meer ergossen habe, und daſs dieses alte Thal nur
durch Sand verschüttet sei, wie es jetzt an der Walfisch-Bai zu ver-
sanden anfängt. Stapff, der diese Gegend genau untersucht hat, hält
aber diese Ansicht für unhaltbar, da der ǃKuiseb bis gegenüber den
Zwartbank-Bergen ein felsiges Ufer hat, und er nachweisen konnte,
daſs er früher sogar noch weiter nordöstlich floſs als jetzt; er glaubt,
daſs die Quellen von Sandwich-Hafen nur durch Perkolation von
Wasser durch den Dünensand* entständen (60. p. 208). Er konnte
feststellen, daſs die meisten groſsen Dünen ihren Platz und ihre
Gestalt nicht änderten, und daſs in denselben scharf abgegrenzte
Flecken verschiedenartigen Materials, so roter oder schwarzer Sand,
Kaliglimmer etc., sich fänden, was gegen die Ansicht spricht, als seien
sie durch die Thätigkeit des Windes aufgeschüttet. Nur die Gestalt
der Kämme wird durch diesen beeinfluſst, und nur kleine Dünen an
der Grenze des Dünengebietes wandern. [1])

An der Walfisch-Bai sind, wie schon erwähnt, die Dünen viel
unbedeutender, sie treten nicht direkt an den Strand heran. Dieser
ist hier ganz flach, es sind hier wohl als Untergrund Alluvien des
ǃKuiseb vorhanden (65. p. 237).

Von hier wird von verschiedener Seite eine eigentümliche, noch
unaufgeklärte Erscheinung berichtet, nämlich daſs öfters plötzlich alle
Fische in der Bai sterben, daſs dies aber auf dieselbe beschränkt
bleibt, obwohl sie gegen das Meer zu weit offen ist. Zuerst fand
dieses Fischsterben nach Anderson Anfang Dezember 1851 statt, dann
beobachtete es Chapman (9. p. 393) an Weihnachten 1860. Er erzählt,
daſs plötzlich tausende von Fischen auf dem Wasser schwammen und
am Strand lagen, ohne daſs man eine Ursache sah. Das Wasser
hatte dabei eine rötliche Farbe, aber keineswegs die von aufgewühltem
Schlamm. Lösche (38. p. 824) führt einen gleichen Fall vom Dezember 1880 und 1881 an. Er erwähnt ebenfalls, daſs man 1880
einen Tag vor dem Fischsterben dunkelrosa Streifen im Wasser
gesehen habe, die man aber auch Weihnachten 1883 bemerkte,
ohne daſs Fische starben. Irgend ein Getöse oder Aufwallen des

---

1) In Bezug auf die genauere Beschreibung der Dünen, wie überhaupt der
geologischen Verhältnisse bei Sandwich-Hafen muſs auf die eingehende Arbeit von
Stapff verwiesen werden (60).

Wassers fand nicht statt. Auf der Nehrung beobachtete er im Sand Kuchen und Klumpen von Schwefel und tiefer unten schwarzen, nach Schwefelwasserstoff riechenden Sand (38. p. 824; 60. p. 208), ferner fand hier Stapff zur Ebbezeit kleine kraterartige Erhöhungen, wohl Gasquellpunkte, er schreibt daher diesem Gas das Fischsterben zu (60. p. 208). Doch erscheint bei dieser Erklärung auffällig, daſs nie zur Zeit des Sterbens der charakteristische Schwefelwasserstoff-Geruch beobachtet wurde und ebenso auch kein Aufwallen des Wassers durch die Gasblasen. Es bleibt auch völlig unerklärt, warum das Sterben immer gerade im Dezember und so plötzlich eintrat. Lösche erwähnt nun, daſs ein Herr Wilmer, der lange an der Bai wohnte, die Erscheinung durch das Auftreten einer roten Alge erklärte, welche die roten Streifen im Wasser bilde. Doch, wenn auch die Ansicht richtiger erscheint, besonders in Hinblick auf das regelmäſsige Auftreten des Sterbens im Dezember, so bleibt doch als gewichtiger Einwand bestehen, daſs die roten Streifen auch auftraten, ohne daſs Fische starben, und daſs das Sterben stets so plötzlich und allgemein in der Bai auftritt. Was aber auch die Ursache dieses interessanten Vorganges sein mag, er bietet uns ein gutes Beispiel, wie wir uns das Vorkommen massenhafter, gut erhaltener Fischreste in manchen Schichten zu erklären haben.

Im Hinterland der Walfisch-Bai steigt allmählich die Namieb an, ein von den tiefen Thälern des !Kuiseb und Swakop begrenztes Plateau, das von zahlreichen Höhen und Höhenzügen durchsetzt ist. Diese streichen meist von NO. nach SW., ebenso wie die krystallinischen Schichten, aus welchen sie bestehen. Nur in ihrem südlichen Teile am !Kuiseb ist die Namieb eingehend untersucht; es würde aber zu weit führen, die Resultate dieser Erforschung genauer zu besprechen, wir müssen uns begnügen, einen Überblick über die Verhältnisse zu geben. Die Hauptgesteine sind hier überall Gneis und krystallinische Schiefer, in welchen zahlreiche Einlagerungen, so von krystallinischem Kalk, und viele Intrusionen von Granit, Porphyr, Diabas (60. p. 205) und Basalt (27. p. 204) auftreten. Die Schichten sind vielfach gefaltet, doch sind die Sattelrücken meist abradiert. Die Ebene zwischen den einzelnen Höhen ist überdeckt von Schotter, der meist betonartig fest ist. Er besteht aus den Trümmern der anstehenden Gesteine, die durch kalk-, salz- und gypshaltigen Thon verkittet sind (60. p. 204). Die Gerölle sind zwar oft oberflächlich durch Sandgebläse geglättet, aber keineswegs durch Wasserwirkung abgerundet. Da an bestimmten Stellen die Gerölle von den Gesteinen, welche dort anstehen, sich finden, so spricht auch dies gegen einen Transport durch Wasser.

Die Gesteine, welche von dem Thal des Swakop am Nordrand der Namieb erwähnt werden, beweisen, dafs hier dieselben Verhältnisse herrschen, wie am !Kuiseb. Besonders häufig scheinen hier schmale Gänge von Basalt in den Gneisen und Graniten zu sein (9. p. 373; 43. p. 113; 58. p. 70; 65. p. 203; 66. p. 249). Das Vorkommen von Thonschiefer mitten in diesen Gesteinen (9. II. p. 466) ist nicht unwahrscheinlich, wir werden ähnliche Gesteine auch im Süden im Gebiet des oberen !Kuiseb und weiter östlich finden, doch dürften es wohl Phyllite sein. Dagegen hat Baines offenbar Granitblöcke für Sandstein gehalten (3. p. 26, 28); denn seine Schilderung pafst ganz auf die Wollsack ähnlichen Granitblöcke, deren Vorkommen hier von anderer Seite konstatiert ist (9. II. p. 466; 66. p. 78), während Sandstein sonst nirgends erwähnt wird.

Weiter flufsaufwärts ist ein grofses Granitmassiv vorhanden, das sich von Salem und ⧺O!nanis bis Tsaobis und nach Süden bis Ussis und nördlich von !Goagas ausdehnt (3. p. 39; 9. p. 343, 380, II. 317, 466; 26. p. 108, 115; 27. p. 204; 58. p. 84, 96, 139; 66. p. 73, 75, 78, 92). In diesen scheinen Pegmatitgänge sehr häufig zu sein (26. p. 110, 112, 115; 65. p. 198), doch werden auch Dolerit (?) (58. p. 180) und krystallinische Gesteine, so Gneis (65. p. 226, 227) und krystallinischer Kalk (26 p. 104) erwähnt, so dafs also kein reines Granitmassiv vorhanden zu sein scheint. Weiter im Norden bei Pot Mine grenzen an die Granite Hornblendegneise, Amphibolite, Glimmerschiefer und andere krystallinische Schiefer (25. p. 570; 26. p. 106, 109, 110; 58. p. 103; 65. p. 208, 210, 211, 214, 230, 234), doch scheinen diese nur eine lokale Einschaltung zu bilden; denn gegen Otyimbingue zu und bei diesem Ort herrscht wieder Granit (9. p. 381, II. p. 317, 466; 38. p. 821; 57. p. 134) mit Pegmatitgängen (26. p. 115; 65. p. 198).

Nach Norden zu herrscht dieser Granit bis in die Gegend von |Karabib (65. p. 196) und nördlich von Pot Mine bis in die Nähe von |Ubeb, wo er am Ngachob-Berg und am Nordfufs des Khuos- und Nukhuos-Gebirges auftritt (26. p 107; 27. p. 204). Im übrigen herrschen aber hier zwischen Swakop und |Kān-Flufs krystallinische Schiefer; so bestehen die zweiparallelen Ketten des Khuos-Gebirges fast ganz aus krystallinischem Kalk und Gneis (25 p. 572; 27. p. 204), bei |Ubeb sind Amphibolite häufig (26. p. 106, 111; 58. p. 195) und bei |Karabib krystallinischer Kalk (25. p. 572; 27. p. 80; 58. p. 189). Von Eruptivgesteinen wird Porphyr und Diorit bei |Karabib erwähnt (26. p. 105; 65. p. 200); Basalt scheint hier aber nicht gefunden zu sein. Durch Auslaugen der krystallinischen Kalke hat sich auf dem Granit der Hochfläche von |Karabib junger Kalktuff abgelagert;

es ist dies derselbe Kalk, den wir weiter im Norden und Osten als Kalahari-Kalk weit verbreitet finden werden (27. p. 80; 38. p. 821; 57. p. 137; 63. p. 90; 65. p. 236, 237; 66. p. 255). Auch bei !Usa!kos und |Ubeb ist dieser junge Kalk gefunden worden (27. p. 80; 58. p. 195; 65. p. 237), der übrigens auch schon bei ≠O!nanis im Granitgebiet erwähnt wird (3. p. 30; 9. II. p. 466). Bei |Karabib soll auch echter Laterit vorkommen (38. p. 821), doch glaubt Hindorf, welcher die Bodenverhältnisse von Herero-Land untersucht hat, daſs nicht eigentlicher Laterit mit Eisenkonkretionen, sondern meist nur sog. Rot- und Gelberden vorkämen (32. p. 134); jedoch werden die Angaben Lösches (38) von Schinz (57) bestätigt, denn auch dieser fand an verschiedenen Stellen echten Laterit.

Herero-Land östlich von Otyimbingue ist leider weniger erforscht, doch genügen die Berichte, welche wir darüber besitzen, um zu beweisen, daſs auch hier ähnliche Gesteine herrschen, wie in West-Herero-Land, nur scheinen hier die Gneise und Granite mehr zurückzutreten; es werden Glimmerschiefer (3. p. 53; 57. p. 132; 65. p. 208, 209), ja sogar Thonschiefer (Phyllite?) und glimmeriger Sandstein erwähnt (9. p. 334, II. p. 466), doch kommt Gneis und Granit offenbar auch noch sehr häufig vor (1. p. 97; 9. p. 335, 401, II. p. 466; 57. p. 132, 429; 65. p. 205).

Hier sind mehrere Thermen zu erwähnen, welche aus den kristallinischen Gesteinen hervorquellen, so bei Buxton Fontein (1. p. 97) aus Granit, bei Groſs-Barmen (Otyikango) aus Glimmerschiefer (3. p. 52) und ebenso in Klein-Barmen (57. p. 132). Die Temperatur derselben ist ziemlich hoch, wird aber verschieden angegeben, so diejenige der Hauptquelle von Groſs-Barmen auf 69,5° C. (1. p. 101), 65° C. (3. p. 52), 62,2° C. (9. p. 334, 401), 60—70° C. (38. p. 821) und 64° (57. p. 131), und diejenige der Quelle von Klein-Barmen auf 61,6° C. (9. p. 335, 401), 60—70° (38. p. 821) und 61° (57. p. 132); sie müssen also wechselnde Temperatur besitzen. Absätze scheinen an diesen Quellen nicht vorhanden zu sein.

In dem südlichen Hereroland scheinen die Verhältnisse ähnlich zu sein, wie in den bisher besprochenen Teilen, nur sind hier keine groſsen Granitmassive vorhanden. Es herrschen hier im Gebiet des oberen !Kuiseb nach Gürich (27. p. 204) hauptsächlich dünnflaserige Gneise nebst Glimmer-, Chlorit- und Grünschiefern, was mehrfach bestätigt wird (25. p. 571; 26. p. 105; 58. p. 141, 143, 170, 179; 67. p. 21); auch phyllitähnliche Thonschiefer treten hier auf (27. p. 204; 9. II. p. 466), krystallinischer Kalk (26. p. 114, 115; 58. p. 164) kommt vor und mehrfach Porphyr (9. II p. 466; 58. p. 170) und Grünstein (Diorit?) (9. II. p. 466; 27. p. 204; 58. p. 165, 170).

Granit scheint nur zwischen Otyimbingue und Matchless Mine häufiger
zu sein (9. II. p. 466; 22. p. 354; 34. p. 513), doch kommt er auch
anderweitig vor (67. p. 21). Eine Ausnahme scheint der ⧧Gansberg
zu bilden, der oben von horizontalen Schichten bedeckt ist, die leider
nicht untersucht sind (27. p. 40, 204).[1]) Weiter im Osten im Gebiet
von Rehobot sind aber auch einige Tafelberge vorhanden, so die Spitzkopje, welche eine horizontale Decke von Porphyr trägt (26. p. 109;
27. p. 204). Im übrigen herrschen aber hier dieselben Gesteine wie
am oberen !Kuiseb (27. p. 204), nur treten hier grofse Massen von
Quarz auf (26. p. 105, 111; 57. p. 429). Aufser dem Porphyr ist
hier auch noch Diabas (27. p. 204) und Granit (1. p. 362) vorhanden,
und von Rehobot selbst ist eine heifse Quelle erwähnenswert, von
54° C. (8. p. 388; 27. p. 83), welche Schichten von meist dunklem
Opal abgesetzt hat (20. p. 318; 27. p. 83), in welchem sich Reste
rezenter Pflanzen finden. Die Angabe von Kalktuff an dieser Quelle
ist unrichtig (1. p. 293). Rehobot selbst liegt auf diesem Kieseltuff-
Plateau inmitten einer Ebene, die früher wohl einst von einem See
eingenommen wurde (27. p. 41), während jetzt hier grofse Trockenheit
herrscht und Flugsanddünen auftreten (27. p. 41, 204).

Über das Gebiet südlich des ⧧Gansberges sind wir leider nicht
unterrichtet, und auch über die weitere Umgebung von Rehobot wissen
wir nur wenig. Dasselbe gilt von der Gegend von Windhoek, nördlich davon. Hier erheben sich die hohen Auas-Berge als Südrand des
Herero-Hochlandes, sie sollen aus Granit bestehen (22. p. 353; 57.
p. 429), doch erwähnt Pfeil hier Kalk und Sandstein (43. p. 112). Es
dürften hier eben, wie in dem Gebiet nördlich davon, aufser den
krystallinischen Gesteinen auch jüngere Schichten auftreten, so fand
man südöstlich von Windhoek Amphibolit mit gelbem Sandstein,
Quarzit, Augitschiefer und Kalkstein wechsellagernd (11. p. 22). Auch
sonst werden östlich von Windhoek ähnliche Gesteine erwähnt (3. p. 64;
9. p. 333), während bei Windhoek selbst dünnschiefriger Gneis herrscht
(66. p. 127, 131); doch sind leider hier wie östlich von Otyimbingue
keine genaueren Untersuchungen gemacht worden, welche uns über
das Verhältnis dieser offenbar z. T. nicht mehr archäischen Schichten
zu den Gneisen und Graniten Zentral- und West-Hererolandes auf-
klären könnten.

Auch hier treten heifse Quellen auf, sowohl in Aris, als in
Windhoek (20. p. 317; 67. p. 42, 43). Die Temperatur der ziemlich
bedeutenden Quellen des letzteren Ortes scheint sehr hoch zu sein,

---

1) Auch bei Guinreb, östlich von !Hudaob soll ein vereinzelter Tafelberg
sein (66. p. 193).

sie wird mit 90 ° (1. p. 234) oder 72,2 ° C. (9. p. 408) angegeben.
Der Ort Grofs-Windhoek liegt auf den von diesen Quellen gebildeten
Absätzen, welche auch hier aus dunklem Opal (eisenschüssigem Feuer-
stein) (20. p. 318) bestehen und nicht aus Kalk, wie fälschlich ange-
geben wird (1. p. 234; 22. p. 352; 43. p. 112). Doch wurde bei der
Analyse einiger Quellwasser kein Kieselsäure-, sondern ein geringer
Kalkgehalt gefunden (67. p. 43).

Wenden wir uns nun zur Besprechung der Gebiete nörd-
lich des |Kän-Flusses, welche uns zu Kaoko-Land überleiten,
so finden wir hier ähnliche Verhältnisse wie am mittleren Swakop.
Es treten zwar vielfach krystallinische Gesteine auf (2. p. 15; 26.
p. 104, 106, 107, 110, 113), doch spielt Granit die Hauptrolle. Er
herrscht am Omaruru (27. p. 45; 57. p. 138) und setzt den Sockel
des grofsen Erongo-Gebirges zusammen (2. p. 67; 27. p. 43, 204).
Dieses zeigt aber am Bockberg auffällige Formen, seine oberen Kon-
turen sind ganz horizontal, wie an einem Tafelberg, und es gelang
Gürich auch, auf niederen Ausläufen des Berges horizontale Schichten
zu finden (27. p. 42), die nach Geröllen am Fufs des Berges zu
schliefsen, aus Porphyr bestehen (27. p. 204). Es treten also schon
hier die Reste von Tafelbergschichten auf, die weiter im Norden eine
grofse Rolle spielen.

Von dem Gebiete östlich des Erongo-Gebirges ist nur
bekannt, dafs krystallinische Gesteine vorherrschen, dieselben setzen
hier die hohen Omatako- und Ombotosu-Berge zusammen (2. p. 67;
32. p. 135; 57. p. 429). Erwähnenswert ist, dafs in dieser Gegend
auch heifse Quellen auftreten, so in Omapyu (20. p. 31() und Omburo
(57. p. 140); in letzterem Ort soll ihre Temperatur (64° C. ca.) sehr
wechseln und auch ein Intermittieren stattfinden.

Betrachten wir nun Herero-Land als Ganzes, so müssen wir
nach allem, was wir wissen, dasselbe als ein altes Gebirgsland ansehen, das fast ausschliefslich aus krystallinischen Gesteinen besteht.
Nur an seiner Süd- und Nordgrenze sind dürftige Reste von Tafelbergen gefunden worden, so der ⧺Gansberg, die Spitzkopje und der
Bockberg. Das innere eigentliche Hochland aber besteht fast ganz
aus Granit und Gneis und krystallinischen Schiefern. Soweit wir
wissen, ist das Hauptstreichen ungefähr N.—S. (38. p. 821), doch
kommen viele Abweichungen davon vor. So streichen z. B. die Falten
in der südlichen Namieb von NO. nach SW. und die Schichten südöstlich von Windhoek von ONO. nach WSW. Zahlreich sind besonders in
der Küstengegend Basaltgänge in den alten Schichten, sie weisen darauf
hin, dafs auch in verhältnismäfsig später Zeit hier Störungen stattgefunden haben. Dies zeigen uns auch die heifsen Quellen an, welche

wohl auf einer SO.—NW.-Spalte sich befinden. Diese geht von Omburo über Barmen nach Windhoek und hat ihre Fortsetzung nach Süden zu, aber in geänderter Richtung, vielleicht über Aris nach Rehobot. Bemerkenswert ist, daſs diese Linie ungefähr der Küste des Landes parallel ist und daſs in Windhoek, wo sie ihre Richtung ändert, die heiſsesten und stärksten Quellen sind (20. p. 317).

III. Kaoko-Land.

Über Kaoko-Land, in welchem wir die Fortsetzung der Gebirge des westlichen Herero-Landes zu suchen haben, ist leider nur wenig bekannt. Von der Küste liegen nur einige dürftige Angaben vor, und von dem Innern ist der Norden überhaupt noch unerforscht; nur über den südlichen Teil desselben besitzen wir zuverlässige Berichte.

An der Küste sind nördlich der Swakop-Mündung Sanddünen zwar vorhanden (5. p. 283; 19. p. 300), doch scheinen sie hier keine Rolle zu spielen, vielmehr treten die felsigen Höhen nahe an das Ufer des Meeres heran, an welchem meist nur ein schmaler, sandiger Streifen vorgelagert ist (19. p. 300). Wie im Westen des Herero-Landes, so tritt auch hier neben Granit Basalt häufig auf (5. p. 283; 19. p. 300), doch wird auffälligerweise auch roter Sandstein (2. p. 298; 5. p. 283) und Konglomerat (19. p. 300) erwähnt. Da im Norden des Herero-Landes Tafelberge aus rotem Sandstein vorkommen und im Kaoko-Land Tafelgebirge in der Nähe der Küste gefunden worden sind (27. p. 204), ist nicht unwahrscheinlich, daſs der Sandstein an der Küste mit demjenigen der Tafelgebirge in Zusammenhang steht; er könnte aber auch einer viel jüngeren Küstenbildung, dem Kreidesandstein, angehören, dessen Vorkommen an der Küste Westafrikas vielfach nachgewiesen ist (35. p. 148). Es ist ja an der groſsen Fischbai, nahe an der Nordgrenze unseres Gebietes, ein dem Gault angehöriger Ammonit gefunden worden und es kommen dort wie am Kunene Kalk, und Sandstein vor (40. p. 263, 265).

Von der Beschaffenheit der Küstenberge wissen wir leider gar nichts, erst weiter im Innern sind uns wenigstens die Hauptgesteine bekannt. Dies sind offenbar Granit und Kalk, andere krystallinische Gesteine scheinen dagegen gänzlich zurückzutreten, denn nur zwischen Ombika und Otyomungundi werden solche und zwar Quarzite erwähnt (57. p. 211). Granit setzt die Hauptgebirgsstöcke zusammen, so den Okonyenye-Berg (2. p. 24), den Brandberg (27. p. 46, 204), die Paresis-Berge (32. p. 135), und wird auſserdem noch mehrfach erwähnt (2. p. 32; 57. p. 204, 208, 209). Bei dem Kalkstein sind zwei Hauptvorkommnisse zu unterscheiden, nämlich die alten, meist krystallinischen Kalke und der junge Kalahari-Kalk, der besonders im Westen von Kaoko-Land aufzutreten scheint. Zu dem letzteren dürften die Kalke bei Okahongottie (2. p. 29), bei Otyitambi (2. p. 32), von Franzfontein (27. p. 80), von Osongombo (57 p. 205), Otyomungundi (57. p. 209), Okaukweyo (57. p. 212), Pella Fontein und Outyo (67. p. 269, 270) gehören, während die von Anderson erwähnten höheren Kalkberge wohl aus krystallinischem Kalk bestehen (2. p. 30, 38). Solche sind auch von Gürich gefunden worden (27. p. 80), doch führt dieser von Franzfontein und Orubob einen Kalk an, der offenbar jünger ist wie die krystallinischen Kalke und eine eigentümliche Struktur zeigte, die auf organischen Ursprung hinwies (27. p. 204). Gürich vergleicht diese mit der Struktur mancher Fossilien aus den kambrischen Kalken Sardiniens.[1] Es ist wahrscheinlich, dafs wir noch ein drittes Kalkvorkommen unterscheiden müssen, nämlich Tafelgebirg-Kalk. Denn Anderson fand nördlich von Omaruru ein hohes Kalkstein-Tafelgebirge (2. p. 23, 24), und auch Gürich sah vom Brandberg aus nach Westen und NW. zu Tafelberge (27. p. 47). An diesem selbst aber fand er Reste horizontaler Schichten angelagert, dichte Thonsteine (27. p. 204), und von den Tafelbergen bei Tsawisis im NW. davon brachte Steinäcker Melaphyr-Mandelstein mit (27. p. 204). Gürich nimmt deshalb an, dafs diese Gesteine hier einst weit ausgebreitete Decken bildeten, von welchen nur am Bock- und Brandberg, deren Granitsockel aber noch die Form von Tafelbergen haben, sowie auf der Spitzkopje bei Rehobot Reste erhalten geblieben seien; er fafst diese als Kaoko-Formation zusammen. Bevor wir aber die Frage nach der Zugehörigkeit dieser Schichten besprechen können, müssen wir noch die Verhältnisse der sich östlich an Kaoko-Land anschliefsenden Gebiete besprechen.

Das Gebiet von Waterberg und Upingtonia.

Hier finden wir einerseits Tafelgebirge mächtig entwickelt, andererseits spielt hier aber auch der Kalahari-Kalk eine grofse Rolle. Die Tafelberge ziehen sich längs des Omuramba-ua-Matako hin; sie fallen steil gegen diesen ab, nach SW. zu scheinen sie aber allmählich zu verlaufen; es sind der Etyo, Konyati, Ombororoko und der Waterberg (2. p. 67). Sie bilden offenbar ein Ganzes; ihre Unterlage besteht aus Granit (42. p. 308), ihre Hauptmasse aber aus rötlichem, quarzitischem Sandstein (2. p. 67; 32. p. 131, 135; 42. p. 308, 309; 57. p. 417). Das Vorkommen von Kalk ist nicht sicher konstatiert (42. p. 308;

---

1) Dieselben sind beschrieben in J. G. Bornemann: Die Versteinerungen des kambrischen Schichtsystems der Insel Sardinien, 1886.

57. p. 429).[1]) Im Norden davon liegen die Berge von Otavi, welche ganz andere Verhältnisse zeigen. Sie sind fast völlig von Kalk bedeckt (11. p. 29, 30; 32. p. 131; 57. p. 349, 419), der eigentümlicherweise krystallinisch ist (11. p. 30), aber doch mit dem Kalahari-Kalk identisch sein dürfte. Doch bestehen die Hügel und Berge wohl nicht ganz aus diesem Kalk, wie Hindorf angibt (32. p. 131), sondern sind nur oberflächlich davon überdeckt. Ihre Hauptmasse dürften Schiefer, Sandstein und Granit bilden, die lokal auch an der Oberfläche anstehen (11. p. 29; 32. p. 131). Die weiteren Verhältnisse dieses Gebietes können wir aber nur im Zusammenhang mit der Kalahari besprechen, die von hier nach Norden und Osten sich erstreckt.

IV. Die Kalahari.

Im Osten unseres Gebietes dehnt sich überall die ungeheure Hochebene der Kalahari aus; die Grenze derselben ist aber keineswegs scharf, es findet vielmehr fast stets ein allmählicher Übergang statt, indem nach und nach die höheren Berge verschwinden und die Flußthäler ihren schluchtartigen Charakter verlieren und flach und seicht werden, so daß das Land zu einer welligen Hochebene wird. Zugleich beginnen Dünen und Kalkkrusten alles zu bedecken, und nur in einzelnen tieferen Thälern sieht man noch ältere Gesteine anstehen, welche den Untergrund der Hochebene bilden. Aus diesen Gründen, aber auch weil diese Gebiete weniger genau erforscht sind, ist es nicht möglich, die Grenzen der Formationen gegen die Kalahari hin scharf zu bestimmen.

1. Die Kalahari östlich von Nama-Land.

Daß über die östlichen Teile der Tafelgebirge von Nama-Land wenig bekannt ist, und daß wir ihre Ostgrenze nicht genau kennen, ist schon oben hervorgehoben worden. Die Kalahari beginnt hier im Süden ungefähr am 19. Grad ö. L., weiter im Norden aber viel weiter westlich; denn das ganze Gebiet am mittleren Ouob und das von !Hoakhá!nas muß ihr zugerechnet werden. Es ist wahrscheinlich, daß die Tafelgebirge, welche alle sanft nach Osten fallen, ganz allmählich unter den jungen Ablagerungen verschwinden. Bei Keetmanshoop ist allerdings durch Schinz (57) festgestellt, daß sie schon weit im Westen von der Grenze der Kalahari enden. Im Süden

---

1) Im Nordwesten davon soll sich eine ähnliche Sandstein-Terrasse von Outyó gegen Otavi hinziehen (66. Karte), auch von Osomgombo wird Sandstein erwähnt (66. p. 269).

beginnt diese ziemlich nahe am Oranje, indem die krystallinischen
Gesteine, die an demselben herrschen, bald von einer Decke von
Kalahari-Kalk überlagert werden. Pfeil (43. p. 97; 44. p. 2) fand eigentümlicherweise diesen in krystallinischen Kalk umgewandelt, also
ebenso wie die Kalkdecken der Otavi-Berge. Weiter im Norden
zwischen Ukamas und Mittelpost herrschen dann ausschliefslich
Sanddünen (43. p. 97), und erst in dem Gebiet von Rietfontein tritt
der Kalk wieder zu Tage, der dann bis zum Ouob-Flufs herrscht
(44. p. 42). Hier treten auch die für die Kalahari so charakteristischen
Vleys und Pfannen auf, flache Becken mit Kalk- oder Lehmboden,
in welchen sich zur Regenzeit Wasser sammelt. Ist dieses durch die
aus dem Boden ausgelaugten Salze bitter, so nennt man diese Becken
Pfannen. Diese sind dann zur Trockenzeit mit Salzefflorescenzen
bedeckt. Der Kalk soll übrigens in diesen Gegenden eine ziemlich
bedeutende Mächtigkeit besitzen (18. p. 290; 44. p. 43). Weiter im
Norden scheinen wieder Sanddünen fast alles zu überdecken, nur
östlich des ╪ Nosob treten Vleys mit Kalk- oder Lehmboden auf
(18. p. 290; 21. p. 210). Die Dünen finden sich sogar schon nördlich
von Girikhas (8. p. 382) und reichen bis westlich von ǀHoakhaǀnas
und bis ǃNauas, östlich von Rehobot (18. p. 290). Ältere Gesteine
sind hier nur im Ouob-Flufsthal bei ǀHarukhas gefunden worden; es
sind wohl Tafelbergschichten (21. p. 210), die hier von dem ziemlich
tief einschneidenden Ouob blofsgelegt sind.

2. Die Kalahari östlich von Herero-Land.

An der Grenze der Kalahari östlich von Herero-Land herrschen
ziemlich verwickelte Verhältnisse; denn einesteils reicht hier die Ebene
bis nahe an Windhoek, wo noch bei ╪Kowas (17. p. 98) und bei
Witvley (9. p. 332) Kalahari-Kalk vorkommt, andernteils erstreckt sich
ein Bergrücken aus alten Gesteinen bis Rietfontein. Im Norden aber
scheint das ganze Gebiet der Omaheke bis zum Omuramba-ua-Matako
seinen geologischen Verhältnissen nach zur Kalahari zu gehören.
Es scheinen also die Höhen bei Stampriet und Olifantskloof nicht,
wie Schinz meint (57. p. 403, 405), die scharfe Ostgrenze des Herero-
Landes zu bilden, sondern nur einen weit in die Kalahari hinein-
ragenden Ausläufer dieses Gebirgslandes. Von diesem Höhenzug und
dem Thal des Omambinde werden nun sehr verschiedene Gesteine
erwähnt, während östlich von Rietfontein der Kalahari-Kalk in grofser
Ausdehnung zu herrschen scheint (15. p. 38; 57. p. 429). Doch fand
Schinz als Basis dieses Kalkes im Brunnen von ǀNoikhas Granit
anstehen (57. p. 429), und im Thal des Otyombinde wird Sandstein

angeführt (3. p. 119, 122, 128), der vielleicht mit dem von Fleck westlich von Rietfontein gefundenen Brauneisenstein-Konglomerat identisch
ist (15. p. 39). Leider besitzen wir über die Lagerung dieser Gesteine
keinerlei Angaben. Auch bei Witvley sind derartige Konglomerate gefunden (9. p. 332), welche wohl fest verkittete Gerölle sind, die von
den Bergen des östlichen Herero-Landes stammen. Von dem Höhenzug
wird besonders Granit und Quarz erwähnt (9. p. 332; 57. p. 400), bei
Olifantskloof auch Felsitporphyr (57. p. 403) und von Witvley krystallinische Schiefer (9. p. 332), also Gesteine, wie sie im Herero-Land vielfach vorkommen.

3. Die Kalahari östlich von Waterberg und Upingtonia.

Während in der noch wenig bekannten Omaheke Sand besonders
verbreitet zu sein scheint (57. p. 429), finden wir nördlich von dem
Waterberg den Kalahari-Kalk in grofser Ausdehnung. Er bedeckt
nicht nur die Hügel und Berge von Otavi und Upingtonia, sondern
findet sich auch östlich und nördlich davon vielfach, so am Omambonde (2. p. 67, 150), zwischen Debra und Grootfontein (16. p. 205),
am Sodanna und Sadum (16. p. 205), hier meist Pfannen bildend.
Sogar am Okavango, wo Gneis, Granit und Quarz gefunden ist
(16. p. 205), tritt er noch auf, ist aber hier von Alluvien bedeckt
(2. p. 190). Er scheint hier ziemlich mächtig zu sein, so bei Sodanna 4,
bei Kalkfontein 3 m. Noch mehr entwickelt ist er aber offenbar
nördlich der Otavi-Berge bei Otyikongo und Otyikoto (1. p. 168, 181;
2. p. 148; 24. p. 199, 200; 32. p. 138; 39. p. 261; 57. p. 338, 344).
Hier finden sich in ihm eigentümliche tiefe Kessel von sehr verschiedenem Umfang, bei Otyikongo, Okamambuti, Orujo, Otyikoto etc.
Während die einen ganz enge Löcher sind, bilden andere weite,
aufserordentlich tiefe Kessel, so ist derjenige von Otyikoto nach
Galton 400 Fufs breit und 180 Fufs tief (am Rand gemessen) (24. p. 199,
200). In diesem Wasserkessel fanden sich merkwürdigerweise sogar
Fische (24. p. 200), deren Vorkommen in dem völlig isolierten
Becken schwer zu erklären ist. Auch bei der Erklärung der Entstehung dieser tiefen, runden Kessel und Löcher stöfst man auf
Schwierigkeiten. Viele der kleinen Wasserlöcher, die sich auch sonst
häufig in der Kalahari finden, mögen allerdings künstlich angelegt
worden sein; denn fast überall findet man in der wasserlosen Wüste
unter der vor Verdunstung schützenden Kalkdecke Wasser, und oft
haben Reisende wie Eingeborene deshalb die meist nur einige Fufs
dicke Kalkschicht durchbrochen, um zu demselben zu gelangen.
Hier ist aber offenbar der Kalk so mächtig und die Kessel so tief

9*

und umfangreich, dafs sie sicher nicht künstlich angelegt sind. Die beste Erklärung scheint mir daher zu sein, dafs diese Kessel dolinen-artige Einbrüche darstellen, indem das unter dem Kalk befindliche Wasser, das langsam nach den tieferen Teilen der Kalahari abfliefst, die Kalkdecke unterwäscht, bis dann endlich die Höhle einstürzt. Doch bereiten die regelmäfsige runde Form und die lotrechten Wände der Kessel auch dieser Erklärung Schwierigkeiten, die erst nach ein-gehender Untersuchung dieser eigentümlichen Gebilde zu lösen sein werden.

4. Ambo-Land.

Nördlich von dem eben besprochenen Gebiet dehnt sich die grofse Etoscha-Pfanne aus, deren Lehmboden meist von Salzefflores-cenzen (salpetersaurem Kalk) bedeckt ist (57. p. 213), doch will Ander-son hier Stücke roten Sandsteins gefunden haben (1. p. 187), was um so auffälliger ist, als hier weit und breit nirgends Gestein anstehend gefunden worden ist, abgesehen von dem Kalk in Upingtonia. Ambo-Land, nördlich von dieser Senkung, ist eine weite Ebene, welche ab-gesehen von einigen Kalkpfannen (57. p. 325, 429) ganz von Sand bedeckt ist, unter welchem sich aber meist Humus befindet (57. p. 429). Als Basis dieser mehrere Meter mächtigen Schicht fand Schinz einen bläulichen Lehm mit Kalkgeröll, der in Pfannen auch oberflächlich anstand (57. p. 429). Nur ganz lokal war hier der wenig mächtige Sand zu Dünen angehäuft (57. p. 429). Festes Gestein fand sich aber nirgends anstehend, nur bei Onipa lag frei im Felde eine kleine Quarzitplatte, welche von den Eingeborenen heilig gehalten wurde (57. p. 330).

5. Das Gebiet am Tschobe.

Die Kalahari dehnt sich im Norden bis zum Sambesi aus; auch das Gebiet nördlich des Tschobe-Flusses ist ihr noch zuzurechnen, denn auch in dieser völlig flachen Ebene tritt der Kalahari-Kalk (36. p. 232) auf. Da der Tschobe wie der Sambesi oft fast das ganze Land überschwemmen, so ist er natürlich meist von den Alluvien dieser Flüsse bedeckt, und nur an den Ufern derselben tritt er zu Tage. Von der äufsersten Ostecke unseres Gebietes werden noch zwei inter-essante Vorkommnisse erwähnt, nämlich eine Bank voll Fossilien am Tschobe und junges Eruptivgestein am Sambesi. Leider sind die ersteren, die wohl in dem Kalahari-Kalk vorkommen, nicht genauer beschrieben (7. p. 200), dagegen gestattet die Schilderung Livingstones (32. p. 233) von dem Auftreten des Eruptivgesteins einen Schlufs auf das Alter des Kalkes. Dieser ist nämlich am Kontakt mit dem Trapp

metamorphosiert (32. p. 233), also offenbar älter als das Eruptivgestein, das auch schon stark verwittert ist und kaum rezenten Ursprungs
sein dürfte.

Überblick über die Geologie Deutsch-Südwestafrikas.

Die Primär-Formation.

Nachdem wir einen Überblick über die geologischen Verhältnisse der einzelnen Gebiete Deutsch-Südwestafrikas gegeben haben,
müssen wir uns auch der Frage nach der Zusammenfassung und
dem Alter der in den einzelnen Landesteilen auftretenden Gesteine
zuwenden. Naturgemäfs haben wir zuerst die Formationen hervorzuheben, welche die Hauptrolle in dem Gebiete spielen und offenbar
die Basis aller anderen bilden. Es sind dies die alten Gesteine,
welche nicht nur das Küstengebirge und fast ganz Herero-Land zusammensetzen, sondern auch im Innern des Landes unter den jüngeren Tafelberg- und Kalahari-Schichten oft zu Tage treten, so dafs man
mit Sicherheit annehmen kann, dafs sie die Grundlage des ganzen
Gebietes bilden [1]). Alle diese Schichten scheinen steil aufgerichtet
und in Falten gelegt zu sein, über deren Richtung wir leider noch
sehr wenig wissen, die aber im ganzen ungefähr der Küste parallel
streichen dürften. Das Hauptgestein dieser alten Schichten ist offenbar Gneis, in welchem aber, besonders im nördlichen Herero und in
Kaoko-Land, grofse Granitmassen vorkommen. Vielfach treten in
diesem Gneis auch krystallinische Kalke auf, so am unteren Oranje
und besonders im westlichen Herero-Land (27. p. 204; 38. p. 821).
Neben diesen Gesteinen, deren Alter wir wohl als archäisch annehmen
dürfen, finden wir aber auch solche, welche zwar in engem Zusammenhang mit den Gneisen stehen, aber sicher jünger und zum Teil nicht
mehr archäisch sind. So dürften die grünen Schiefer am unteren
Oranje und besonders viele Schichten des südlichen Herero-Landes
von den Gneisen abzutrennen sein. In letzterem Gebiet treten nach
Gürich gegen Osten zu überhaupt mehr dünnflaserige Gneise und vielfach Glimmer-Chlorit- und Grünschiefer, sogar auch phyllitartige
Thonschiefer auf (27. p. 204), und diese Angaben finden wir nicht
nur durch andere bestätigt, sondern bei Windhoek und Barmen wurden sogar Sandsteine gefunden, so dafs also hier mit den alten
krystallinischen Schichten auch solche vorkommen, in welchen wir

---

1) Sie finden sich im Innern am Oranje, an der Basis des |Huib-Plateaus,
der ||Karas Berge, des Water-Bergs, in den Otavi-Bergen, am Okavango, bei Riet-
fontein und an vielen andern Orten.

mit Sicherheit Organismenreste zu finden hoffen können. Bis jetzt sind allerdings hier noch keine entdeckt worden, doch hat Gürich weiter im Norden im Kaoko-Land Spuren von solchen nachweisen können, die auf Kambrium schliefsen lassen. Steht auch der direkte Beweis für das Auftreten fossilführender alter Schichten zusammen mit den archäischen Gesteinen noch auf sehr schwachen Füfsen, so finden wir eine Stütze für denselben, wenn wir die Verhältnisse der benachbarten Kap-Kolonie in Vergleich ziehen. Auch hier bilden archäische Gesteine zusammen mit Schichten des älteren Paläozoicums die Grundlage, und wenn auch hier nur wenige Fossilien gefunden sind, so ist doch mit ziemlicher Sicherheit nachgewiesen, dafs mit mit den archäischen Schichten auch Kambrium und Silur gefaltet und aufgerichtet sind (56. p. 225). Da aber die Verhältnisse noch nicht genug erforscht sind, und wegen der Armut an Versteinerungen eine sichere Trennung und Identifizierung der einzelnen Formationen kaum möglich ist, fafst Schenk alle diese unter dem Namen »Primär-Formation« zusammen (56. p. 225), zu welcher also Archaicum, Kambrium und Silur gehören. Wir können mit Gewifsheit annehmen, dafs die oben besprochenen Schichten unseres Gebietes vollkommen dieser Primär-Formation entsprechen, und sie daher unter diesem Namen zusammenfassen, bis eine genauere Erforschung uns eine Trennung der einzelnen Formationen gestattet.

Die Nama-, Waterberg- und Kaoko-Formation.

Über den Schichten der Primär-Formationen lagern in einem grofsen Teil des Landes diskordant die Gesteine der Tafelberge. Sie sind scharf von der älteren Formation geschieden, aber über ihre Stellung sind wir doch noch sehr unsicher, da Fossilien in denselben leider nirgends gefunden worden sind, und wir daher nur aus der Schichtfolge und dem Charakter der Gesteine Schlüsse auf ihr Alter ziehen können.

Schenk (49. p. 535; 54. p. 161) fafst nun die Gesteine des |Huib- des !Han≠ami- und ||Karas-Plateaus unter dem Namen Nama-Formation zusammen und stellt diese zur Kap-Formation, welche dem Devon und einem Teil des Karbons entspricht (56. p. 205). Als Beweis führt er an, dafs alle diese Plateaus aus Sandstein, überlagert von blauem dolomitischem Kalk, der eine Art Leitgestein der Kap-Formation ist (55. p. 109), zusammengesetzt sind. Er unterscheidet aber eine Sand-stein- und eine Schiefersandstein-Facies (55. p. 109), von welchen die letztere, die im !Han≠ami-Plateau entwickelt ist, eine Tiefseeablagerung darstellen soll. Mir scheint diese letztere Annahme nicht genügend begründet und aufserdem unnötig; man braucht, um das Vorkommen von Thonschiefer unter dem Sandstein des !Han≠ami-Plateaus zu erklären, nur anzunehmen, dafs das Meer dieses Gebiet schon überflutete, als die anderen noch Festland waren, und dafs erst zur Zeit der Ablagerung des Sandsteines und Kalkes die Meeresbedeckung eine allgemeine wurde. Schenk (54. p. 163) stellt nun auch noch die Sandsteine des Water-Berges und die von Gürich (27. p. 204) als Kaoko-Formation zusammengefafsten Decken vulkanischer Gesteine zur Kap-Formation, Gürich aber glaubt die Nama- und die Kaoko-Formation trennen zu müssen und rechnet die letztere zur Karoo-Formation, in welcher ähnliche Eruptivgesteine auftreten. Welche von diesen beiden Ansichten die richtige ist, läfst sich auf Grund der bisherigen oberflächlichen Untersuchungen natürlich nicht entscheiden; doch scheint die Ansicht Schenks insofern mehr Wahrscheinlichkeit zu besitzen, als Decken von Eruptivgestein schon in der Kap-Formation vorkommen (55. p. 109), und die Annahme sehr nahe liegt, dafs die Tafelberg-schichten, die jetzt nur noch in den Plateaus des Nama-Landes und am Water-Berg in gröfserer Mächtigkeit auftreten, einst fast das ganze Land bedeckten. Wir müfsten demnach, ebenso wie die Verschiedenheit im Aufbau des |Huib- und des !Han≠ami-Plateaus, auch diejenige mit den Mergelschichten bei Keetmanshoop, die wir Slankop-Schichten nennen wollen, und den Porphyrdecken an der Spitzkopje bei Rehobot, am Bock- und Brandberg als Faciesverschiedenheit auffassen. Man mufs nur bedenken, dafs unser Gebiet fast zweimal so grofs wie Deutschland ist, und dafs daher Verschiedenheiten in der Ausbildung der so weit verbreiteten Tafelberg-Formation nicht auffallen können.

Ebenso schwierig wie die Frage nach dem Alter ist diejenige nach der ehemaligen Ausdehnung der Tafelgebirge zu entscheiden. Dafs die jetzigen Plateaus nur Reste einer einst viel weiter verbreiteten Formation sind, daran ist kein Zweifel; wichtig ist aber besonders, ob wir eine ehemalige Ausbreitung der Tafelbergschichten auch über die Gebirge an der Küste und im Herero-Land annehmen dürfen. Es spricht vieles für diese Annahme, vor allem die auffällige Erscheinung, dafs die Berge und Höhenzüge an der Küste alle den Eindruck machen, als seien sie nur durch Erosion und Verwitterung aus einem sich langsam gegen die Küste zu senkenden Plateau herausmodelliert. Schenk (54. p. 159) spricht so von den Bergen bei Angra Pequena und Stapff (60. p. 204, 205) von der Namieb, dafs sie vom Meere abradiert seien. Man könnte annehmen, dafs es das Meer zur Zeit der Kap-Formation gewesen sei, dafs aber hier die Tafelbergschichten völlig zerstört sind. Stapff (60. p. 206) nimmt auch an, dafs die

gewaltigen Sandmassen südlich des ǃKuiseb durch die Zerstörung von
Sandstein an Ort und Stelle sich gebildet hätten, und aufserdem kann
man als Stütze für diese Ansicht anführen, dafs an einigen Punkten
der Küste noch Sandstein erwähnt wird, dafs er sich also hie und da
noch erhalten hat. Ferner fand ja Gürich (27. p. 204) am Brandberg, also nicht allzuweit von der Küste, Reste horizontaler Schichten
und sah im Nordwesten, aber auch im Westen davon Tafelberge (27. p. 47),
die allerdings noch nicht erforscht sind; auch reicht die Kap-Formation
in Südafrika in dem bekannten Tafelberg bei Kapstadt bis an das atlan-
tische Meer. Aber es lassen sich auch viele Bedenken geltend
machen; vor allem kann man einwenden, dafs die Küstenberge,
speziell bei Angra Pequena, sich viel höher erheben als die Tafelländer, welche sich alle sanft nach Osten senken. Auch sind in den
besser bekannten Teilen der Küstenberge und in dem eigentlichen
Hochland von Herero-Land nie Reste der Tafelbergschichten gefunden
worden. Die Sandsteine an der Küste des Kaoko-Landes sind ebenso-
gut den Kreideschichten zuzurechnen, deren Vorkommen an der
Küste Westafrikas sicher konstatiert ist, als den Tafelbergschichten,
mit welchen sie allerdings eine gewisse Ähnlichkeit haben. Doch ist
hier zu bedenken, dafs rote Sandsteine diskordant auf archäischem
Gestein sich ebenso bilden können, wenn das Meer zur Zeit der
Kreide-Formation übergreift über die quarz- und eisenreichen alten
Gesteine, als dies zur Zeit der Kap-Formation der Fall war. Petrographische Ähnlichkeit und gleiche Lagerung genügen also hier nicht
als Beweis für die Zugehörigkeit zu irgend einer Formation.

Es ist daher wahrscheinlich, dafs die hohen Küstenberge von
Angra Pequena das Westufer des damaligen Meeres bildeten, und dafs
auch das zentrale Herero-Land aus demselben hervorragte, ebenso wie
man annehmen mufs, dafs die Swart-Kopje und der Roterberg bei
Bethanien (52. p. 140) und der Bock- und Brandberg in Kaoko-Land
(27. p. 46), an welche die Tafelbergschichten angelagert sind, damals
schon als Inseln emporragten. In Kaoko-Land aber scheinen die Tafelberge bis nahe an die Küste zu reichen, es sind dort westlich von
ihnen kaum höhere Gebirge vorhanden; welche als ehemalige Grenze
des Meeres angesehen werden könnten, doch sind die dortigen Verhältnisse noch zu wenig bekannt, um ein sicheres Urteil fällen zu
können.

Der Kalahari-Kalk.

Von den Tafelbergschichten, die zur Kap oder Karoo-Formation
gehören, bis zu den nächstältesten Ablagerungen ist eine weite Lücke.
Wenn man von den Sandsteinen an der Küste absieht, deren

Zugehörigkeit zur Kreide immerhin noch sehr fraglich ist, muſs man den Kalahari-Kalk als die nächste Ablagerung von einiger Bedeutung ansehen.

Die Ansichten über seine Bildung und sein Alter gehen aber noch ziemlich weit auseinander. Während Gürich auf Grund seiner Beobachtungen im Westen des Landes annimmt, daſs der Kalk sich nicht in Seen abgelagert habe, sondern nur ein Niederschlag der rasch verdunstenden Regenwässer sei, welche von den hier zahlreichen Höhen krystallinischen Kalkes und calciumhaltiger alter Gesteine reichlich gelösten Kalk mit sich führen (27. p. 204), nehmen die meisten Reisenden, welche die Kalahari durchzogen haben, an, daſs er sich in groſsen Binnenseen gebildet habe (9. p. 445; 15. p. 38; 32. p. 135; 36. p. 527; 57. p. 429). Es scheint mir sehr wahrscheinlich, daſs beide Ansichten richtig sind. Es ist recht gut möglich, daſs in Herero- und Kaoko-Land jetzt noch die Ablagerung solcher Kalke in der von Gürich angegebenen Weise sich vollzieht, und daſs die dort vorkommenden Kalkkrusten sich ebenso gebildet haben. Aber weiter im Osten kann man eine solche Entstehung kaum annehmen. Es fehlen in der Kalahari gröſsere Höhen, krystallinischer Kalk ist nirgends anstehend gefunden worden, und doch treffen wir gerade hier die Kalkschichten nicht nur sehr weit verbreitet, sondern auch oft ziemlich mächtig (16. p. 205; 44. p. 43). Auch ist der Kalk oft nicht locker, tuffartig und unrein, sondern kompakt und wohlgeschichtet, und vor allem ist wichtig, daſs Livingstone in demselben Süſswasser-Schaltiere fand (36. p. 527). Da diese alle rezenten, noch im Ngami-See lebenden Arten angehörten, und da auch Chapman bei Gansis (Ghanze) in dem Kalk Abdrücke von Elephantenfährten fand (9. p. 443), so muſs derselbe sehr geringes Alter haben. Seiner Hauptmasse nach dürfte er zum Diluvium gehören, doch hat seine Bildung noch nicht aufgehört, in manchen Vleys und in Niederungen lagert er sich noch ab. Daſs er, wenigstens zum Teil, gröſseres Alter besitzt, dafür kann hier die oben erwähnte Beobachtung Livingstones angeführt werden, der ihn am Sambesi durch Eruptivgestein metamorphosiert fand; ferner muſs man annehmen, daſs die groſsen Seen schon seit längerer Zeit eingetrocknet sind. Die Wahrscheinlichkeit spricht dafür, daſs sie in der Diluvialzeit existiert haben, als noch gröſsere Feuchtigkeit herrschte; denn jetzt ist unser Gebiet so trocken, daſs man vielfach Wüstenerscheinungen findet, und die Wirkungen der für die Wüste charakteristischen Verwitterung sind hier so intensiv, daſs man annehmen muſs, daſs sie schon seit längerer Zeit wirksam war. Dagegen haben wir viele Anhaltspunkte, daſs vorher gröſsere Feuchtigkeit geherrscht hat. Man muſs nicht nur wegen des Kalahari-Kalkes

das Vorhandensein gröfserer Seen annehmen, sondern auch andere
Vorkommnisse weisen darauf hin. So fand Nolte (41) in einem
Becken am Haigap-Flufsthal (in Dirk Vilanders Gebiet) Unionen,
welche noch sehr frisch aussahen, sie waren von 4 bis 5 Fufs mäch-
tigem Sand bedeckt (6. p. 26, 27). Ferner fand Stapff 20—30 m
über dem jetzigen Flufsbett des !Kuiseb Schlick- und Geschiebebänke
(60. p. 208) und Gürich ebenfalls am !Kuiseb bei Umib und an
Flüssen im Khuos-Gebirge verfestigte Schotterbänke 40—50 m hoch
über dem heutigen Thalboden (27. p. 204). Der blaue Lehm mit
Kalkgeröll im Untergrunde von Ambo-Land weist auch auf gröfsere
Wasserwirkung hin, und die darüberlagernden, 2 bis 3 m mächtigen
Humusschichten (57. p. 429) zeigen an, dafs hier einst die Vegetation
viel üppiger gewesen sein mufs als jetzt, wo oberflächlich meist Sand
liegt. Auch das Vorkommen von Fischen in dem Wasserkessel von
Otyikoto in Upingtonia (24. p. 200) ist wohl am besten damit zu
erklären, dafs hier einst eine Verbindung mit anderen Gewässern, vor
allem wohl mit dem Okavango, existierte. Ferner soll nach Gürich
auch bei Rehobot einst ein grofser See gewesen sein (27. p. 41). Auch
in den benachbarten Gebieten werden Anzeigen von einstiger See-
bedeckung oder starker Wasserwirkung vielfach erwähnt (46), es ist
also kaum daran zu zweifeln, dafs vor nicht allzu langer Zeit hier
ein anderes Klima geherrscht hat. Wenn wir auch keinen direkten
Beweis durch Fossilienfunde haben, dafs dies zur Diluvialzeit war, so
liegt doch diese Annahme am nächsten.

Verwerfungen und Strandbewegungen.

Über die Hauptverwerfungen in Deutsch-Südwestafrika ist das
Wichtigste schon hervorgehoben worden. Wir haben in Nama-Land
3 parallele Hauptlinien zu unterscheiden, diejenige am Westrande des
!Han≠ami-Plateaus bei Bethanien, welche sich nach Grootfontein fort-
setzt; die Senkung am grofsen Fischflufs bei Berseba, jenseits deren die
Schichten wieder horizontal liegen, und wohl auch den Westrand der
||Karas-Berge, in dessen Fortsetzung die Thermen von Warmbad liegen.
In Herero-Land kennen wir bis jetzt nur die durch die Thermenlinie
Rehobot—Barmen gekennzeichnete Spalte, in deren weiterer Umgebung
Erdbeben häufig zu sein scheinen.[1] Die besonders in der Küsten-
gegend häufigen Basalte sind auch wohl mit Verwerfungen und Spalten
in Zusammenhang zu bringen. Sie beweisen uns auch, dafs hier in

---

1) So berichtet Chapman von einem solchen in Otyimbingue am 22. XI. 1860
und einem weiteren im Dezember 1860 (9. p. 381, 395), Gürich von einem solchen
in Pot-Mine am 9. Juli 1888.

neuerer Zeit (Tertiär?) Bewegungen stattgefunden haben. Ob die Thermen gleichzeitig entstanden sind mit den Basalteruptionen und der Bildung der Brüche in Nama-Land, läfst sich jetzt nicht beweisen, unwahrscheinlich ist es nicht. Gröfsere Faltungen ·scheinen hier seit Ablagerung der Tafelbergschichten nicht stattgehabt zu haben; denn nur von den Schichten des !Hanǂami-Plateaus wird erwähnt, dafs sie stärker zum Fischflufs einfielen, und aufserdem sind die Slankop-Mergel am Skapflufs aufgerichtet, sonst aber scheinen nur vertikale Bewegungen stattgefunden zu haben.

Dafs diese jetzt noch andauern, ist sicher erwiesen. Es findet nämlich eine negative Strandverschiebung statt. Wenn man mit Stapff annimmt, dafs das Meer vor nicht allzu langer Zeit die Namieb abradiert habe und die Sanddünen bei Sandwich-Hafen nur durch Zerstörung des Tafelbergsandsteins hervorgegangene Sandbänke dieses Meeres sind, mufs man eine ganz gewaltige Hebung des Landes annehmen. Aber es war Stapff nicht möglich, Reste von Meerestieren in der Namieb zu finden, und von den einzelnen Muschelschalen, die er auf den Dünen fand, gibt er selbst an, dafs sie durch den Wind hinaufgetrieben sein könnten. Es ist also diese grofse Strandbewegung doch nicht ganz sicher. Dagegen fand Stapff bei der Walfischbai Muschelbänke, Fucusschlick und Walfischknochen 15—20 m über dem Meeresspiegel (60. p. 208) und Pohle (45. p. 228) nördlich von Angra Pequena Walfischgeripps, 20—30 m hoch (1000 m ca. von dem Meer entfernt); es darf also eine, auch durch Funde in Kapland bestätigte, Strandhebung von diesem Betrag als sicher angenommen werden.

Verwitterung.

Infolge der grofsen Trockenheit, welche in dem weitaus gröfsten Teile Deutsch-Südwestafrikas herrscht, ist die Thätigkeit des Wassers eine ziemlich geringe. Es fallen zwar regelmäfsig alle Jahre Regen, aber die Menge des Regenwassers und die Dauer der Regenzeit ist nicht grofs genug, als dafs das Wasser eine bedeutende Rolle bei der Verwitterung und durch Erosion spielen könnte. Dies gilt besonders von den Küstengebieten, aber auch von weiten Landstrichen des Innern, so von der Kalahari und von Nama-Land. Hier ist deshalb auch die Vegetation sehr schwach, und infolge dessen die Wirksamkeit der Kräfte, welche bei der Wüstenbildung besonders thätig sind, nur wenig gehindert. Echte Alluvien sind natürlich wenig verbreitet, sie bilden nur schmale Streifen an gröfseren Flüssen (32. p. 133; 2. p. 190, 283), dagegen häufen sich die Verwitterungsprodukte oft sehr an, da sie durch die Gewässer nicht fortgeschafft werden. Die Hauptrolle bei der Verwitterung spielen wohl die Insolation, die täglichen grofsen Temperaturschwankungen und der Wind (32. p. 132; 54. p. 165; 60. p. 204; 64). So finden wir in den Thälern der Küstenberge die Verwitterungsprodukte der alten Gesteine in riesigen Massen angehäuft, so dafs diese ganz verschüttet sind (51. p. 132; 54. p. 167), die Felsen werden durch den vom Wind fortgetriebenen Sand abgescheuert und geglättet (54. p. 168), ebenso die oberflächlich liegenden Gesteinstrümmer (8. p. 376; 60. p. 204). Die Dünen bei Sandwich-Hafen sind vielleicht auch auf diese Weise entstanden und ebenso der Schutt der Namieb, ohne dafs das Meer dabei thätig war. Dafs die Dünen meist fest liegen und ihre Gestalt bewahren, kann man einfach dadurch erklären, dafs sie um einen Kern alter Gesteine lagern (54. p. 165). Auch in den Tafelgebirgen ist die Wüstenverwitterung sehr thätig (8. p. 374, 376). Doch werden von hier Thatsachen erwähnt, welche als Einwand gegen die Ansicht Walters über die Deflation (64) angesehen werden müssen. Die Hochebene der Tafelgebirge ist nämlich fast durchwegs mit Geröll bestreut (57. p. 25, 51; 8. p. 376), das oft durch das Sandgebläse geglättet ist, in den Thälern aber ist Lehm (30. p. 233; 31. p. 201) oder Sand. Es ist dies einfach dadurch zu erklären, dafs die feineren Verwitterungsprodukte von dem Winde fortgetragen werden, bis sie sich in den tief eingeschnittenen Thälern fangen, während die groben Trümmer liegen bleiben und nur geglättet werden. Durch den Lehm und Sand werden aber die Thäler allmählich ausgefüllt, von einer Thalbildung durch Deflation kann keine Rede sein, es ist eher umgekehrt, der Wind wirkt hier mehr nivellierend. Wir können dies auch bei uns beobachten, wenn Schnee liegt; durch die Thätigkeit des Windes werden die Vertiefungen ausgefüllt, in Strafsengräben und Einschnitten häuft sich der Schnee an, bis diese eingeebnet sind. Nur wenn dem treibenden Winde sich Hindernisse entgegenstellen, häuft er an und bildet so die Dünen, aber nur ausnahmsweise wird er Vertiefungen erzeugen.

Dafs in der Kalahari-Hochebene Wüstenerscheinungen überall zu finden sind, ist selbstverständlich. Weite Strecken sind Dünenwüsten, in Niederungen finden wir auch Lehmwüsten, indem der feine Staub in die flachen Pfannen und Vleys getragen wird, so in der Etoscha-Pfanne. Grofse Strecken sind auch steinig, der Kalahari-Kalk steht zu Tage an, doch ist derselbe meist von Sand bedeckt (16. p. 205; 32. p. 136).

In Herero-Land sind die Verhältnisse wieder anders, gegen die Küste zu tritt allerdings der Wüstencharakter hervor, die Namieb ist eine Steinwüste, und die sich anschliefsenden schluchtenreichen Gebiete am !Kuiseb und Swakop bieten die Erscheinungen einer Felswüste;

im Innern aber werden diese immer mehr abgemildert, der gröfste Teil des Landes ist hier von eisenschüssigen, lehmartigen Böden bedeckt, sogenannten Rot- und Gelberden (32. p. 134), ja es tritt auch echter Laterit auf (38. p. 821; 57. p. 429), also tropische Verwitterungsprodukte, obwohl hier keineswegs tropisches Klima herrscht.

Nutzbare Mineralien.

Vielfach sind in unserem Gebiete nutzbare Mineralien gefunden worden; leider fanden aber nur einige Vorkommnisse eine wissenschaftliche Bearbeitung. Die Besprechung der Verhältnisse im einzelnen würde uns zu weit führen; wir müssen hier auf die betreffenden Arbeiten verweisen (4; 9. p. 466; 11; 12; 14; 25; 26; 27; 29; 34; 45; 48; 60; 61) und können hier nur die Art des Auftretens von nutzbaren Mineralien ganz im allgemeinen erörtern.

Soweit bis jetzt bekannt ist, kommen die technisch verwertbaren Mineralien fast ausschliefslich in den Gesteinen der Primärformation vor, in den Tafelbergschichten sind solche überhaupt noch nicht gefunden worden. Das häufigste Mineral ist Kupfer, das im ganzen Gebiet vorzukommen scheint und an verschiedenen Punkten schon ausgebeutet worden ist. Die Kupfererze, meist Schwefelverbindungen, die nur gegen die Oberfläche zu oxydiert sind, scheinen meistens in den Gneisen und krystallinischen Schiefern in Lagergängen aufzutreten, deren Hauptgestein Quarz ist (34; 14. p. 531).

Die wichtigsten Kupferminen, die schon in der Mitte dieses Jahrhunderts in Betrieb genommen aber alle wieder aufgegeben wurden, da sie unter den schwierigen Verhältnissen nicht rentierten, liegen bei Angra Pequena und im Hinterland der Walfisch-Bai. So wurde bei ╪Kûyas eine Mine auf Buntkupfererz betrieben (4. p. 54) und im Herero-Lande die Hope-Mine (4. p. 54; 29; 60), die Matchless-Mine (9. p. 466; 34), die Ebony-Mine (4. p. 54) und Pot-Mine (25 p. 570). Ein ganz eigentümliches Mineralvorkommen scheint bei Otavi im Norden von Herero-Land zu sein, wo die Eingebornen in früherer Zeit Kupfer gewannen und wo jetzt auf Kupfer- und Bleierze geschürft wird. Dort scheinen nämlich nach den allerdings dürftigen Angaben, die darüber vorliegen (11. p. 29), die Erze in dem Kalkstein, der die Berge überdeckt und hier merkwürdigerweise krystallinisch ist, also in dem jungen Kalahari-Kalk vorzukommen. Wahrscheinlich stammen sie aus den alten Gesteinen, welche unter dem Kalk anstehen.

Dafs in den Gneisen und krystallinischen Schiefern Eisenerze vorkommen, ist eigentlich selbstverständlich; ob aber dieselben in abbauwürdiger Menge irgendwo auftreten, ist nicht bekannt. Bei

Angra Pequena wird allerdings Magneteisen und Eisenglanz, in ziemlicher Masse auftretend, erwähnt (45. p. 228), doch hat dies Vorkommen kaum eine praktische Bedeutung, besonders da Kohlen nirgends in unserem Gebiete gefunden worden sind.

Bleiglanz ist bei Angra-Pequena gefunden worden (45. p. 228), er kommt auch in dem Kalk von Otavi vor (11. p. 29); in größerer Menge ist er nebst Kupfer- und Eisenerzen in den krystallinischen Schiefern südöstlich von Windhoek aufgefunden worden (11. p. 22; 12. p. 115).

Daß auf den kleinen Inseln an der Küste Deutsch-Südwestafrikas vielfach ziemlich mächtige Guanolager gefunden worden sind, ist schon auf Seite 116 erwähnt, neuerdings ist ein solches auch auf dem Festland, an der Küste von Kaoko-Land entdeckt worden (Reichstagsverh. vom 17. III. 1896).

Graphit ist bisher nur bei |Garubeb am |Kān-Fluſs in etwas beträchtlicher Menge entdeckt worden, doch scheint auch hier eine Ausbeutung nicht zu lohnen (4. p. 25). Gold ist besonders in Herero-Land häufig vorhanden; es tritt meistens in Verbindung mit Kupfererzen auf, so bei Ussab, Pot-Mine, !Usalkos und im Khuos-Gebirge, kommt aber auch in Quarzgängen mit Wismut zusammen vor, so bei Ussis; nirgends aber ist hier seine Menge beträchtlich genug, um eine Anlage von Minen lohnend erscheinen zu lassen. Auf Schwemmgold ist leider kaum zu hoffen, da größere Alluvionen fast nirgends vorkommen. Dagegen sind wir bei dem jetzigen Stand unserer Kenntnisse absolut nicht berechtigt, die Hoffnung aufzugeben, dieses oder andere wertvolle Minerale in größerer Menge und abbauwürdigem Zustand zu finden; vielmehr berechtigt die große Ähnlichkeit der geologischen Verhältnisse unseres Gebietes mit den benachbarten zu der Annahme, daß auch in Deutsch-Südwestafrika wie in Kapland und Transvaal dem Betrieb von Bergwerken eine grosse Zukunft bevorsteht.

Verzeichnis der Gesteine von Deutsch-Südwestafrika.

Küste nördlich der Swakop-Mündung.

Sandstein, rot, Kap Crofs	2. p. 298
Granitblöcke, Fort Rock Point	2. p. 305
Sanddünen, und Sandstein, südlich des Kunene	5. p. 283
Sandhügel, weifs, und Salz, Kap Frio	5. p. 283
Sand, weifs, und Sandstein, rot, Kap Crofs	5. p. 283
Vulkanisches (?) Gestein, Farilhao-Spitze	5. p. 283
Dünen, südlich des Omaruru-Deltas	19. p. 300
Basalt, Quarz, rötlich, Granit, Konglomerat, zwischen der Swakop-Mündung und Kap Crofs	19. p. 300
Granitblöcke, Ostspitze der Wüste-Bucht	19. p. 300
Granit und Sandstein, 3 Meilen landeinwärts am Kunene . . .	40. p. 265

Unterer !Kuiseb bis Hope-Mine.

Alluvium, fein, unterer !Kuiseb ·	9. p. 371
Kalk, krystallinisch, zwischen Rooi-Bank und Walfischbai . . .	26. p. 107
Granit, bei ∓Ni∓guib	26. p. 112
Pegmatit, bei ∓Ni∓guib, Nadab und Umib	26. p. 112, 113
Gneis, grobflaserig, herrscht bis ∓Ni∓guib am unteren Kuiseb .	27. p. 204
Gneis, dünnflaserig, mit Einlagerungen von Glimmer-Chlorit- und Grünschiefern, herrscht oberhalb ∓Ni∓guib	27. p. 204
Basalt im Gneis, unterer !Kuiseb	27. p. 204
Geröllbank zwischen Zoutrivier und Umib	27. p. 204
Gneisgranit, Zweiglimmergneis, Biotitglimmerschiefer, kryst. Kalkschiefer, Quarzitschiefer, Greisen, phyllitischer Biotitquarzitglimmerschiefer, Augengneis, Glimmerschiefer mit Hornblende-Chlorit- und Epidot-Schiefer herrschen am Nordufer des !Kuiseb bis Hope-Mine [1])	60. p. 205, 206
Granit, Porphyr, Diabas, Intrusionen am unteren !Kuiseb . . .	60. p. 205

Namieb und unterer Swakop bis Tinkas.

Granit-Schlucht bei ‖Husab	1. p. 34
Sandstein, quarzitisch, Dupas-Flufs, Hügel	3. p. 23
Sandsteinblöcke, Roodeberg bei Tinkas	3. p. 26, 28
Granitberge bei Roodeberg	3. p. 33
Granit-Hügel in der Namieb und bei ‖Goani∓kamtes	9. p. 344, 385
Gneis und kryst. Schiefer mit Basalt und Quarzgängen, Oesip-(?) Flufs	9. p. 373
Granit, kryst. Schiefer und Schieferthon, Ufer des Swakop . . .	9. II. p. 466
Hornblende-Granit, !Hai‖gamkhab	9. II. p 466
Granit, Thonschiefer, Basaltgänge, Oesip-Schlucht und Ebene . .	9. II. p. 466
Thonschiefer, Quarzgänge, Granit, Kalktuff, Tinkas	9. II. p. 466
Biotitgneis, F. O., bei Ussab-Mine herrschend	25. p. 570
Granatfels und kryst. Kalk, im Gneis bei Ussab-Mine . . .	25. p. 570
Gneis, quarzreich, ‖Husab	26. p. 104, 106
Gneis, grün, !Hai‖gamkhab	26. p. 105
Gneis, Kalikontes	26. p. 106

---

1) Es ist nicht möglich, die grofse Zahl von Gesteinen, welche Stapff von hier anführt, alle aufzuzählen, für uns genügt die Nennung der wichtigsten, da wir auf Detailschilderung nicht eingehen können.

Chlorit-Talk-Glimmerschiefer, Weg von Chaibis nach !Goagas . . .	58. p. 179
Granitblöcke, bei Hoornkrans und ||Kamasis	67. p. 21
Lehm, rot, mit Nestern von Granitsand, Quarz und grünem Schiefer, Hochebene südlich der Hakos-Berge	67. p. 21

Gebiet von Rehobot.

Kalkstein, heifse Quelle von Rehobot	1. p. 293
Granit, bei Rehobot	1. p. 362
Kalkstein, Rehobot	10. p. 407
Kalkstein, Rehobot	24. p. 117
Quarzmassen, bei ||Gurumanas und Duru|ous	26. p. 105
Kalk, dolomitisch, mit Quarz, bei Uës und |Aub nördlich von Rehobot	26. p. 107
Porphyrtuff, Spitzkopje bei Rehobot	26. p. 109
Schiefer, quarzig, Kurub-Berg bei Rehobot	26. p. 111
Gneise, dünnflaserig, herrschen bei Rehobot	27. p. 204
Porphyr, rot, horizontale Decke, Spitzkopje bei Rehobot	27. p. 204
Diabas, bei Rehobot	27. p. 204
Flugsanddünen, Hochfläche bei Rehobot	27. p. 41, 204
Kieseltuff und Konglomerat mit Opal, heifse Quellen von Rehobot	27. p. 83
Quarz, zackige Berge bei Rehobot	57. p. 429

Gebiet zwischen Tinkas und Otyimbinguë.

Kalkstein weich, oberflächlich vor ≠O!nanis	3. p. 30
Granit, vor Choobie (-Tsaobis) und bei Otyimbingue	3. p. 31, 32
Granit, zwischen Tinkas und Kurrikop	3. p. 39
Granit, Tsaobis-Mündung bis ≠O!nanis	9. p. 343
Granit und Gneis, Darikip	9. p. 376
Granitberge, südlich von Wilsons-Fontein und bei Tsaobis . . .	9. p. 380, 9 II. p. 317
Granit, vor Otyimbingue	9. p. 381
Kryst. Schiefer und Granitblöcke, Otyimbingue bis Tsaobis . . .	9. II. p. 317
Granit, Tuff und Quarz, ≠O!nanis-Ebene und Quelle	9. II. p. 466
Granit- und Quarzgänge, Wittwater-Berge und Ebene	9. II. p. 466
Granit, Quarz und Basaltgänge, Tsaobis (Chobis)	9. II. p. 466
Granit, Quarz und Basaltgänge, Otyimbingue	9. II. p. 466
Hornblende-Gneis, mit Granat- und Epidotfels, Pot-Mine	25. p. 570, 26. p. 106, 110
Granatgestein, 1 km nördlich von Pot-Mine	26. p. 106, 109
Amphibolith, 3 km südöstlich von Pot-Mine	26. p. 108, 111
Pegmatit, Pot-Mine	26. p. 110
Krystall. Kalk, rechte Uferfelsen bei Salem	26. p. 104
Granit, Tsaobis und Salem	26. p. 108, 115
Pegmatit, Modderfontein, Salem, Tsaobis und Schanzenberg bei Otyimbingue	26. p.110,112,115
Granit, herrscht von ≠O!nanis und Tsaobis bis Ussis	27. p. 204
Salemgranit, Salem bis |Horebis und Kamkoichas	27. p. 204
Gneis und Lagergranit, oft mit Kalkkrusten überzogene Hügel, bei Otyimbingue	38. p. 821
Granitberge gegenüber Otyimbingue	57. p. 134
Granithügel, nördlich von Dixons-Werft bei Salem	58. p. 84
Granit, rot, Thalwände von Salem bis Diepdal	58. p. 96

Gebiet zwischen Otyimbingue und Otyosasu.

Granit, heifse Quelle von Buxton-Fontein	1. p. 97
Glimmerschiefer, heifse Quelle von Otyikango (= Gr.-Barmen) .	3. p. 52
Schiefer, dunkelblau mit Glimmer, Flufs bei Barmen	3. p. 53
Kryst Schiefer und schieferiger, glimmerreicher Sandstein, herrscht bei Grofs-Barmen (Otyikango)	9. p. 334
Granitblöcke, Quarz und Kalk, Otyikango-katiti	9. p. 335
Gneis, Berge bei Otyikango	9. p. 401
Kalk, Quarz, Hornblende-Granit, Dabbie-Choap (= Davidsaub?) .	9. II. p. 466
Thonschiefer, Gneis, Quarzgänge und Kalkstein, Mündung des !Kaan-Flusses	9. II. p. 466
Thonschiefer, Gneis, Basaltgänge, Rim-Hoogte (?)	9. II. p. 466
Laterit, stellenweise bei Kamuyeu, Osona und Okahandya . . .	38. p. 821
Gneis, glimmerreich, und Granit, heifse Quelle von Otyikango-okatiti (= Klein-Barmen)	57. p. 132
Granit-Berge nördlich des Swakop	57. p. 132
Gneis und Granit, Otyihivero-Berge	57. p. 429
Fibrolith-Gneis, 16 km östlich von Otyimbingue	65. p. 205
Glimmerschiefer, Neu-Barmen (= Klein-Barmen?)	65. p 208
Glimmerschiefer mit Staurolith, zwischen Okahandya und Otyosasu	65. p. 209
Amphibolith, 3 km östlich von Otyimbingue	65. p. 211

Gebiet von Windhoek.

Kalkstein, heifse Quelle Eikhams (= Windhoek)	1. p. 234
Kryst. Schiefer, glimmerreich, Tbal von Windhoek	3. p. 64
Quarz, Granit, Schiefer und Sandstein, zwischen ǂNosob und Windhoek	9. p. 333
Glimmerschiefer und Talk, Berge zwischen ǂNosob und Windhoek	9. p. 333
Hornblendegestein, Sandstein gelb, Quarzit, Augitschiefer und Kalkstein, wechsellagernd, Str. WSW.—ONO., F. 90°, 25 km südöstlich von Windhoek	11. p. 22
Feuerstein und Niederschlag, eisenschüssig, braun, heifse Quellen in Windhoek	20. p. 318
Granit, Quarz und Schiefer, roter Lehm (Laterit?), Hochebene Windhoek-Ongeama	22. p. 352
Kalkstein, bei Grofs-Windhoek	22. p. 352
Granit, Auas-Berge	22. p. 353
Kalk und Sandstein, herrschen in den Auas-Bergen	43. p. 112
Kalkrücken, Windhoek	43. p. 112
Gneis und Granit, Auas-Massiv	57. p. 429
Laterit, Südhang der Auas-Berge	57. p. 429
Gneis, schieferig, Rücken am Weg nördlich von Windhoek . .	66 p. 127
Gneis, schieferig, Quarz und Granitgeröll, Weg bei Sperlingslust (bei Windhoek)	66. p. 131
Therme an der Ziegelei, Grofs-Windhoek, 0,604°/oo Cl, 0,995°/oo NaCl, 1,312°/oo SO_4H_2, 0,500°/oo Ca	67. p. 43
Therme an Schmerenbecks Haus, Grofs-Windhoeck, 0,604°/oo Cl, 0,995°/oo NaCl, 1,167°/oo H_2, 0,550°/oo Ca, 0,076°/oo SH_2 . .	67. p. 43
Therme an der Mission, Klein-Windhoeck, 0,142°/oo Cl, 0,234°/oo NaCl, 0,418°/oo SO_4H_2, 0,770°/oo Ca, 0,124°/oo SH_2	67. p. 43

Kaoko-Land.

Dunkles Urgestein mit Quarz und Granitgängen, am Omaruru- (= ≠Eisib)-Fluſs	2. p. 15
Kalkstein, Tafelland, nördlich von Omaruru	2. p. 23, 24
Granit, Okonyenye-Berg	2. p. 24
Kalksteinstücke, Weg zur Okahongottie-Quelle	2. p. 29
Kalksteingebirge, zackig, nördlich des Okonyenye	2. p. 30
Sand und Kalkstein, Quellen von Otyitambi	2. p. 32
Granitblöcke, bei Otyitambi	2. p. 32
Kalk, Gebirge bei Okawa	2. p. 38
Granit, Erongo, Dunsia und Otyonkoama-Gebirge	2. p. 67
Kalk, Südfuſs des Erongo, nördlich des ǀKân	24. p. 101
Kryst. Kalk, Zomzaub am ≠Eisib bei Okambahe	26. p. 104, 110
Pegmatit in kryst. Kalk, Zomzaub bei Okambahe . . . . • .	26. p. 110
Epidot-Gneis, bei Erongo, Bockberg-Abhang	. 26. p. 106
Quarzgänge in Granit, Okambahe	26. p. 107, 108
Pegmatit in Gneis, Okambahe	26. p. 107, 110
Skapolithgestein, rechtes Ufer des ǀKân bei Zaridib	26. p. 113
Pegmatit, Mine bei Aubinhonis am ≠Eisib	26. p. 113, 115
Pegmatit, bei Sorissoris am ǃU≠gab	26. p. 115
Melaphyr, Tsawisis	26. p. 116
Granit, Sockel des Bockberges	27. p. 43, 204
Granit, herrscht am ≠Eisib (= Omaruru)	27. p. 45
Granit, Rücken des Brandberges	27. p. 46, 204
Kalktuff, Quellen von Franzfontein	27. p. 80
Kryst. Kalk, Höhenzug bei Franzfontein	27. p. 80
Granit, zerklüftet, bei ǀAmeib am Bockberg	27. p. 204
Kalk, mit organischer Struktur, Höhen bei Franzfontein und Orubob, nordöstlich davon . . . . • .	27. p. 204
Konglomerat, arkoseartig, am Fuſs des Bockberges . . . . . •	27. p. 204
Thonstein, hart, dicht, dunkel oder bunt, dünn geschichtet, horizontal am Brandberg	27. p. 204
Melaphyr-Mandelstein, Tsawisis	27. p. 204
Granit, Oruwe-Berg bei Omaruru	57. p. 138
Granit, Otyiua, nördlich von Omaruru	57. p. 204
Kalk, Quelle von Osongombo	57. p. 205
Granit, Fluſsbett bei Outyo	57. p. 208
Kalkbecken, Otyomungundi, nördlich von Outyo	57. p. 208
Quarzit, fleischrot, Bergrücken zwischen Otyomungundi und Ombika	57. p. 211
Kalksteinbecken und Sand, Okaukweyo bei Ombika	57. p. 212, 213
Gneis und Granit, Erongo-Gebirge	57. p. 429
Serpentin, Ophiocalcit, Südseite des Brandberges	63. p. 91
Kalk, Nordufer des ǃU≠gab am Brandberg	63. p. 91
Sandstein, Quelle von Osongombo	66. p. 269
Kalk, Boden, bei Pella-Fontein und Outyo	66. p. 269, 270

Gebiet zwischen Omuramba ua Matako und Etoscha-Pfanne.

Kalkstein, Quellen am Okamabuti, Otyikango und Otyikoto . . .	1. p. 168, 181
Granit, Omatako-Berg	2. p. 67

Sandstein, Tafelberge, Etyo, Konyati, Ombororoko und Omuveroome (= Waterberg)	2. p. 67
Kalkstein, vom Omambonde nach Osten	2. p. 67
Kalkstein, Quellen von Otyiheinene und Okamabuti	2. p. 134, 148
Kalktuff, zwischen dem Omambonde und Omuramba	2. p. 150
Sandstein, Schiefer, Granit, meist von Kalk bedeckt, Otavi-Berge	11. p. 29
Kryst. Kalk, hart, Hügel von Otavi	11. p. 30
Kalkstein, Quellen von Otyikongo, Oruyo und Otyikoto	24. p. 199, 200
Sandstein, rötlich, quarzitisch, Tafelberge von Waterberg . . .	32 p. 131, 135
Kalktuff, weifslich, fest, Otavi-Berge herrschend	32. p. 131
Konglomerat, thonig, quarzitisch, hart und Granit, lokal Otavi .	32. p. 131
Granit und kryst. Gestein, Paresis, Omatako und Ombotosu-Berg	32. p. 135
Kalktuff, östlich von Grootfontein (Otyomokoyo) und bei Otyikoto	{32. p. 138, 39. p. 261
Granit, Unterlage der Waterberg-Tafelberge	42. p. 308
Sandstein, rot, und Kalk, oben auf dem Waterberg	42. p. 308, 309
Kalktuff-Becken, Amutoni	57. p. 338
Kalk, Okamambuti, Hügel von Upingtonia	57. p. 344, 349
Sandstein, rötlich, nördlich des Omuramba-ua-Matako	57. p. 417
Kalk, Hügel bei Grootfontein	57. p. 419
Gneis und Granit, Gebirge von Omatako	57. p. 429
Laterit, westlich und östlich von Otyosondyupa	57. p. 429
Sandstein, Terrasse von Outjo nach NO. bis gegen Otavi hinziehend	66. Karte

Gebiet östlich von Windhoek.

Sandstein am Otyombinde, östlich von Rietfontein	3. p. 119
Quarz, Kalk und Sandstein am Otyombinde	3. p. 122
Sandstein, Wahlbergs-Quelle	3. p. 128
Kalkschichten, Fort Funk	3. p. 131
Quarz, weifs, westlich von Rietfontein	9. p. 322
Quarz, Hornblende, kryst. Schiefer, Puddingstein, Konglomerate, Hügel am ⧺Nosob bei Witvley	9. p. 332
Kalk, Ebenen am ⧺Nosob bei Witvley	9. p. 332
Kalkkrusten, östlich von Rietfontein	9. p. 445
Konglomerate mit Brauneisenstein, westlich von Rietfontein . .	15. p. 39
Kalkstein-Pfanne, ⧺Kowas-Quelle	17. p. 98
Sanddünen, Ebene am ⧺Koaeib und ⧺Nosob	18. p. 290
Granit, bei Rietfontein	57. p. 400
Felsitporphyr, Höhen bei Olifantskloof	57. p. 403
Kalk, weifs, Rietfontein bis Tsoan	57. p. 429
Granit, feinkörnig, rötlich, im Brunnen von ∣Noikhas	57. p. 429

Ambo-Land und Kalahari, südlich des Okavango.

Thon, grünlichgelb mit Stücken roten Sandsteins, Etoscha-Pfanne	1. p. 187
Kalktuff, eisenschüssig, mit Sand und Thon bedeckt, am Okavango bei Chikongo's	2. p. 190
Sand, weifs und rötlich, Debra	16. p. 205
Kalkstein, zwischen Debra und Grootfontein häufig	16. p. 205
Kalkstein, bei Sodanna und Kalkfontein	16. p. 205
Quarz, rötlich, Omuramba- und Okavango-Thal	16. p. 205

Litteratur-Verzeichnis zu Deutsch-Südwestafrika.

Die für die Kenntnis der Geologie des ganzen Gebietes oder gröfserer Teile desselben besonders wichtigen Quellen sind mit fetten Kursivlettern, solche mit wichtigen Einzelangaben mit gewöhnlichen Kursivlettern gedruckt, petrographische und mineralogische Arbeiten sind mit einem * ausgezeichnet.

1. Ch. J. Anderson: Lake Ngami, London 1856.
2. *Ch. J. Anderson ·* The Okavango River, London 1861.
3. Th. Baines: Explorations in South West Africa, London 1864.
4. W. Belck: Die koloniale Entwicklung Südwestafrikas (D. Kol.-Zeit. 1886, p. 54).
5. Dr. H. Bokemeyer: Beschreibung der Küste zwischen Mossamedes und Port Nolloth (D. Kol.-Zeit. 1890, p. 283).
6. Dr. O. Böttger: Beiträge zur Herpetologie und Malakozoologie Südwestafrikas (Ber. über d. Seckenbergische naturf. Ges, Frankfurt 1886, p. 3).
7. Dr. B. Bradshaw: Notes on the Chobe River, South Central Africa (Proc. r. geogr. soc. London 1881, p. 200).
8. Dr. C. G. Büttner: Erinnerungen an meine Reise in Südwestafrika von Berseba nach Okahandja (mit geol. Karte) (Verh. d. Ges. f. Erdkunde, Berlin 1890, p. 371).
9. *J. Chapman:* Travels in the Interior of South Africa, 2 vol., London 1868.
10. J. Conradt: Das Hinterland von Angra-Pequena und Walfisch-Bai (D. Kol.-Zeit. 1887, p. 407).
11. *Denkschrift,* betreffend das südwestafrikanische Schutzgebiet 1893 (Beilage zum D. Kol.-Bl. 1893).
12. *Denkschrift,* betreffend das südwestafrikanische Schutzgebiet 1894 (Beilage zum D. Kol.-Bl. 1894).
13. *Dr. K. Dove:* Beiträge zur Geographie von Südwestafrika (Peterm. Mitt. 1894, p. 60).
14. *A. v. Elterlein: Zur Frage des Vorkommens von Lagerstätten nutzbarer Mineralien in Deutsch-Südwestafrika (Ausland 1893, p. 481).
15. *Dr. Fleck:* Bericht über seine Reise durch die Kalahari zum Ngami-See (Mitt. aus d. D. Schutzgeb. 1893, p. 25).
16. *C. v. François:* Bericht über seine Reise nach dem Okavango-Flufs (Mitt. aus dem D. Schutzgeb. 1891, p. 205).
17. C. v. François: Bericht über eine Reise zwischen Windhoek und Gobabis (Mitt. aus d. D. Schutzgeb. 1892, p. 97).

18. C. v. François: Bericht über eine Bereisung der Kalahari (ibid. 1893, p. 290).

19. C. v. François: Das Küstengebiet zwischen Tsoakhaub-Mündung und Kap Crofs (ibid. 1893, p. 299).

20. C. v. François: Reisebericht (D. Kol.-Blatt 1891, p. 317).

21. C. v. François: Bericht über eine Reise in den südlichen Teil des südwest-afrikanischen Schutzgebietes (D. Kol.-Blatt 1892, p. 210).

22. v. François: Die Landschaft um Windhoek (ibid. 1891, p. 352).

23. Dr. K. Futterer: Afrika in seiner Bedeutung für die Goldproduktion, Berlin 1895.

24. Fr. Galton: A narrative of an explorer in tropical South Africa, London 1853.

25. *Dr. G. Gürich: Die wissenschaftliche Bestimmung der Goldfundstellen in Deutsch-Südwestafrika (Zeitschr. d. D. geol. Ges. 1889, p 569).

26. *Dr. G. Gürich: Geologisch-mineralogische Mitteilungen aus Südwestafrika (Neues Jahrb. f. Min. 1890, I. p. 103)

27. Dr. G. Gürich: Deutsch-Südwestafrika, Reisebilder aus den Jahren 1888/89 (Mitt. d. geogr. Ges. in Hamburg 1891/92, H. 1).

28. C. H. Hahn: Angra-Pequena vor 25 Jahren (Mitt. d. geogr. Ges. zu Jena III. 1885, p. 259).

29. *Hauchecorne: Kupfererze von Hope-Mine östlich von Walfisch-Bai (Zeitschr. d. D. geol. Ges. 1884 p. 668).

30. Hermann: Ein Ritt durch das südwestafrikanische Schutzgebiet (D. Kol.-Zeit. 1888, p. 233).

31. Hermann: Aus Südwestafrika (mit Profil) (ibid. 1889, p. 201).

32. Dr. Hindorf: Die Bodenverhältnisse von Deutsch-Südwestafrika (Denkschrift betr. das südwestafr. Schutzgebiet, 1894 p. 130).

33. *Hintze: Über Topase aus Südwestafrika (Zeitschr. f. Kryst. etc. 1889, IV. p. 505).

34. *A. Knop: Über die Kupfererzlagerstätten von Klein-Namaland und Damara-Land (Neues Jahrb. f. Min. 1861 p. 513).

35. O. Lenz: Geologische Mitteilungen aus Westafrika (Verb. d. k. k. geol. R.-A. 1878, p. 148).

36. D. Livingstone: Missionary travels and researches in South Africa, London 1857.

37 Dr. P. Lösche: Südafrikanische Laterite (Ausland 1885, p. 501).

38. Dr. P. Lösche: Zur Kenntnis des Herero-Landes (Ausland 1886, p. 821).

39. Dr. P. Lösche: Zur Bewirtschaftung Südwestafrikas (D. Kol.-Zeit. 1888, p 252).

40. Nogueira: Les explorations de Cunene (Bull. de la soc. de géogr., Paris 1880, p. 259).

41. K. Nolte: Zur Wasserfrage in Südwestafrika (D. Kol.-Zeit. 1888, p. 37).

42. A. Petermann: Herero-Land und Leute (Peterm. Mitt. 1878, p. 306).

43. Graf Pfeil: Studien in Südwestafrika (D. Kol.-Zeit. 1893, p. 95).

44. Graf Pfeil: Skizze von Südwestafrika (Peterm. Mitt. 1894, p. 1).

45. H. Pohle: Bericht über die von Herrn Lüderitz ausgerüstete Expedition nach Südwestafrika, 1884—85 (Peterm. Mitt. 1886, p. 225).

46. Dr. H. Reiter: Die Kalahara (Zeitschr. f. wissensch. Geogr. 1885, p 103).

47. *R. Scheibe: Turmalin in Kupfererz aus Lüderitz-Land (Zeitschr. d D. geolog. Ges. 1888, p. 200).

48. *R. Scheibe: Über Gold führendes Gestein von Otyimbingue (ibid. 1888, p. 611).

49. Dr. A. Schenk: Über die geologischen Verhältnisse von Angra-Pequena (mit Profil) (Zeitschr. d. D. geol. Ges. 1885, p. 534)

50. Dr. A. Schenk: Zur Geologie von Angra-Pequena und Grofs-Namaland (mit Profil) (Zeitschr. d. D. geol. Ges. 1886, p. 236).

51. Dr. A. Schenk: Das Gebiet zwischen Angra-Pequena und Bethanien (Peterm. Mitt. 1885, p. 132).

52. Dr. A. Schenk: Über die geologische Konstitution des Hinterlandes von Angra-Pequena (mit Profil) Sitz.-Ber. d. niederrh. Ges. in Bonn 1885, p. 136).

53. Dr. A. Schenk: Das deutsche südwestafrikanische Schutzgebiet (Verh. d. Ges. f. Erdk., Berlin 1889, p. 141).

54. *Dr. A. Schenk:* Gebirgsbau und Bodengestaltung von Deutsch-Südwestafrika (Verh. d. 10. D. Geographentages; Berlin 1893, p. 155).

55. Dr. A. Schenk: Über die geologischen Verhältnisse Südafrikas (Sitz.-Ber. d. niederrh. Ges. in Bonn 1887, p. 107).

56. *Dr. A. Schenk:* Die geologische Entwicklung Südafrikas (mit Karte) (Peterm. Mitt. 1888, p. 225).

57. *Dr. O. Schinz:* Deutsch-Südwestafrika, Oldenburg 1891.

58. Dr. B Schwarz: Im deutschen Goldlande, Berlin 1889.

59. Dr. F. M. Stapff: Das untere !Kuiseb-Thal und sein Strandgebiet (Verh. d. Ges. f. Erdk., Berlin 1887, No. 1).

60. *Dr. F. M. Stapff:* Karte des unteren !Kuiseb-Thales (mit Karte) (Peterm. Mitt. 1887, p. 202).

61 *Dr. F. M. Stapff: Südwestafrikanisches Gold (D. Kol.-Zeit. 1888, p. 77).

62. *Dr. F. M. Stapff: Asterismus an Beryll aus Deutsch-Südwestafrika (D Kol.-Blatt 1893, p. 294).

63. v. Steinäcker: Aus dem südwestafrikanischen Schutzgebiet (Peterm. Mitt. 1889, p. 89).

64. J. Walter: Die Denudation der Wüste und ihre geologische Bedeutung, Leipzig 1891.

65. *H. Wulf:* Beitrag zur Petrographie des Herero-Landes (Tschermak, min. und petrogr. Mitt. 1887, VIII, p. 194).

66. F. J. v. Bülow: Deutsch-Südwestafrika, drei Jahre im Lande Hendrik Wittboois, Berlin 1896.

67. *H. v. François:* Nama und Damara, Magdeburg 1895.

Kamerun.

Die Kolonie Kamerun, im tiefsten Winkel der Biafra-Bucht gelegen, besitzt im ganzen und grofsen den für Zentralafrika typischen
Aufbau, es lassen sich ein niederes Vorland, Randgebirge und ein
Hochland unterscheiden. Jedoch zeigt im Innern des Schutzgebietes
das Benuë-Gebiet erhebliche Verschiedenheiten von dem sonstigen Bau
Zentralafrikas, und ganz im Norden fällt auch ein Teil der Flachbeckensenke des Tsad-Sees in unser Schutzgebiet. An der Küste ist
fast überall ein niederes, flaches Schwemmland, nur im Süden bei
Grofs-Batanga tritt die erste Vorlandterrasse bis an das Meer heran,
und im Norden des Gebietes erhebt sich direkt am Meer das völlig
isoliert stehende Kamerun-Gebirge. Das Vorland steigt im Süden
in deutlichen Terrassen an, nördlich des Kamerun-Berges scheint es
aus niederen Höhen und einzelnen Berggruppen zu bestehen, ohne
dafs sich hier Terrassenstufen unterscheiden liefsen. Weiter im Innern
befinden sich die Randgebirge, die hier nicht besonders hoch sind und
anscheinend ziemlich allmählich in die Hochländer des Innern übergehen. Diese besitzen grofsenteils nicht den Charakter von Hochebenen,
sondern sind, besonders im südlichen Benuë-Gebiet, vielfach von hohen
Gebirgen durchzogen, welche die höchsten Erhebungen der Randgebirge zum Teil bedeutend überragen. Diese letzteren kann man
deshalb wohl nur als den durch die Erosion gebirgsartig gestalteten
Rand der Hochländer ansehen.

Uber die geologischen Verhältnisse des Landes sind wir leider
noch ziemlich wenig unterrichtet; hauptsächlich, weil die dichte Vegetation des Küstengebietes, der Mangel an weithin schiffbaren Strömen
und kriegerische Stämme die Erforschung des Gebietes sehr erschweren.
Doch besitzen wir wenigstens über die wichtigsten Verhältnisse des
Vorlandes durch Weifsenborn (29), Knochenhauer (13) und Dusén (10)

zuverlässige Berichte, während wir über das Innere nur von den
Gebieten am Benuë zahlreiche brauchbare Angaben besitzen, die wir
hauptsächlich Dr. Passarge (19; 20) verdanken. Der Kamerun-Vulkan
selbst ist leider, obwohl direkt an der Küste gelegen und unschwer
zugänglich, noch nicht systematisch untersucht, und auch die Randgebirge sind so gut wie unbekannt. Eingehende Untersuchungen in
einem kleinen Gebiet sind überhaupt in Kamerun noch nicht vorgenommen worden, und leider ist auch die Zahl petrographisch unter-
suchter Gesteine sehr gering, während genau bestimmte Fossilien
überhaupt noch nicht vorliegen. Übrigens scheint das Gebiet zum
gröfsten Teil aus Gneisen und Graniten zu bestehen, die nur im
nördlichen Vorland und im Innern im Benuë-Gebiet von Sedimentgesteinen überlagert werden. Aufserdem kommen noch jungvulkanische
Gesteine, besonders Basalt, in grofser Masse und Ausdehnung vor,
und an der Küste, sowie im Tsad-Schari-Becken, sind Alluvien
weit verbreitet.

Die Küste.

Die Küste von Kamerun ist zum gröfsten Teil flach und von
Sand oder von schlammigen und thonig-sandigen Alluvien gebildet
(10. p. 31; 13. p. 88; 29. p. 52). Nur bei Grofs-Batanga von Londje
bis Kribi treten die archäischen Gesteine des Vorlandes (13. p. 96;
14. p. 289; 29. p. 52; 34. III. p. 50) und am Kamerun-Berg dessen
Basalte und Tuffe direkt an das Meer. Die Schwemmbildungen der
Flüsse sind am ausgedehntesten zwischen dem Sannaga-Flufs und
dem Kamerun-Berg einerseits und westlich des letzteren im Rio del
Rey-Gebiet andererseits. Sie sind fast ausschliefslich dicht mit Mangroven bewachsen, die bis nahe an die Brandungsgrenze, wo der
Strand meist sandig ist (13. p. 88), und nach innen zu bis an das
Laterit-Gebiet reichen. Zahlreiche Kanäle, »Krieks«, durchziehen das
sumpfige Mangrove-Gebiet in allen Richtungen; die meisten sind nur
zur Flutzeit befahrbar, die kleineren oft durch die Luftwurzeln der
Mangroven unzugänglich gemacht. Das ganze Gebiet liegt teils etwas
unter, teils wenig über dem Meeresniveau und wird daher zur Flutzeit grofsenteils überschwemmt. Die Alluvien sind meist dunkle, lockere
Thone, reich an Organismenresten und kleinen Glimmerblättchen, nur
hie und da tritt der sie unterlagernde Sand zu Tage, der weiter
flufsaufwärts vorherrscht (10. p. 32). Da die Krieks oft sehr schmal
und lang und vielfach gewunden sind, ist es schwer zu erklären, wo-
durch sie offen gehalten werden, denn nur in einige münden
Flüsse. Wahrscheinlich verhindert die Flut ein Zuwachsen und Ver-
stopfen dieser Kanäle. Die Entstehung derselben ist noch nicht ganz

Geologische – Übersichtskarte
von
KAMERUN
Maßstab 1:4000 000

| 0 | 50 | 100 | 150 | 200 |

Kilometer

Alluvien.

Kreide ?

Benuē Sandstein.

Primär Formation.

Eruptiv Granit.

Porphyrgänge etc.

Basalt etc.

Basaltdecken.

Die roten Linien sind Verwerfungs oder Vulkan Linien.

Benuē

M T

R I

Pro Matshuba

Gambru

Mala

Tshebri

Benuē

Ibi

Terabbu

Takum

Gashaka
360

Baium

1020
Banyo

Baliburg
3410

Cross

Mbam

Rumpi Bge.
1500

Kupe Bg.

Fan

Mundame

Balung

Njitta

Kitta

Buea

Kamerun Bge.
Gr. 3960
Kamerun
Pik.

Bahangen

Abo

Kupeum

Cap Dibundja

Sanaga

Anbas
Bay. Bonekb

Edéa Fälle

Y
775

Isabel

Dibango

Nyong

Clarence
Pic 2850

Köln

Lokundje

Lolodori

Fernando Poo

Ebea

Kribi

Gr. Batanga

Lobe

Kampo

Kuka

Tsad See
250

Bornu

Bagirmi

Schari

Ngala

T'dje Mabani

Dikoa

Karnak Logon

Bugoman

Massenya

Miskin

Wasa

Doloo

Issege

Mora

Mandara Geb.

Mussgu

Schari

Marrua

Ulm

Songoia

Mendif Bg.

Logone

Mubi

Giddir

Kar

Ssaruaei

Tuburi

Bifara

Lere

Demssa

Saruise

Pittoa

Mao Kebbi

Adamare

Lume

Lui

Garua

Laddo

Bolki

Benue

Gumna

Ssari Geb.

Galbu

Bubandjidda

Ssagdje

Bashebe

Rand des Plateaus von Südadamaua

Mao Bini

Babarida

1550

Ngaundere

Niambaka Pass

Lom

Kunde

Kadei

Gasu

Kadei

Bania

Sanga

Boko

klar gestellt. Viele dürften allerdings nur Mündungsarme der zahl-reichen Gewässer von Kamerun sein, und für die Entstehung anderer gibt Knochenhauer (13. p. 89) eine gute Erklärung. Am Lokundje, Njong und dem nördlichen Mündungsarme des Sannaga ist nämlich zu beobachten, dafs infolge des Zusammenstofses des Stromes und der starken Brandung, die von Westsüdwest die Küste trifft, diese Flüsse ihre Sedimente hauptsächlich am südlichen Ufer ablagern. So entsteht allmählich eine Landzunge, welche die Flufsmündung nach Norden ablenkt, so dafs mit der Zeit der Unterlauf des Flusses eine ganze Strecke der Küste parallel verläuft. Da aber bei Springfluten oder nach starken plötzlichen Regen die Barre und Landzunge leicht an irgend einer Stelle durchbrochen wird, so kann sich auf diese Art eine neue Mündungsstelle bilden, an der sich dann derselbe Vor-gang wiederholt. Auf diese Art kann man sich die grofsen Krieks, welche zwischen dem Njong und Kamerun der Küste ungefähr parallel laufen, entstanden denken. So hat sich z. B. der Sannaga vielleicht hinter dem Kap Suelaba in das Kamerun-Becken ergossen, ehe er an seiner jetzigen Mündung durchbrach. Dadurch würde sich auch die für den Wuri und Mungo unverhältnismäfsige Gröfse des Kamerun-Ästuars erklären (13. p. 90). Da die Alluvien beständig und anschei-nend ziemlich rasch anwachsen, so wird mit der Zeit hier anstatt des Ästuariums ein Delta, durchzogen von zahlreichen Flufsarmen, sich bilden.

Im Rio del Rey-Gebiet fand Dusén an den Mangrove-Dickichten eine Art von Strandlinien, indem vor dem alten Bestand mehrere Streifen jüngerer Mangroven dem Strand entlang sich deutlich unterscheiden lassen, so an der Soden-Insel 3, an anderen Punkten 2 Zonen. Dies würde auf negative Strandverschiebungen hinweisen, doch sind diese hier nicht sicher konstatiert. Wenn allerdings die vulkanischen Tuffe, die Dusén bei Batoki und am Kap Dibundja am Fufs des Kamerun-Berges fand, wirklich marin sind, wie er annimmt, so wäre damit eine Hebung von 25—30 m erwiesen. Aber es sind keinerlei marine Fossilien in den Tuffen gefunden worden und ebenso nirgends Muschelbänke oder Strandwälle. Nur an einer Stelle, 2 km nördlich von Kap Dibundja, ist ein Vorkommnis, das für eine, wenn auch sehr geringe Strandverschiebung zu sprechen scheint. Über der obersten Brandungsgrenze ist hier nämlich Sandstein, gebildet aus sehr grobem Basaltsand und einzelnen abgerollten Basaltstücken und überlagert von demselben Basaltsand, der unten am Strande ist. Da auf dem Sandstein ziemlich starke Bäume wachsen, kann seine Bildung nicht ganz jung sein, seine höchsten Schichten befinden sich aber nur 1,82 m über der obersten Flutgrenze. Wenn man also mit Dusén annimmt, daſs der Basaltsand sich hier durch die Thätigkeit der Brandung bildete, muſs man auch eine geringe negative Strand-bewegung annehmen (10. p. 34).

Während im Rio del Rey-Gebiet direkt hinter den Mangrove-sümpfen Basalte und archäische oder kretaceische Schichten anstehend gefunden worden sind, gehen dieselben im Gebiete des Sannaga- und

Profil am Strand 2 km nördlich von Kap Dibundja. Nach P. Dusén.

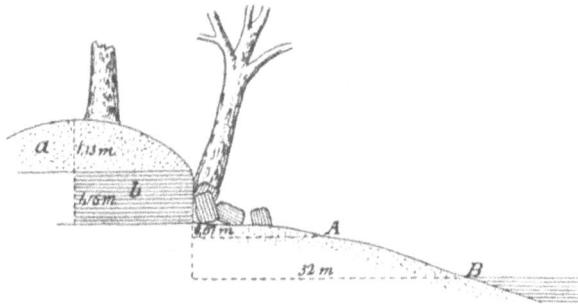

a Basaltsand, b Sandstein aus Basaltsand.

Kamerun-Flusses allmählich in eine flache, langsam ansteigende Busch- und Urwaldregion über, in welcher alluviale Sande und Laterite herrschen, ältere Gesteine aber nirgends anstehend gefunden worden sind (13. p. 91). Am Sannaga, dessen Ufer allmählich höher werden, herrschen Laterite, und zwar sind hier oft eluviale Laterite von ziemlich bedeutender Mächtigkeit in flachen Mulden von alluvialem Laterit

Profil am Sannaga unterhalb Dibongo. Nach Knochenhauer.

a alluvialer Laterit, b eluvialer Laterit, c Glimmerschiefer.

bedeckt. Erst an der untersten Vorlandterrasse bei Dibongo sieht man darunter das krystallinische Gestein, durch dessen Zersetzung die Laterite entstanden sind, am Fluſsufer anstehen. Am Kamerun-Fluſs aber finden wir andere Verhältnisse. Hier ist am unteren Wuri das rechte Ufer ziemlich hoch, das linke aber sehr nieder. Das erstere ist groſsenteils von alluvialem Laterit bedeckt (10. p. 30; 29. p. 53), das letztere von schlammigen Alluvien (1. II. p. 264, 268). Nach Allen (1. II. p. 268) tritt aber unter denselben brauner Lehm mit Quarz, Glimmer und Eisenkonkretionen und mit Stücken eines roten, stark eisenschüssigen Sandsteines auf. Da diese Schichten sowohl das hohe rechte Ufer bilden, als am Wasserspiegel am linken Ufer anstehen,

nimmt Ŕoscher an, daſs das letztere abgesunken sei. Die Sandstein-
stücke in dem Lehm, der wohl alluvialer Laterit ist, beweisen, daſs
hier Sedimentgesteine vorkommen; es sind weiter fluſsaufwärts sowohl
am Wuri wie am Mungo solche gefunden worden und zwar hauptsächlich Sandsteine.

Da die Flüsse fast alle in ihrem Unterlaufe wenig Gefäll haben,
so ist nicht zu verwundern, daſs nirgends im Küstengebiete gröſsere
Geröll-Ablagerungen gefunden worden sind, abgesehen natürlich von
dem Ufer am Fuſse des Kamerun-Berges (10. p. 34; 21. p. 113), wo
zahlreiche kleine Bäche von den Berghängen Basaltgeröll herabbringen,
das aber nirgends bedeutende Ablagerungen bildet.

Der Kamerun-Berg.

Zwischen den Mangrove-Sümpfen der Kamerun-Flüsse und des
Rio del Rey-Gebietes erhebt sich direkt am Meer der gewaltige Kamerun-
Berg, der schon seit langer Zeit die Aufmerksamkeit der vorüber-
fahrenden Schiffer auf sich zog. Es ist allerdings sehr fraglich, ob
der Karthager Hanno ihn oder vielleicht einen Vulkan der Kanaren
mit folgender Schilderung gemeint hat: „Τέτταρας δ'ἡμέρας φερόμενοι
νυκτὸς τὴν γῆν ἀφεωρῶμεν φλογὸς μεστήν. Ἐν μέσῳ δ'ἦν ἠλιβατόν τι πῦρ
τῶν ἄλλων μεῖζον ἁπτόμενον, ὡς ἐδόκει τῶν ἄστρων. Τοῦτο δ'ἡμέρας ὄρος
ἐφαίνετο μέγιστον Θεῶν ὄχημα καλούμενον." Doch ist auffällig, daſs der
von Hanno gesehene Vulkan der groſse Götterwagen genannt wird,
während der Hauptgipfel des Kamerun-Berges Mango ma Loba, »der
groſse Götterberg«, heiſst. Sicher ist aber der Berg zu den Zeiten
der groſsen Entdeckungen von den Portugiesen gesehen und auch
ziemlich genau beschrieben worden. Sein Fuſs wurde dann 1841 von
der Expedition von Allen (1) besucht, wobei Roscher die Basalte der
Ambas-Bai untersuchte. Den Gipfel des Berges erreichte zuerst Burton (6), in dessen Begleitung sich auch der deutsche Botaniker Mann
befand. Seitdem ist er öfters ganz oder zum Teil bestiegen worden,
aber leider noch nie genau systematisch untersucht; wir sind deshalb
über die genaueren Verhältnisse des Gebirgsstockes nur sehr wenig
unterrichtet, besonders ist die Binnenseite desselben noch ganz unbekannt, da alle Besteigungen von der Küste aus stattfanden.

Übereinstimmend wird von dem ganzen Gebirge berichtet,
daſs es ausschlieſslich aus vulkanischem Material besteht, und zwar
werden fast nur basaltische Laven, Tuffe und Aschen erwähnt (1. II.
p. 278, 284, 287; 6. II. p. 32; 7. p. 266; 10. p. 32; 13. p. 99; 14. p. 296;
27. p. 285); nur Burton führt von der Westseite des Berges auch
Trachyt an (6. II. p. 160), und Schwarz von seiner Südostseite Phonolith

(26. p. 290). Doch ist besonders die letztere Angabe von sehr zweifel-
haftem Wert. Erst am Meme-Fluſs, in der Gegend des Elephanten-
Sees und am Mungo werden auch andere Gesteine als die Basalte
genannt (10. p. 31; 31. p. 39; 25. p. 37). Da gegen das Meer zu
nirgends Gesteine gefunden worden sind, welche als Unterlage des
Vulkanes angesehen werden können, und auf beiden Seiten desselben
bis ziemlich weit landeinwärts nur junge Alluvien auftreten, ist die
Ansicht Duséns, daſs sich der Vulkan in einer tiefen Bucht aufgebaut
und dieselbe gröſstenteils ausgefüllt habe, nicht unwahrscheinlich.

Über die Anordnung der Krater wissen wir leider fast nichts,
als daſs zwei Hauptgipfel existieren, der groſse und der kleine Kamerun-
Berg, und auſserdem zwischen beiden, auf der Südwestseite des Gebirges, zahlreiche kleinere Krater. Diese sind zum Teil noch vor-
züglich erhalten (6. II. p. 116 ff.), und bei einigen konnten Lavaströme
nachgewiesen werden, die weit hinab in die Urwaldregion reichen.
Eine Anordnung dieser Krater nach bestimmten Richtungen ist noch
nicht gefunden worden, nur erwähnt Dusén (10. p. 32), daſs einige
auf Spalten in der Richtung nach Fernando Póo zu stehen scheinen.
Der Hauptgipfel des Gebirges, der Mango ma Loba, besitzt mehrere
Krater, über deren Aufbau leider nur wenig bekannt ist. Sie scheinen
der Hauptsache nach aus lockerer Asche zu bestehen (6. II. p. 157),
doch wird von hier wie von dem Fuſs des Gebirges Plagioklas-Basalt
beschrieben (7. p. 266; 14. p. 296).

Der Basalt des Gebirges ist häufig sehr olivinreich, meist ist er
stark zerklüftet, oft massig, manchmal plattig, meistens aber in Säulen
abgesondert und vor allem am Meer öfters blasig (1. II. p. 287; 10.
p. 32; 13. p. 100). Man kann viele Varietäten unterscheiden; doch
liegen leider nur sehr wenig petrographisch untersuchte Gesteinsproben
vor, und nur die Mondole-Insel in der Ambas-Bai ist von Roscher
(1. II. p. 287) genau untersucht worden, wobei nachgewiesen wurde,
daſs die im unteren Teile der Insel mandelsteinartigen, im oberen
kompakten Basalte von einem Gang von Säulenbasalt durchsetzt sind,
der starke Kontaktmetamorphosen hervorgerufen hat.

Mehrfach werden von verschiedenen Stellen des Gebirges Basalttuffe erwähnt, die dadurch besonderes Interesse hervorrufen, daſs sie
zum Teil fossilführend sind und so Schlüsse auf ihr Alter und damit
zugleich auf das des Berges gestatten. Es ist deshalb nötig, sie etwas
genauer zu besprechen. Es wird Tuff erwähnt von einer Bucht östlich von Kriegsschiffhafen (13. p. 101), ferner von dem Berghang bei
Etome und Batoki (10. p. 34), weiterhin von Kap Dibundja (10. p. 34;
13. p. 102; 21. p. 114; 27. p. 286), dann von Bonge am Meme-Fluſs
und von Bakundu ba Foë, westlich des Kotta-Sees (10. p. 34).

An der Kriegsschiffbucht ist unten am Meer blauer, stellenweise schwach rötlicher Thon, überdeckt von einer fingerdicken, harten Thonschicht; darüber liegen rote Tuffmassen, in welchen sich deutlich eine dem Berghang parallele Schichtung erkennen läfst. Unter der harten Thonschicht befinden sich versteinerte Baumstämme, auch Blattabdrücke von Pandaneen, die jetzt noch in der Nähe vorkommen.

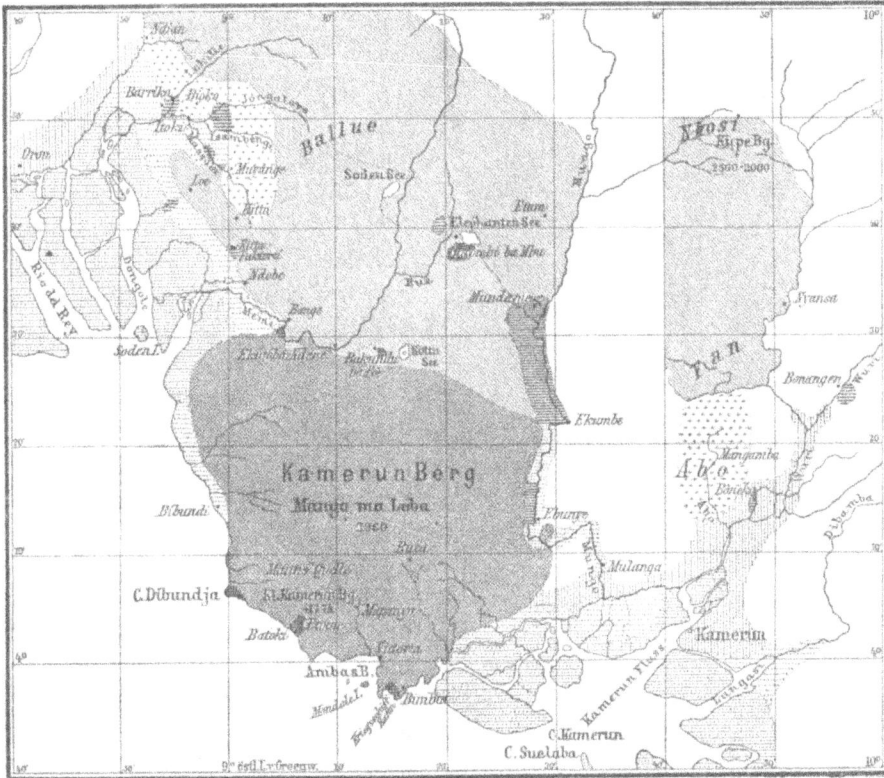

| Alluvien | Mangrove-Sumpf | Laterit | Sedimentär-Gesteine | Gneisse u. Glimerschiefer | Basalt | Basalttuffe | Basaltdecken über Gneiss |

Es sind offenbar bei einem Ausbruch Lapilli und Asche in einen mit Pandaneen bedeckten Sumpf gefallen (13. p. 100—102).

Bei Batoki ist am Strand eine 24,6 m hohe Wand von Basalttuff. Derselbe ist schmutziggelb und besteht aus Schichten von verschiedenem Korn. Es sind auch einzelne gröfsere Blöcke darin, welche die unterliegenden Schichten etwas eingeprefst haben. Manche Lagen enthalten massenhaft erbsengrofse, homogene, harte, dunkle Körner; vielleicht sind es Konkretionen. (Solche Körner fand Dusén

11*

auch in manchen Tuffschichten von St. Isabel auf Fernando Póo, bei Etome und am Kap Dibundscha.) Da die Blöcke die Schichten nur wenig niederdrückten, nimmt Dusén (10. p. 34) an, dafs die Bomben bei ihrem Niederfallen zuerst in Wasser fielen und so etwas von ihrer Wucht einbüfsten, ehe sie die Tuffschichten trafen; er hält deshalb diese Tuffe für marin, obwohl er keine Versteinerungen in denselben fand. Seine Beweisführung erscheint aber sehr ungenügend; denn selbst wenn hier eine Wasserbedeckung vorhanden war, könnte es auch ein Brakwasser- oder Süfswassersumpf gewesen sein.

Aufser an dieser Stelle sind am kleinen Kamerun-Berg bis 250 m über dem Meer Tuffe weit verbreitet (10. p. 34; 27. p. 285). So fand sie Dusén, wo der Weg von Batoki und Basse nach Etome den Ndive-Bach überschreitet, über Basalt gelagert. Zu unterst ist hier eine Lage von feinkörnigem, ockerfarbigem Tuff (3 dm), dann von hartem, dichtem Tuff (5,5 dm); weiter folgen Schichten aus feinen und groben Gemengteilen und zu oberst grobes, zum Teil ganz schlackiges Material (4 m), das auch weiter unten am Ndive-Bach ansteht. Das Ganze ist 6 m mächtig; in der untersten Schicht und vereinzelt auch in der zweiten Lage sind Reste von Blättern und Zweigen. Es waren dabei der untere Teil eines Blattschaftes einer Palme, Raphia vinifera Pal. Beauv. oder Elaeis guinensis Jacq. (10. p. 34).

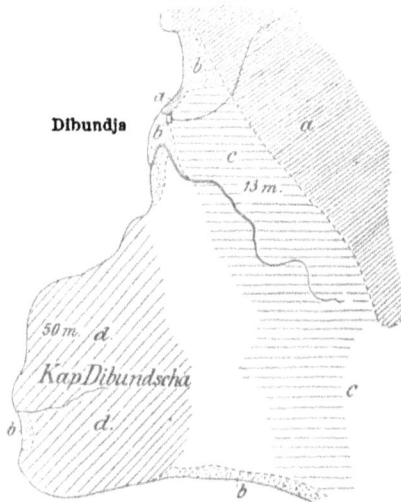

Die Umgebung des Kap Dibundja.
Nach P. Dusén und Dr. Preufs.
1 : 20 000.

a Basalt, b Sand, c Basalttuff, pflanzenführend, d Basalttuff, marin?

An der Spitze des Kap Dibundja bilden gefaltete Schichten von Tuff, die zu unterst aus gröberen Basalttrümmern, zu oberst aus feinerem Material bestehen, eine 30 m hohe Wand, an der auch Basalt ansteht. Dieser Tuff ist noch nicht näher untersucht, es ist deshalb noch ungewifs, ob er marin ist, wie Dusén annehmen möchte. Direkt nordöstlich davon steht feinkörniger Tuff ohne Basalttrümmer an, welcher zum Teil auf Laterit, zum Teil auf Basalt ruht. Hier wie bei Etome ist die unterste Schicht besonders reich an Fossilien; es sind Massen von Abdrücken von Blättern und Zweigen darin, auch ein Abdruck einer Schnecke, Achatina Dawnesii Gray, wurde gefunden.

Die Tuff-Flora von Etome und hier fand Dusén übereinstimmend und ungefähr ein Zehntel der Arten noch in der Nähe wachsend; er hält es für wahrscheinlich, dafs sie ganz mit der jetzigen übereinstimmt (10. p. 34; 13. p. 102). Diese pflanzenführenden Tuffe fand Dr. Preufs auch im südlichen Teil des Kap Dibundja, sie scheinen also ziemlich weit verbreitet zu sein (21. p. 114). Vizekonsul Spengler glaubt, dafs der Aschenfall, der diese Tuffe bildete, gleichzeitig war mit einem Lavaausbruche bei Mapanga; doch führt er keine Gründe für diese Ansicht an (27. p. 286).

Von den übrigen Tuffvorkommnissen wird nichts besonderes erwähnt, es sind sonst keine Fossilien in den Tuffen gefunden worden.[1]) Die Fossilien der Tuffe sind allerdings noch nicht genau untersucht, doch sind immerhin einige rezente, jetzt noch am Kamerun-Gebirge vorkommende, Pflanzen darunter gefunden worden, und es ist deshalb wahrscheinlich, dafs die Tuffe wenigstens zum Teil sehr jung, wohl rezent sind. Dies führt uns auf die Frage nach dem Alter des Kamerun-Berges überhaupt. Dusén meint, seine Entstehung falle in die Tertiärzeit, er kann aber keinen Beweis anführen; denn seine Bemerkung, dafs auf ein derartiges Alter schliefsen lasse, wenn man Spuren gröfserer Vereisung, also von der Glacialzeit, auf dem Gebirge nachweisen könne, ist zwar sicher richtig; bis jetzt sind aber solche noch nicht nachgewiesen worden. Wir können also nichts Sicheres über das Alter des Berges sagen, als nur, dafs er zwar vom geologischen Standpunkt aus ziemlich jung sein dürfte, dafs aber zur Aufschüttung eines so gewaltigen Massives doch ein ziemlich bedeutender Zeitraum erforderlich war.

Eine weitere, fast von allen Reisenden, die den Berg besuchten, erörterte Frage ist die, ob derselbe in historischer Zeit noch thätig war. Man kann diese Frage jetzt mit ziemlicher Sicherheit bejahen. Den Bericht Hannos kann man allerdings kaum als Beweis verwenden, da es sehr fraglich ist, ob er sich auf den Kamerun-Berg bezieht; Allen führt aber an (1. II. p. 275), dafs ein Engländer, Mr. Lilly, der viele Jahre lang in Kamerun war, öfters Feuer auf dem Gipfel des Vulkans gesehen habe, was übrigens auch von anderer Seite berichtet wird, so von den Einwohnern von Fernando Póo im Jahre 1865 (8. p. 238). Doch könnten dies auch Grasbrände gewesen sein, welche die Eingebornen oft mit Absicht hervorrufen. Ferner erzählten

---

1) Die Handstücke, welche Dusén fand, übergab er der pflanzenpaläontologischen Abteilung der kgl. Ak. d. W. in Stockholm, aufserdem sind zahlreiche Handstücke mit Blattabdrücken von Kap Dibundja durch Gouverneur Zimmerer dem paläontologischen Museum in München übergeben worden.

Eingeborne von Bimbia, um 1839 sei »Feuer aus der Erde« gekommen, es sei »von Gott gemacht« (im Gegensatz zu den durch die Neger hervorgerufenen Grasbränden), und am Mungo hätte man damals heftige Erdbebenstöfse gefühlt (1. II. p. 275). Burton entdeckte am Berggipfel am Nordhang des Albert-Kraters eine thätige Solfatare (6. II. p. 206) und Schran hinter Kap Retzer in der Kriegsschiffbucht am Strande eine Stelle, an der aus dem Geröll vielfach Gas mit Schwefelwasserstoffgeruch, kohlensäurehaltiges Wasser und ein fettes, dunkles Öl, das wie vulkanisierter Kautschuk roch, ausströmte. Auch im Meer strömt hier Gas hervor (24. p. 46), und weiter aufwärts fand Knochenhauer Kohlensäuerlinge, die auffallend kalt waren (17—18° C., mittlere Ortstemperatur ca. 25° C.). Er erklärt dies durch den Wärmeverbrauch, der bei Druckverminderung der im Innern wohl hochgespannten Kohlensäure entsteht (13. p. 101).

Der letztere erwähnt auch (13. p. 102), dafs die Eingebornen von Buëa an einen Feuer schickenden Berggeist glaubten, was darauf hindeutet, dafs Erinnerungen an Eruptionen bei ihnen vorhanden sind. Ferner hörte Comber (8. p. 239) durch Eingeborene von Ausbrüchen im Anfang der siebziger Jahren; ihm fiel auf, dafs trotz der starken Verwitterung in den feuchten Wäldern am Berghang einige Lavaströme ganz von Gebüsch und Gras frei waren, er schliefst daraus wohl mit Recht, dafs sie nicht alt sein könnten. Auch Vizekonsul Spengler führt an (27. p. 285), dafs nach Erzählungen der Neger ober Buëa vor 30—50 Jahren und ober Mapanga vor 80—100 Jahren Ausbrüche stattgefunden hätten. Den Lauf des Lavastromes des letzteren Ausbruches konnte er selbst beobachten, derselbe ergofs sich aus einer Spalte in 2600 m Höhe und flofs bis in die Höhe von Mapanga (800 m) herab; Spengler glaubt aber, dafs dieser Ausbruch nicht vor 100, sondern mindestens vor 200 Jahren stattgefunden habe.

Aus dem Angeführten geht also hervor, dafs der Vulkan sich gegenwärtig noch in schwacher Solfatarenthätigkeit befindet, und dafs in historischer Zeit Ausbrüche stattgefunden haben. Denn, wenn auch die Berichte von Eingebornen und Europäern an sich ziemlich unzuverlässig sind, so müssen sie doch, zusammengehalten mit dem Vorkommen wohl erhaltener Krater und unverwitterter Lavaströme, für beweisend erachtet werden.

Das Kamerun-Gebirge steht zwar ganz isoliert vor den niederen Höhen des Vorlandes; das Vorkommen von Ausbruchstellen und deren Produkten ist aber keineswegs auf dasselbe beschränkt, vielmehr finden wir Basalte und Tuffe in grofser Verbreitung nicht nur in dem an das Gebirge angrenzenden Vorland, sondern auch noch in den Randgebirgen und in den Hochländern von Adamaua. Wir dürfen mit ziemlicher Sicherheit annehmen, daß die hier auftretenden Basalte zum größten Teil der Zeit ihrer Entstehung nach mit den Basalten des Kamerun-Vulkanes zusammengehören, auch ist die Grenze zwischen den Produkten des Berges und denjenigen der Ausbruch-stellen des angrenzenden Vorlandes kaum sicher zu ziehen; doch werden die letzteren Vorkommnisse aus praktischen Gründen am besten bei den betreffenden Gebieten besprochen.

Das Vorland und die Randgebirge.

Weder orographisch noch geologisch scheinen in Kamerun die Terrassen und niederen Höhen des Vorlandes und die Randgebirge scharf geschieden zu sein, wenigstens so weit unsere jetzigen Kennt-nisse reichen, die leider über die Randgebirge nur sehr dürftige sind. Es erscheint deshalb am besten, das Wenige, was wir über die letzteren wissen, bei der Besprechung der Geologie des Vorlandes mit zu erwähnen.

Es lassen sich in diesen Gebieten zwei Hauptteile trennen, das Vorland im Süden der Kamerun-Flüsse und dasjenige im Gebiet der-selben und nördlich des Kamerun-Berges. Das erstere besteht fast ausschließlich aus krystallinischen Gesteinen und deren Zersetzungs-produkten und erhebt sich in deutlichen Terrassen; das letztere läßt solche kaum unterscheiden, ist vielfach von Höhen durchzogen und besteht außer aus krystallinischen Gesteinen auch aus Basalten und Sedimentärgesteinen.

Der Rand des südlichen Vorlandes streicht nur zum Teil der Küste annähernd parallel vom Sannaga bis ungefähr zum Lokundje, dann aber streicht er nach SW. und zieht von Londje bis Groß-Batanga an der Küste hin. Über das südlichste Gebiet am Campo-Fluß wissen wir fast nichts, als daß dort Granite herrschen (4. Karte; 23. p. 555); damit steht in Einklang, daß von den Fällen des Lobe-Flusses bei Groß-Batanga Granulite beschrieben werden (14. p. 289) und an der Küste zwischen Groß-Batanga und Plantation Lager-granite, aber auch Gneise anstehend gefunden sind (29. p. 52). Sie bilden hier Riffe im Meer, auch bei Londje sind solche vorhanden. Hier treten entsprechend der Richtung des Terrassenrandes Gneise mit Eisenkieseln, mit Str. ONO.—WSW., F. NNW. 40° ca. auf (13. p. 96). Dieses Streichen scheint nach Norden zu allmählich in ein nordsüdliches überzugehen; denn bei Ebea am Lokundje steht Gneis mit Str. NO.—SW. und bei der Faktorei Köln am Njong solcher mit Str. N.—S. an (13. p. 95). Dieses Streichen herrscht auch bei den

Ediä-Fällen und bei Dibongo am Sannaga (13. p. 95), das Fallen ist dabei meist landauswärts 28—45°. An den Neven du Mont-Fällen des Nyong sind aufser Gneis (14. p. 289) auch noch jüngere Gesteine gefunden worden, es sind Arkosen und Quarzkonglomerate mit Eisenpecherz verbunden (14. p. 289), die also wohl aus Zersetzungsprodukten der zum Teil stark eisenschüssigen, krystallinischen Gesteine entstanden sind. Auch bei Dibongo und Ediä am Sannaga sind ähnliche Gesteine gefunden worden, nämlich eine Thoneisensteinbreccie (13. p. 98), welche in einer flachen Mulde konkordant über den alten Gesteinen lagert. Hier treten westlich über den Gneisen bei Dibongo auch echte, stark eisenschüssige Glimmerschiefer auf, die landeinwärts ganz allmählich in Gneis übergehen (13. p. 93), der seinerseits nach Osten zu allmählich in Lagergranit übergeht (13. p. 94). Durch die Zersetzung der Glimmerschiefer ist wohl die sie überlagernde Thoneisensteinbreccie entstanden. Dafs hier überall eluvialer und in den Mulden auch alluvialer Laterit auftritt, ist selbstverständlich; es läfst

Profil zwischen Ediä und Dibongo am Sannaga. Nach Knochenhauer.

a Laterit, *b* Thoneisensteinbreccie, *c* Glimmerschiefer, *d* Gneis.

sich kaum ein Gneisgebiet und ein Lateritgebiet unterscheiden, wie auf der Karte von Knochenhauer (13) geschieht. Der Unterschied ist nur der, dafs in den gebirgigen Teilen das unterlagernde Gestein öfters zu Tage ansteht, während in der Küstenniederung alles von meist alluvialem Laterit bedeckt ist.

Die höheren Randberge scheinen ihrer Hauptsache nach aus Granit zu bestehen (13. p. 94; 29. p. 60), nur in ihren peripheren Teilen treten krystallinische Schiefer und Gneise (29. p. 60) auf. Der Übergang vom Gneis des Vorlandes in den Granit der Randgebirge scheint ein allmählicher zu sein (13. p. 94), Störungen in der Lagerung sind hier ebenso wenig wie im Vorland gefunden worden (13. p. 96).

Über das Gebiet zwischen Sannaga und Wuri wissen wir leider fast gar nichts, und auch über die Geologie der Landschaften im Wuri- und Mungo-Flufsgebiet sind unsere Kenntnisse sehr mangelhafte, da von hier nur grofsenteils unzuverlässige Einzelangaben vorliegen. In dem Wuri-Gebiet scheint bis in die Fan-Gegend Lateritlehm fast alles zu bedecken (2. p. 485; 12. p. 138; 25. p. 74, 75), doch ward Sandstein bei Boneko an der Wuri-Insel (1. II. p. 251; 25. p. 74) und bei Bonangen am

oberen Wuri (25. p. 76) gefunden; da er auch in dem Lehm bei
Kamerun selbst in Stücken vorkommt (1. II. p. 268), dürfte er hier wohl
ziemlich verbreitet sein. In Abo-Land gibt Knochenhauer auf seiner
Karte (13) Glimmerschiefer an, er selbst war aber nicht dort und sah nur
einige Handstücke aus diesem Gebiet, es fehlen daher leider Angaben
über die Lagerung und Verbreitung der einzelnen Gesteine. Weiter
nördlich bei Nyansa verzeichnet er Gneis, Missionar Autenrieth fand
aber landeinwärts von Fan und auch noch im Nkosi-Gebirge nur
Basalte und Laven (2. p. 485). Man kann diese widersprechenden
Angaben wohl am besten vereinigen, wenn man annimmt, daſs hier
ähnliche Verhältnisse herrschen, wie wir sie in den Rumpi- und
Ballue-Bergen nördlich des Kamerun-Berges finden werden, daſs nämlich überall Basaltdecken verbreitet sind, und nur in Thälern und
Schluchten die unterlagernden Gneise zu Tage anstehen.

Am Mungo sind die Verhältnisse ähnlich. Bis Mulanga steht
hier auf beiden Ufern nur Laterit an (25. p. 36), dann ist aber auch
Sandstein vorhanden, so bei Ebunje, bei der Mpenda Mbuki-Insel
(25. p. 37), bei Mandame (26. p. 335) und bei den Fällen des Flusses
(5. p. 5). Hier wird auch erwähnt, daſs der Sandstein auf Granit liege,
und Knochenhauer gibt auf seiner Karte auch am oberen Mungo
westlich des Elephanten-Sees Gneis an, jedoch ohne zu erwähnen,
von wem derselbe dort gefunden wurde. Am rechten Ufer oberhalb
Ebunje ziehen sich die Ausläufer des Kamerun-Berges entlang, die
Basalte desselben sind bei Massambi sogar auch auf dem linken
Fluſsufer (12. p. 158).

In dem Gebiete nördlich des Kamerun-Berges spielen
krystallinische Gesteine und Basalte die Hauptrolle, Sedimentgesteine
sind nur vereinzelt gefunden worden. Den Grundstock bilden offenbar die ersteren, sie sind am Ndian-Fluſs in der Nähe von dessen
Fällen, längs des Unterlaufes des Lokelle und Jongalove, am Isambenge, am oberen Massake, in der Gegend von Muyange (10. p. 31;
33. p. 36), an den Meme-Fällen bei Ekumbi Naëne und Nyanga, am
Elephanten-See (31. p. 39) und am Mbome, einem Nebenfluſs des
Aksat (31. p. 39), gefunden. Auſserdem bilden sie nach Dusén die
Hauptmasse der Rumpi- und Ballue-Berge und müssen auch bei Oron
vorkommen, da der Laterit dort stark quarz- und glimmerhaltig ist
(10. p. 31). Es sind meistens graue, glimmerreiche Gneise (10. p. 32);
nur am Jongalove steht roter, wenig mächtiger Gneis an (10. p. 32),
und am Lokelle ober Bioko ist Dioritschiefer und Granulit im Gneis
(10. p. 32), am Jongalove ober Boangolo ist darin auch dunkelgrüner
Felsitporphyr (10. p. 32), und am Mbome scheint Glimmerschiefer zu
sein (31. p. 39). Unterhalb des Ndian-Falles ist noch ein hieher

gehöriges Gestein, nämlich ein Konglomerat aus Quarz und Gneis
(10. p. 32), und aufserdem ist natürlich Laterit überall vorhanden.
Derselbe erreicht hier eine bedeutende Mächtigkeit, so fand ihn Dusén
bei Ndian 28 m, am Lokelle sogar 40 m mächtig (10. p. 32 ff.). Über
die Lagerung der Gneise ist leider nichts näheres bekannt, Dusén
gibt nur an, dafs das Streichen und Fallen sehr wechselnd sei.

Sehr verbreitet sind hier Basalte, sie bedecken in den Rumpi-
und Ballue-Bergen die Schichten der Gneise fast völlig (10. p. 31);
auch nördlich des Meme bei Bonge, Kitta (31. p. 39) und Nyanga
treten sie auf (33. p. 35) und herrschen in dem Gebiet des Kotta-Sees
(10. p. 32) und am Soden- und Elephanten-See (10. p. 32). Diese
letzteren, welche schon im Gneisgebiet liegen, sind typische Krater-
seen (10. p. 32 ff,). Am Elephanten-See ist am Westufer zwar keine
Kraterwand mehr, am Ost- und Südostufer ist sie aber bis 70 m hoch.
Hier ist in die mit Basalt- und Gneisstücken erfüllte Asche eine
Kluft mit senkrechten Wänden eingerissen (10. p. 32), die nach Dusén
nicht durch Erosion entstanden ist, sondern wohl infolge eines Erd-
bebens. Im Westen des Sees sind vulkanische Tuffe verbreitet, in
welche ein trockenes Flufsbett eingeschnitten ist, das den ehemaligen
Abflufs des Sees zum Meme, ehe die Kluft im Südosten entstand,
bilden soll. Der Kotta-See, in dessen Mitte eine Insel mit blasigem
Basalt ist, besitzt keine Kraterwände, Tuffe sind hier nicht vorhanden;
es ist also ungewifs, ob er ein alter Krater oder ein Maar ist (10. p. 32).
Es sind hier also nördlich des gewaltigen Kamerun-Vulkanes kleinere
Ausbruchstellen, welche auch Basalte geliefert haben. Es ist wahrscheinlich, dafs diese bis in das Innere des Landes vielfach auftreten;
denn nach den dürftigen Nachrichten, die wir über die weiter landeinwärts sich anschliefsenden Gebirgsländer besitzen, herrschen in
denselben zwar krystallinische Schiefer (32. p. 223), aber es werden
in den angrenzenden Hochländern, so zwischen Bandeng und Bafut,
auch Basalte erwähnt (33. p. 231). Diese Ausbruchstellen setzen die
Vulkanreihe Annobon, St. Thomé, Principe, Fernando Póo und
Kamerun-Berg fort, scheinen aber keine bedeutenden Vulkankegel
zu bilden. Es ist gewifs mit der Tektonik des Landes in Zusammenhang zu bringen, dafs diese Eruptionslinie gerade in die Ecke
trifft, wo die Küste von Ober- und Niederguinea fast rechtwinklig zusammen stöfst, und es ist zu beachten, dafs der gröfste Eruptions-
herd der Reihe, der Kamerun-Berg, gerade am Rande des alten
Festlandes liegt.

Besonderes Interesse verdienen die Sedimentgesteine, die vereinzelt in dem Gebiete nördlich des Kamerun-Berges gefunden worden
sind, und in welchen zum Teil Fossilien vorkommen, die einen Schlufs

auf ihr Alter zulassen. Doch sind dieselben leider nur an wenigen Punkten gefunden worden, und es ließ sich die Schichtfolge und Lagerung der dort anstehenden Gesteine nicht sicher feststellen, so daß wir über das Alter und die Stellung der meisten Sedimentgesteine nichts wissen. Es werden so am Lowe-Bach, westlich des Elephanten-Sees, horizontal geschichtete Sandsteine erwähnt (31. p. 38), an einem Bache am oberen Ende des Krieks bei Loë stehen schwarze, dünnplattige Thonschiefer, und an zwei Bächen bei der Kitta-Faktorei schwarze, dickplattige Thonschiefer an. Die letzteren enthalten Reste von breitblätterigen Meeresalgen und von Fischen. Letztere sind sehr kleine, symmetrische Schwanzflossen und Wirbel (10. p. 31). Am Massake stehen ferner Thonschiefer mit Konkretionen an, am Isambenge Thonschiefer und am Ndian grauer Sandstein (10. p. 31 ff.). Es sind hier aber nirgends Fossilien gefunden worden, dagegen sind am Isambenge Thonschiefer und grauer Kalksandstein, wovon der letztere Fossilien enthält (10. p. 31 ff.), und am Jongalove flußaufwärts ist eine Schichtfolge, die uns einigen Aufschluß gewährt über die anderen Vorkommnisse. Hier steht am Ufer zuerst Gneis an, kurz darauf schwarzgrauer, etwas glimmeriger Thonschiefer mit Konkretionen in manchen Schichten und einigen dünnen, sandsteinartigen Zwischenlagen, nach oben geht derselbe in grauen, sehr harten Sandstein über. Weiter flußaufwärts tritt grauer, feinkörniger, lockerer Kalksandstein in kleinen Partien auf und darauf wieder Thonschiefer, der genau wie der erste beschaffen ist. Zuletzt folgt grobkörniger Sandstein mit sparsamen Pyrit- und Quarzknollen, der Wellenfurchen und einige dünne Thonschieferlagen aufweist, dann beginnt wieder Gneis. Leider ist die Lagerung der Gesteine nicht ganz klar, doch glaubt Dusén annehmen zu müssen, daß dieselben, in schwache Falten gelegt, auf den Gneisschichten lagern und zwar zu unterst Sandstein, dann Thonschiefer, zu oberst Kalksandstein. In der obersten Schicht des letzteren und in den Konkretionen des Thonschiefers sind Fossilien, schlecht erhaltene Steinkerne von Mollusken und gut erhaltene Fischzähne, die nach Dames auf untere Kreide hinweisen. Man darf wohl annehmen, daß diese Thonschiefer und Sandsteine zu derselben Formation gehören, die zuerst Lenz (15. p. 148) an der Küste Westafrikas, nicht weit südlich von Kamerun, nachwies. Auch dort treten kalkige, lichte Sandsteine in ungestörter Lagerung auf. Wahrscheinlich sind auch die oben erwähnten Sedimentgesteine unseres Gebietes und die Sandsteine am Wuri und Mungo, in welchen Fossilien noch nicht gefunden worden sind, hieher zu rechnen. Da diese Sedimentgesteine weder in Kamerun noch sonst in Westafrika weiter im Innern gefunden worden sind und nirgends in stark gestörter Lagerung

vorkommen, so darf man mit Sicherheit annehmen, dafs das Kreide-
meer nur das niedere Vorland des Kontinents überflutete, und dafs
hier seit der Kreidezeit stärkere Faltungen nicht stattfanden. Es
ist die Annahme nicht unwahrscheinlich, dafs hier eine Meeresbucht
war, deren Ufer ungefähr vom Jongalove über den Elephanten-See
zum oberen Wuri verlief. In dieser Bucht baute sich dann der
Kamerun-Vulkan auf und füllte sie gröfstenteils mit seinen Basalten
aus, während im Nordwesten und Südosten desselben die zahlreichen
Gewässer Alluvien in bedeutender Menge absetzten. Dieser letztere
Vorgang findet noch heute statt, und so werden die Reste der alten
Meeresbucht allmählich von Ablagerungen in Süfs- und Brackwasser
ausgefüllt.

Das Hinterland von Kamerun.

Das Innere unseres Schutzgebietes zerfällt in geologischer Beziehung
in vier Teile: Im SO zwischen Sanga- und Ngoko-Flufs ist 1. ein
Alluvialgebiet, das mit dem des Kongobeckens in Zusammenhang
steht; von Yaunde bis ungefähr Bafut, Gáshaka und Ngáumdere
dehnt sich 2. ein Hochland aus, das wir »Süd-Adamaua-Hochland«
nennen wollen;[1]) nördlich von diesem, im Flufsgebiet des Benuë, finden
wir dann 3. ein ziemlich kompliziert gebautes, vielfach von Gebirgs-
zügen und Stöcken durchsetztes Gebiet, das Passarge (20) »das Schollen-
land von Adamaua« nennt, und endlich dehnen sich nördlich und
nordöstlich davon, von Marrua und Mandara an, die weiten Ebenen
des 4. Tsad-Schari-Beckens aus.

Das Gebiet zwischen Sanga und Ngoko-Flufs.

Leider sind die Nachrichten über die Südostecke unserer Interessensphäre sehr dürftig, nur bei Barrat finden wir einige wenige Angaben
über dieses und das angrenzende Gebiet (4. p. 125). Darnach breiten
sich Schlamm und Alluvien von der Mündung des Sanga an nach
Norden bis über die Vereinigung des Mambere und Kadei aus, nach
seiner Karte ist das ganze Gebiet nördlich des Ngoko bis in die
Breite von Bania (4° n. Br.) davon bedeckt; die Grenzen dieses Alluvialgebietes nach Westen und NW. hin sind leider nicht bekannt, da der

---

1) Passarge (20) hält es für den nördlichsten Teil eines Hochlandes, das sich
von Südafrika bis zur Grenze des Sudan ausdehnt und nennt es daher südafrika-
nisches Plateau, aber der Zusammenhang der südafrikanischen Hochländer mit dem
Plateau in Süd-Adamaua ist durch das Kongobecken fast ganz unterbrochen.

ganze Landstrich östlich von Yaunde- und Wute-Land noch unerforscht ist.[1])

Das Süd-Adamaua-Hochland.

Von dem südlichen Adamaua und den angrenzenden Landschaften sind nur drei sehr beschränkte Gebiete einigermafsen geologisch bekannt, nämlich Yaunde-Land, die Umgebung von Baliburg
und diejenige von Ngáumdere, sonst sind nur einige sehr dürftige
und ungenaue Einzelangaben vorhanden. Das Hochplateau ist teils
ein welliges Grasland, teils aber auch von Gebirgen durchzogen,
besonders an seinem Nordrand. Dieser streicht nach Passarge (20.
p. 372) ungefähr von Osten nach Westen, von den Benuë-Quellen
zum Gendero-Gebirge und von da südlich von Gashaka weiter. Das
Hochland dürfte der Hauptsache nach aus krystallinischen Gesteinen
bestehen (4. p. 128; 20. p. 374; 32. p. 223), doch sind in dem Gebiet
von Ngáumdere auch junge Eruptivgesteine sehr verbreitet, und auch
im Bali-Gebiet werden solche erwähnt, untergeordnet scheinen auch
Sedimentgesteine aufzutreten.

In dem südlichsten uns bekannten Teil des Hochlandes, in
Yaunde-Land und den angrenzenden Landschaften, sind nur krystallinische Gesteine und deren Zersetzungsprodukte: Laterit, Raseneisenstein und Thon, gefunden worden (17. p. 55, 67, 199, 256, 288;
29. p. 60, 61; 30. p. 37); nähere Angaben über die Beschaffenheit und
die Lagerung der Gesteine liegen leider nicht vor. Sehr dürftig sind
auch die Berichte über die Umgebung von Baliburg an der
Westgrenze unseres Gebietes. Es herrschen offenbar auch hier krystallinische Gesteine (32. p. 223), doch werden auch Säulenbasalte
erwähnt (33. p. 231), und besonders interessant ist, dafs hier auch
Sandstein vorkommen soll (33. p. 244).

Über die Geologie der angrenzenden Gegend, sowie über die des
ganzen Gebietes von Gashaka, Banyo und Tibati wissen
wir leider gar nichts. Nur führt Barth an (3. II. p. 605), dafs drei
Tagemärsche südlich von Kontsha am Westfufse eines ostwestlich
streichenden Gebirges heifse Quellen sein sollten; es werden sich
diese also wohl am Gendero-Gebirge befinden. Ferner berichtet
Stetten (28. p. 180), dafs in einem hohen Gebirgszuge, der südwestlich
von Banyo beginne und sich nach NO. hin fortsetze, öfters Kegel
mit kraterförmigen Öffnungen, also junge Vulkane, aufträten. Der

---

[1] Im französischen Gebiet grenzen an die Alluvien bei Bania und südlich
von Gasa direkt Granulite und Glimmerschiefer (4. p. 125), von den sonst im
Kongobecken so vielfach auftretenden Sandsteinen wird nichts erwähnt.

Gendero selbst dürfte, wie Passarge nach der Schilderung Stettens annimmt, den erhöhten Nordrand des Plateaus bilden (20. p. 372; 28. p. 183).

Besser bekannt ist wieder das Gebiet bei Ngáumdere; allerdings sind die Berichte über die Strecke von Kunde bis zu diesem Ort sehr dürftig und unzuverlässig; doch geht so viel daraus hervor, dafs krystallinische Gesteine, nicht jungvulkanische, wie Barrat annimmt, wohl besonders Glimmerschiefer, und auch Laterit von Kunde bis Niambaka herrschen, während am Pafs von Niambaka und am Katil-Berg Sedimentgesteine, grauer Schiefer und Kalk, auftreten (4. p. 126), womit übereinstimmt, dafs auch Flegel von Ngáumdere Thonschiefer mitbrachte (11. p. 131). Von dem Gebiet bei Ngáumdere selbst liefert Passarge (20) uns einen eingehenderen Bericht; er fand hier aber nur alte krystallinische Gesteine und Eruptivgesteine. Die ersteren, fast nur Gneise und Lagergranite, treten sowohl an der Basis des Plateaus, wo der Benuë entspringt, wie an seinem Abhang auf (4. p. 127; 11. p. 131; 20. p. 250, 254, 259, 260, 374, 378, 559); aufserdem finden sich aber direkt bei Ngáumdere und in dem Hossere (-Gebirge)-Beka und Ngáumdere Eruptivgranite (20. p. 263, 266, 272, 374). Nördlich von Ngáumdere liegt auf der Plateauhöhe eine Decke von Nephelinbasalt, der grofsenteils in Laterit zersetzt ist. In diese ist der Gendenyato-See, wohl ein Maar, eingesenkt (20. p. 374), und an einem kleinen Bruchrand bei Bubayata ragen aus ihr Kuppen von hellgrauem Phonolith auf (20. p. 260—263, 374, 558); auch im Süden von Ngáumdere sollen zahlreiche Vulkane sein (4. p. 127); es ist dort Andesit und Basalt gefunden worden (4. p. 127), und ersterer scheint auch am Nordfufs des Plateaus vorzukommen (11. p. 133). Erwähnenswert ist noch, dafs am Fufs des Hossere Karna, einem vorspringenden Teile des Plateaurandes, neben den Gneisen und Lagergraniten vielfach auch Quarzfeldspatgemenge auftreten, für die Passarge nach ihrem ersten Fundort bei Giddir (nördlich des Mao Kebbi) den Namen Giddirit wählt (20. p. 378, 389, 559, 560).

Das Schollenland von Adamaua.

Wenn wir auch durch die Berichte Dr. Passarges (19; 20) über das Benuë-Gebiet besser unterrichtet sind, als über die eben besprochenen Gebiete, so können wir uns leider doch noch kein recht klares Bild von diesem machen, da überall noch weite Strecken und besonders die höheren Gebirge unerforscht sind. Durch das breite Benuë-Thal, das zum gröfsten Teil von Sandsteinschichten bedeckt ist, wird das Gebiet in zwei Hauptteile zerlegt, welche beide fast ganz aus krystallinischen Gesteinen zu bestehen scheinen. Im südlichen Teil, welcher hauptsächlich durch die Zuflüsse des oberen Benuë und des Faro entwässert wird, erheben sich zwischen den breiten Thälern dieser Flüsse mehrere hohe Gebirge: die Bubandjidda-Berge, das Ssari-Massiv, das Alantika-Massiv und das Tschebtschi-Gebirge. Südlich von den drei letztgenannten Gebirgen dehnt sich die weite Faro-Niederung bis zum Nordrand des Süd-Adamaua-Plateaus aus, und im Norden schliefst sich das Benuë-Thal an die Ausläufer dieser Gebirge an. Nördlich und östlich des Benuë finden wir wieder krystallinische Gebiete; so dehnt sich am Mao-Kebbi im Süden und Norden ein welliges Gneisland aus, aus welchem nur einzelne Ketten höher emporragen. Nördlich der Faro-Mündung aber beginnt jenseits der Benuë-Niederung ein gewaltiger Gebirgszug, der wie das Tschebtschi-Gebirge von SSW. nach NNO. streicht und nach allen Seiten Ausläufer besitzt, das Mandara-Gebirge.

Das Gebiet zwischen dem Tschebtschi-Gebirge und Bubandjidda.

Wie oben erwähnt, kennen wir leider fast nur die geologische Beschaffenheit der von Passarge berührten Gegenden, der übrige Teil des Landes ist hier geologisch unerforscht, so der Hauptteil von Bubandjidda und das südliche Faro-Becken. Nach den Geröllen am oberen Benuë zu schliefsen, bestehen aber die Bubandjidda-Berge aus krystallinischen Gesteinen (20. p. 379); diese beginnen westlich davon im Süden des Benuë-Sandsteingebietes ungefähr bei Songo-n-kaia (nördlich von Gumna) (20. p. 239); es ist hier ein welliges Land aus Gneisen, Graniten und Amphiboliten, aus welchem sich bei Gumna und Galíbu höhere Berge aus Eruptivgranit erheben (20. p. 240, 241, 379). Am Ostrand des Ssari-Massives aber, bei Ssagdje finden sich neben untergeordnetem Gneis, Phyllite, Grün- und Thonschiefer, im Ssagdje-Gebirge auch Glimmerschiefer (20. p. 244, 377); ähnliche Gesteine, nämlich Phyllite, Grünschiefer, Gneise mit Quarziten und quarzreichen Phylliten, herrschen auch am Südrand des Massives (20. p. 291, 294, 378, 379, 559), und hier treten auch zahlreiche Quarzporphyrgänge auf (20. p. 379, 559). Das Ssari-Massiv selbst ist noch unerforscht, doch dürfte es, wie seine Ausläufer, in der Hauptsache aus Granit bestehen (20. p. 244, 292, 377). Zwischen Ssagdje und dem Nordrande des Süd-Adamaua-Plateaus finden sich hauptsächlich Gneise und Granite (4. p. 127; 20. p. 247, 250, 377, 378, 559), an das Ssari-Massiv schliefst sich hier aber ein kleines Plateau, das von Korrowal, an, welches zwar auch aus diesen Gesteinen besteht, aber von einigen Hügelzügen durchsetzt ist, die aus Laterit und schlackigen Eisenkonkretionen aufgebaut sind. Passarge hält diese für die verwitterten Reste einer

ehemaligen Basaltdecke; er fand auch in einem der Hügel noch ein
Stück Nephelin-Basalt (20. p. 291, 377, 559).

Im Westen des Massives befindet sich das breite Faro-Thal, das
hier fast ganz von einem welligen Gneisland eingenommen wird
(20. p. 298, 299, 307, 376), jenseits desselben erhebt sich das Alantíka-
Massiv, welches, nach den Verhältnissen an seinem Südrand zu
schliefsen, ganz aus Lagergraniten zusammengesetzt ist (20. p. 308,
310, 376, 389, 392, 559, 560). Zwischen ihm und den Ausläufern
des Tschebtschi-Gebirges folgt dann wieder ein aus Gneis und Granit
bestehendes Gebiet, das Plateau von Dalami (20. p. 311, 376).

Auch das gewaltige Tschebtschi-Gebirge, welches die Westgrenze
sowohl unserer Interessensphäre als des Adamaua-Schollenlandes bildet,
besteht fast ganz aus Lagergranit mit untergeordnetem Gneis (20. p. 316,
320, 321, 322, 324), Gesteinen, welche auch seine nach Westen besonders ausgedehnten Ausläufer zusammensetzen (20. p. 315, 326, 331
bis 333). Jedoch fand Passarge sowohl am West- wie am Ostabhang
des Hauptwalles junge Eruptivgesteine, Andesit, Trachyt und Basalt
(20. p. 321, 324. 375, 558) und letzteren auch in den östlichen Ausläufern, östlich von Bassile (20. p. 375, 558). Oben auf dem Haupt-
wall liegt eine Basaltdecke, aus welcher hellgraue Kegel aufragen,
die Passarge wegen der Ähnlichkeit der Verhältnisse mit denjenigen
von Ngáumdere für Phonolithkuppen hält (20. p. 320, 375).

Das Benuë-Thal.

An dem Benuë und am Unterlauf seiner Nebenflüsse finden sich
meist junge Alluvien, hellgraue Thone, seltener Sande (3. II. p. 549,
562; 20. p. 56—58, 102, 122, 209, 385), und in der Ebene nördlich
der Mao-Kebbi-Mündung und am Benuë oberhalb Laddo, sowie an
dessen westlichen Nebenflüssen zwischen Kauyang und Songo-n-kaia
weit ausgedehnte Schotterlager, welche offenbar alte Alluvien sind
(20. p. 109, 122, 126, 129, 234, 235—238, 384, 385). Der gröfste Teil
des Thales aber wird von Sandstein eingenommen, der in meist ungestörter Lagerung den ganzen Benuë entlang bis zur Mao-Kebbi-
Mündung auftritt (20. p. 383, 384). In diesem »Benuë-Sandstein« sind
Fossilien bisher nicht gefunden worden, er ist bald rot, bald grau,
auch sein Korn wechselt und er bildet nicht nur die niederen Hügel
im Thal, sondern auch höhere Bergzüge und Plateaus, so das Bagele-
Gebirge bei Yola (20. p. 54, 55, 384)[1] und das Tengelin-Plateau bei

---

1) Die Angabe Barths, dafs dieses aus Granit bestehe, ist irrig, er sah es
nur von Yola aus (3. II. p. 570); in welchem Verhältnis der Thonschiefer, den er
hier anstehend fand, zu den Sandsteinen steht, ist leider nicht anzugeben, Passarge
erwähnt nirgends solchen in dem Benuë-Thal.

Garua (20. p. 74, 90, 384). Die Grenzen seiner Verbreitung sind leider noch sehr unsicher, nach den Bergformen zu schließen, soll er die Nordausläufer des Tschebtschi-, sowie des Alantika-Gebirges bedecken (20. p. 384); zwischen Garua und Gumna fand ihn Passarge, zuletzt allerdings meist von Geröll bedeckt, bis Bokki (20. p. 234, 235, 384), nach Osten zu bis hinter Garua (20. p. 81), er durchquerte ihn zwischen Barndaki und Garua (20. p. 71) und am Bagele-Gebirge (20. p. 54, 55) und schloß aus den Bergformen, daß er auch das Gebiet nördlich davon zwischen Mao Dassin und Tiel, sowie nördlich des Tengelin-Plateaus zusammensetze (20. p. 384). Doch ist dies nicht ganz richtig, denn bis Demssa gibt Barth nur Granit an (3. II. p. 530, 624, 627, 629). Es ist wahrscheinlich, daß der Eläolithsyenit, den Passarge am Saratse-Berg südlich davon fand (20. p. 72, 384, 559), nicht, wie er annimmt, ein jungvulkanisches Gestein ist, das den Sandstein durchbrochen hat, sondern mit diesem Granit in Zusammenhang zu bringen ist. In dem dazwischen liegenden Gebiet bei Barndaki sind eben diese Gesteine noch von Sandstein bedeckt, während der Saratse mit seinem harten Gestein durch Verwitterung und Erosion aus demselben herausmodelliert ist. Westlich davon tritt aber ein sicher jungvulkanisches Gestein, Nephelin-Basalt, am Madugu-Berg auf (20. p. 56, 384, 559); dieser ist zwar rings von Alluvien umgeben, dürfte aber doch im Untergrund den Sandstein durchbrechen, ebenso wie dies wohl bei dem Bángli bei Garua und dem Gabriel- und Elisabeth-Berg in Muri, die auch aus Basalt bestehen dürften, der Fall sein wird (20. p. 386).

Das Gneis-Gebiet von Adumré.

Südlich des Mao-Kebbi grenzt an das Benuë-Thal das wellige Gebiet von Adumré, das aus schuppigen Gneisen mit zahlreichen Quarzitgängen besteht und fast ganz von graubraunem thonigem Sand mit eckigen Quarzstücken, den Zersetzungsprodukten dieser Gesteine, bedeckt ist, während Laterit nur ganz lokal an zwei Stellen gefunden worden ist (20. p. 113—115, 149, 158—160, 397). Nur vereinzelt ragen hier einige Bergketten höher empor, so das Gore-Gebirge bei Adumré und die Laddo-Dokare-Berge am Benuë, welche aus Eruptivgranit bestehen (20. p. 116, 119, 147, 149, 382), während im Hossere-Kantscháu nach den Geröllen im Mao-Kebbi zu schließen, Diabase vorkommen (20. p. 164, 383, 559). Außerdem ist noch lokal bei Bessu roter Quarzporphyr (20. p. 382, 397) und zwischen Malumfé und Gamssargu Granatfels gefunden worden (20. p. 382, 559), sonst nur Gneise. Ähnliche Verhältnisse scheinen auch nach Osten gegen Lame zu herrschen, nur wird hier am Hossere-Gumbere Kalk angegeben (16. Karte),

was aber noch der Bestätigung bedarf. Als besonders auffällig ist
noch hervorzuheben, dafs der Benuë bei Laddo die Granitberge durchbricht, obwohl gar nicht weit westlich davon alles eben ist. Passarge
betont mit Recht, dafs dieser Umstand, sowie das Vorkommen der
ausgedehnten Schotterlager oberhalb dieser Stelle und an der Kebbi-
Mündung darauf schliefsen lassen, dafs hier ganz andere orografische
Verhältnisse geherrscht haben müssen, denn jetzt hat hier der Benuë
und Mao-Kebbi so wenig Gefälle, dafs sie keine Gerölle mit sich führen
(20. p. 385).

Das Gneis-Gebiet nördlich des Mao-Kebbi.

Das Gneisgebiet jenseits des Mao-Kebbi, das vom Kebbi und der
Alluvial-Ebene von Pittoa (20. p. 209) bis zu den östlichen Vorbergen
des Mandara-Gebirges reicht und im Norden von Matafall ohne scharfe
Grenze in das Tsad-Schari-Becken übergeht, ist in vieler Beziehung
anders zusammengesetzt und mannigfaltiger als das eben beschriebene.
Es besteht vorwiegend aus flaserigen Gneisen, welche oft in Gneisgranit und Lagergranit, in Granulit und Amphibolitgneis übergehen (20. p. 108, 161—167, 170, 172, 173, 177, 207, 382, 559), auch
Amphibolite sind häufig (20. p. 382, 559) und bei Giddir findet sich
das schon S. 174 erwähnte Quarz-Feldspat-Gemenge, der Giddirit
(20. p. 382), sowie Hälleflinta (20. p. 559). In diesem Gebiete treten
nun sehr häufig alte Eruptivgesteine auf, vor allem Granit, welcher
höhere Ketten bildet, die bald von Osten nach Westen, bald von
SSW. nach NNO. streichen. Zu ersteren gehören die Hossere Kabeshi,
Borroro, Lombel, Heri, Golum und Lulu, zu den letzteren die Hossere
Lombollo, Basima, Lam und Gule (20. p. 111, 165, 167, 170, 174,
208, 382). Bei Giddir tritt ferner, wohl als lokale Modifikation des
Granites, Glimmersyenit in einer ostwestlich streichenden Kette auf
(20. p. 170, 172, 203, 3~3, 559), aufserdem kommt aber Quarzporphyr
sehr häufig vor, besonders am Mao-Kebbi bei Golombe, dann bei
Giddir und bei Badde im Südwesten des Gebietes. Er verwittert
schwerer als der Gneis und ragt deshalb aus der Ebene in Wällen
hervor, die fast ausschliefslich von Westen nach Osten oder von
NNO. nach SSW. streichen (20. p. 163—166, 170, 207, 208, 383, 559).
Mit ihm zusammen tritt auch Kersantit und Porphyrit auf (20. p. 383,
559), ganz vereinzelt ist ferner bei Dangar, nördlich von Giddir,
Diabas gefunden worden (20. p. 383, 559). Besonders bemerkenswert
ist aber das Vorkommen von jungem Eruptivgestein, da es sich in
eigentümlicher Weise an Sedimentgesteine anschliefst, die mitten im
Gneisgebiet in geringer Verbreitung auftreten. Sowohl am Südfufs
der Granitketten des Heri, wie der Borroro-Lombel-Gebirge findet sich

nämlich eine ganz gleich gebaute, ostwestlich streichende Mulde von gelbem Sandstein mit grofsen Granitgeröllen, überlagert von Steinmergeln und graugrünem Thonschiefer (20. p. 166, 169, 383, 559). Die südliche Mulde ist durch den Mao Bullo mit Geröllen aller Art bedeckt (20. p. 166, 206), am Südufer dieses Flusses beginnt das Gneisland mit einer 70—80 m hohen Plateaustufe (20. p. 207), beide Mulden sind so förmlich eingesenkt zwischen die Granitberge und das Gneisland. Am Nordrand jeder Mulde tritt nun ein Wall von Trachyt und Augitandesit auf, mit welchem je ein zweiter Wall von grobkörnigem, rotem Sandstein parallel läuft (20. p. 167, 169, 383, 559). Der Trachyt hat den Thonschiefer der nördlichen Mulde am Kontakt in Hornfels verwandelt (20. p. 383, 559), ist also sicher jünger, als die Sedimentgesteine, in welchen kleine Brachiopoden-Schalen, leider in unbestimmbarem Zustande, gefunden worden sind (20. p. 559).

Das Mandara-Gebirge.

Das Mandara-Gebirge, das sich an das Gneisland direkt anschliefst, ist leider noch wenig erforscht; nur Denham ist in das eigentliche Gebirge eingedrungen, während Barth nur seine westlichen, Passarge nur seine östlichen Ausläufer berührte. Letzterer nimmt wohl mit Recht an, dafs das ganze Gebirge ähnlich wie das in gleichem Sinne streichende Tschebtschi-Gebirge gebaut sei. Alles, was wir wissen, spricht dafür, dafs seine Hauptmasse aus Granit besteht; denn Denham fand ihn in Süd-Mandara (9. I. p. 292, 298, 309, 331, 332), Barth im Westen des Gebirges herrschend (3. II. p. 493, 496, 501, 508, 510, 523, 524, 530); und nach ihrem Habitus hält Passarge auch die östlichen Vorberge, die Hossere Musugoi, Kolla, Siddim und Lulu für Granitberge (20. p. 182, 383). Er nimmt an, dafs das Gebirge oben von einer Basaltdecke mit Phonolithkegeln überlagert sei, und hält den Mendif Denhams und Barths nach ihrer Beschreibung für einen solchen. Für diese Ansicht spricht, dafs im Gebirge Eisenerze häufig sein sollen (9. I. p. 299, 336; 22. II. p. 61); es könnten dies lateritische, schlackige Eisenkonkretionen sein, die durch Verwitterung der Basaltdecke entstanden sind, wie Passarge auf dem Korrowal-Plateau fand (siehe oben S. 175). Doch scheint nach der Abbildung Barths der Mendif nicht ein dem Gebirge aufgesetzter Kegel zu sein, sondern sich frei von unten zwischen oder hinter den Bergen zu erheben. Aufser Granit werden aber auch noch andere Gesteine erwähnt, so am Hossere Marrua und Makkabai, die sich im Osten an das Gebirge anschliefsen, Diabastuffe (20. p. 380) und bei Lahaula im Westen von Mandara neben Granit Sandstein (3. II. p. 490), welch letzterer aufserdem erst viel weiter nördlich in der Ebene von Udje in Süd-Bornu gefunden

wurde, wo er anscheinend in ungestörter Lage auftritt (3. II. p. 450).
Leider kann man aus diesen ungenauen Einzelangaben nichts sicheres
ersehen, ebensowenig auch aus dem Berichte Denhams, der im Thal
bei Mora neben Granit und dessen Zersetzungsprodukten auch Quarz,
Hornblende, ein porphyrartiges Gestein und, was am interessantesten
ist, in einem Gemenge von Granit- und Quarzstücken mit Sand und
Thon auch Fossilien gefunden haben will (9. I. p. 332), die zum Teil
wohlerhalten, zum Teil durchlöchert »worm eaten« waren und gröfstenteils Austern ähnlich sahen. Vielleicht erklärt man das am einfachsten,
wenn man annimmt, dafs diese Muscheln dickschalige Najadiden
waren, welche aus einem ehemaligen See oder einem Flufs stammten
und beim Transport im Geröll zum Teil korrodiert wurden. Immerhin ist aber die Angabe Denhams von durchbohrten Schalen auffällig, es erinnert dies an die so oft von Bohrschwämmen (Vioa) durch-
löcherten Austern.

Das Tsad-Schari-Becken.

Der ganze nördliche Teil unserer Interessensphäre ist von einer
grofsen, ganz flachen Ebene eingenommen, in der nur sehr wenige,
vereinzelte Höhen auftreten. Sie grenzt im Süden an die Ausläufer
der Mandara-Berge und das Gneisland östlich davon und senkt sich
ganz allmählich nach Norden zum Tsad-See. Nach allen Berichten ist
sie überall von Alluvien überdeckt, doch sind diese sehr verschiedener
Art. Am Südufer des Tsad ist schwarzer Moorboden, sog. Firki, sehr
verbreitet (3. III. p. 242, 417; 9. I. p. 277; 18. II. p. 494, 499; 22. II. p. 12,
66, 71); in Mussgu (im Logon-Gebiet) treten häufig breite, flache, von
Barth Wiesenwasser genannte, Niederungen auf, welche in der Trockenzeit von einer Reihe von Sümpfen und flachen Tümpeln, in der
Regenzeit von einem sehr langsam fliefsenden Gewässer eingenommen
sind; vielfach, besonders im Schari-Logon-Gebiet, tritt aber Sand und
Thonboden auf (3. III. p. 210, 254, 283, 294, 417; 18. II. p. 550, 573,
736, 747, 753). Geröll-Lager werden hier nirgends erwähnt, der Schari
scheint hauptsächlich Sand mit sich zu führen, wenigstens werden
sandige Inseln und Ufer öfters angegeben (3. III. p. 283, 294; 18. II, p. 552,
560, 561), der Jadseram-Flufs, südlich von Udje, soll aber groben
Granitkies führen (22. II. p. 34). Die einzelnen Höhen in der Ebene
bei Wasa, Issege und Doloo, bestehen alle aus Granit (3. II. p. 479,
III. p. 228; 22. II. p. 49, 50), nirgends sind in unserem Gebiet ältere
Sedimentgebilde gefunden worden. Etwas anders sind die Verhältnisse in Marrua, hier sind höhere Berge ziemlich nahe, und nach
Süden geht das Alluvialgebiet in das Gneisland über. Wir finden
deshalb aufser sandigem Thonboden, Flugsand und Kalkknollen

(20. p. 182, 186, 198, 206, 381) oft noch krystallinische Gesteine in Geröllen oder anstehend in flachen Hügeln (20. p. 182, 184, 198, 206, 381, 382). Die Kalkknollen, die auch an einem Bach im Adumré-Gneisland, sowie in den Alluvien des Mao Bullo in der Sandstein-Mulde vorkommen (20. p. 166), sind keine Gerölle, sondern, ähnlich wie die Löfsmännchen, Konkretionen, welche sich in mergeligen Alluvien gebildet haben; die krystallinischen Gesteine, Gneis und Granit, bilden hier offenbar den Untergrund; es scheint dies übrigens auch im Norden der Fall zu sein, da wir auch dort nur Granit, lokal aus den Alluvien aufragend, gefunden haben.[1]

Die Hauptrichtungen in Adamaua.

Nachdem die Geologie der einzelnen Teile unseres Schutzgebietes besprochen ist, erübrigt noch eine Erörterung vom allgemeinen Gesichtspunkt aus, soweit eine solche bei der im ganzen ziemlich dürftigen Kenntnis der geologischen Verhältnisse möglich ist. Vor allem ist hier zu erwähnen, dafs zwei Hauptrichtungen, eine von Ost nach West, die andere von SSW. nach NNO., eine grofse Rolle spielen (20. p. 387). In dem südlichen Küstengebiet, wo gröfsere Störungen nicht beobachtet sind, lassen sich diese allerdings nicht nachweisen, und der nördliche Teil des Küstenlandes ist in Bezug auf seine Tektonik noch zu wenig erforscht, um irgendwelche Verwerfungs- oder Faltungsrichtungen konstatieren zu können; dagegen beherrschen die genannten Richtungen die orographischen Verhältnisse von Adamaua in bemerkenswerter Weise. So fällt die Linie, welche durch die Vulkane Annobon, Sao Thome, Principe, Fernando Poo und Kamerun geht, mit der Achse des Tschebtschi-Gebirges zusammen, und wo sie das Benuë-Thal trifft, liegen die Vulkane Gabriel und Elisabeth. Für diese Linie wählt Passarge den passenden Namen »Kamerun-Linie«. Auch der Ostrand des Alantika-Massivs streicht ihr parallel, und in der Verlängerung dieser Richtung liegt der Saratse-Berg am Benuë und der Osthang des Mandara-Gebirges. Auch das Bagele-Gebirge bei Yola und viele Granitketten, so die Hossere Basima, Lombollo, Lam und Gule, sowie ferner ein Teil der Porphyrwälle im Mao-Kebbi-Gneisgebiet streichen in dieser Richtung.

Die zweite Richtung ist diejenige des Hauptteiles des Benuë-Thales, Passarge nennt sie daher Benuë-Linie (20. p. 388). Ihr parallel

---

1) Erwähnenswert ist noch, dafs der Mendif-Berg, der östlich von Marrua als isolierter Kegel aus der Ebene aufragt, seiner Form nach aus Granit bestehen soll (20. p. 381); er ist nicht zu verwechseln mit dem oben erwähnten Mendif, der in den südlichen Mandara-Bergen liegt.

streicht im ganzen der Nordrand des Süd-Adamaua-Plateaus, auch der
kleine Bruchrand, der bei Bubayata, nördlich von Ngáumdere, auf
dem Plateau auftritt; ebenso verläuft der Südrand des Ssari- und
Alantika-Massivs ostwestlich; an ersterem streichen die krystallinischen Schiefer in der Kamerun-Richtung (35⁰) bis an die Granitmauer
des Massivs, um hier plötzlich abzubrechen, es ist also sicher eine
tektonische Linie. Aufserdem haben wir schon viele ostwestlich streichende Granitketten, so die Hossere Alhadjin, Durru, Gore, Laddo
Dokare, Kabeshi, Borroro, Lombel, Heri und Lulu, und viele Porphyr-
Wälle erwähnt, und auch die Trachyt-Wälle und Sandstein-Mulden
im Mao-Kebbi-Gneisgebiet streichen in der Benuë-Richtung. Ob aber
das Sandstein-Gebiet am Benuë von Yola bis Garua von ostwestlichen
Linien begrenzt ist, wie Passarge annimmt (3. p. 388), ist sehr unsicher;
doch genügt wohl die grofse Zahl der angeführten Beispiele, um zu
beweisen, dafs die O.—W.- und SSW.—NNO.-Richtung die Hauptrolle in Adamaua spielen und zwar seit den ältesten Zeiten bis in
die Neuzeit; denn wir finden sie beide im Streichen der krystallinischen
Schiefer, der Granitketten, der Porphyrgänge und der Sandstein-
Mulden, sowie der Trachytwälle und der Kamerun-Vulkanlinie. Am
Nord- und Südrand des Alantika, sowie am Südrand des Ssari-Massivs
glaubt übrigens Passarge ein Zusammenwirken beider Linien beobachten zu können, indem diese Ränder, entsprechend der Richtung beider
Linien, einen treppenförmigen Verlauf nehmen (20. p. 389)[1].

Die geologische Geschichte Adamauas.

Bei der Besprechung der Küstengebiete Kameruns haben wir
schon das Wichtigste über die Geschichte dieser Gegenden gesagt,
es ist daher nur noch die des Inneren zu erörtern. Leider müssen
wir auch hier hervorheben, dafs bei dem Mangel sicher bestimmter
Fossilien und genau aufgenommener Profile alle Schlüsse sehr allgemein gehalten und unsicher sein müssen.

Wir können im Innern drei Hauptperioden unterscheiden: 1. die
der alten, meist krystallinischen Gesteine, 2. die des Benuë-Sandsteins,
3. die der jungen Eruptivgesteine und der Alluvien.

Was die erste Periode anlangt, so gilt für dieselbe das in der
allgemeinen Einleitung Gesagte: sie entspricht nach dem Charakter

---

1) Es ist von grofser Bedeutung, dafs auch in Deutsch-Ostafrika konstatiert
werden kann, dafs zwei Richtungen seit den ältesten Zeiten herrschen, wovon die
eine, die sog. Somali-Richtung, der Kamerun-Linie parallel läuft, die andere aber,
die sog. erythräische Richtung, diese unter spitzem Winkel kreuzt, indem sie von
SSO. nach NNW. zieht (siehe Seite 66).

der weitaus vorherrschenden Gesteine, der Gneise und Lagergranite, in ihrer Hauptsache dem Archaicum, doch treten nicht nur Gesteine vielfach auf, die dem jüngeren Teil dieser Epoche zuzurechnen sind, wie Glimmerschiefer, Amphibolite, Grünschiefer und Phyllite, sondern es werden, allerdings nur vereinzelt, aus dem Innern auch Thonschiefer und Kalk im krystallinischen Gebiet erwähnt (4. p. 126; 11. p. 131). Da wir aber gar nichts näheres über dieselben wissen, ist es nicht zulässig, dieselben, wie Barrat thut (4. Karte), als devonisch zu erachten; wir müssen uns begnügen, das Auftreten sicher sedimentärer Gesteine mit den krystallinischen zusammen zu konstatieren, und einstweilen diese alle als Primärformation zusammenfassen. Diese Schichten, welche sowohl die Vorlandterrassen, wie die Randgebirge und die Hauptmasse und den Untergrund des ganzen Binnenlandes zusammensetzen, sind nun in Adamaua von zahlreichen Eruptivgesteinen durchbrochen, teils von Graniten, teils von Quarzporphyren, an welche sich untergeordnet Syenite, Porphyrit, Kersantit und Diabas anschliefsen. Sowohl die Granite, wie die Porphyre finden wir in den beiden Hauptrichtungen streichend, nirgends ist aber ein gemeinsames Auftreten beider Eruptivgesteine konstatiert. Ob sich daher zwei aufeinander folgende Perioden, eine der Granit- und eine der Porphyr-Eruptionen, unterscheiden lassen (20. p. 390), ist noch ganz unsicher; doch dürfen wir wohl annehmen, dafs die Porphyre, welche bei uns im jüngeren Paläozoicum eine so grofse Rolle spielen und hier hauptsächlich auftreten, jünger sind als die Granite. Wahrscheinlich entsprechen sie einer Periode, in welcher in Zentral- und Süd-Afrika grofse tektonische Veränderungen vor sich gingen, auf welche hin die Ablagerung der so weit verbreiteten Sandsteine begann.

Die Sandsteine, mit welchen in den Mulden bei Ssarauiël auch Mergel und Thonschiefer, letztere vielleicht auch bei Yola (siehe S. 176), vorkommen, treten im Innern Kameruns nicht nur im Benuë-Thal und bei Ssarauiël auf, sondern sind auch bei Bafut am Nordrand des Süd-Adamaua-Plateaus und bei Lahaula und Udje westlich und nordwestlich der Mandara-Berge gefunden. Schon ihre Verbreitung schliefst die Erklärung Passarges (20. p. 390) aus, dafs sie Ablagerungen eines Flusses seien; eher liefse sich an Dünenbildungen denken, womit auch ihre Fossilarmut in Übereinstimmung wäre. Von den unter ähnlichen Verhältnissen auftretenden Sandsteinen im Kongo-Becken nimmt man übrigens fast allgemein an, dafs sie in grofsen Binnenseen sich abgelagert hätten[1]), wobei freilich der Mangel an

---

1) Siehe Cornet: Les formations postprimaires du bassin du Congo (Ann. soc. géol. de Belgique, 1893/94, p. 192 ff.).

Fossilien auffallen muſs. Hier ist aber noch hervorzuheben, daſs in den Steinmergeln der Mulde von Ssarauiël kleine Schalenreste von Brachiopoden gefunden wurden, also von Tieren, die ausschlieſslich marin sind; es ist auch an die austernähnlichen Fossilien zu erinnern, die Denham in Mandara fand, und ferner daran, daſs Rohlfs zahlreiche Fossilien in der südlichen Sahara bei Agadem sah. Es ist nicht ganz unmöglich, daſs die Sedimentgesteine unseres Gebietes nicht mit denjenigen des Kongo in Zusammenhang zu bringen sind, sondern mit denen der Sahara. Es ist ja auffallend, daſs im eigentlichen Süd-Adamaua-Hochland, abgesehen von dem Vorkommen bei Bafut, worüber wir nichts Näheres wissen, sowie am oberen Sanga keine solchen Gesteine gefunden sind. Sie treten alle in nicht zu groſser Meereshöhe nördlich des Plateaurandes auf, und es erscheint fraglich, ob sie je die höheren Gebirge bedeckten, ob nicht diese zur Zeit der Ablagerung des Sandsteines als Inseln aus dem Meer oder Binnensee aufragten.

Bedeutend jünger als die Sandsteine sind wohl die Sedimentgesteine im Küstengebiet, sie gehören wohl alle zur marinen Kreide, die ja nördlich des Kamerun-Berges sicher Ablagerungen hinterlassen hat. Noch jünger sind die Basalte, Andesite und Trachyte unseres Gebietes. Der Zusammenbruch des groſsen Gondwana-Festlandes erfolgte zwar schon in der Zeit des oberen Jura und der unteren Kreide, und es liegt eigentlich nahe, die zahlreichen Eruptionen auf diesen Vorgang zurückzuführen, doch lassen die Verhältnisse am Kamerun-Berg darauf schlieſsen, daſs dieser jünger ist, als die in seiner Nähe zum Teil landeinwärts auftretenden Kreideschichten. Da nun in der Kamerun-Linie auch im Innern Ausbrüche von Basalt und Andesit erfolgten, so ist der Schluſs gerechtfertigt, daſs diese wie alle dortigen jungen Eruptivgesteine mit ihm ungefähr gleichalterig sind und nach der Analogie mit europäischen Verhältnissen hauptsächlich in das Tertiär gehören (20. p. 391). Doch ist zu bemerken, daſs am Kamerun-Berg die Eruptionen bis in die Jetztzeit fortdauern, also auch im Inneren vielleicht jüngere Ausbrüche erfolgten. Da die jungen Eruptivgesteine nirgends im Süden unseres Schutzgebietes gefunden sind, sondern erst nördlich der Kamerun-Mündung und im Innern gegen den Nordrand des Plateaus zu, bei Baliburg, bei Banyo und Ngaumdere, so dürfen wir annehmen, daſs dieser hauptsächlich tektonischen Vorgängen seine Entstehung verdankt. Auſserdem sind die jungen Eruptivgesteine auch auf dem Korrowal-Plateau am Ssari-Massiv, im Tschebtschi-Gebirge, im Benuë-Thal und an den Mulden bei Ssarauiël gefunden, also im Adamaua-Schollenland. Passarge (20. p. 391) nimmt wohl mit Recht an, daſs die Ausbrüche mit grofsen Absenkungen in Verbindung zu bringen sind, welche hier an Brüchen in der Kamerun- und Benuë-Richtung erfolgten. Dabei blieben das Süd-Adamaua-Plateau, das Ssari- und Alantika-Massiv, das Tschebtschi- und wohl auch das Mandara-Gebirge als Horste stehen, während das Becken am oberen Faro einbrach, und im Benuë-Thal Bewegungen erfolgten, durch welche die Falte des Bagele-Gebirges und zahlreiche Brüche im Benuë-Sandstein sich bildeten, und endlich im Mao-Kebbi-Gneisland die Versenkung der Mulden an der Südseite der Granitketten der Hossere Heri und Borroro-Lombel stattfand.

Wir haben oben, Seite 178, ausgeführt, dafs der Durchbruch des Benuë bei Laddo und das Auftreten weit ausgedehnter Schotterlager an diesem Flufs nicht anders zu erklären ist, als dafs hier ganz andere orographische Verhältnisse herrschten; es liegt nahe, die Veränderungen, welche hier Platz griffen, um die jetzigen Verhältnisse herbeizuführen, ebenfalls mit den Einbrüchen und also auch mit den Eruptionen in Zusammenhang zu bringen, wenn sich dies auch nicht erweisen läfst.

Das Alluvialgebiet am Sanga steht mit dem am mittleren Kongo in unmittelbarem Zusammenhang. Nach Cornet (loc. cit. p. 258) sind diese Alluvien Ablagerungen in einem Seebecken, das von der Lomami-Mündung bis Bolobo und von den Leopold- und Mantumba-Seen bis zum oberen Sanga reichte. Dieser See (lac du haut Congo) wurde nach Dupont bis auf die eben genannten Seen erst in postpliocäner Zeit entwässert (Cornet p. 273), es gehören also die Alluvien im Südosten unseres Gebietes in das jüngere Tertiär. Über das Alter der Alluvien in der Flachbeckensenke des Tsad-Sees läfst sich nichts sagen, da die dortigen Verhältnisse noch nicht genügend erforscht sind. Sie scheinen direkt auf krystallinischen Gesteinen zu lagern und dürften Ablagerungen in einem flachen Seebecken und auch in Flufsniederungen sein. Es ist sehr wahrscheinlich, dafs sich der Tsad-See einst fast über das ganze Gebiet bis zu den Mandara-Bergen ausgedehnt und so den gröfsten Teil von Bornu, Mandara, Logon und Bagirmi eingenommen hat.

Nutzbare Mineralien.

Da der gröfste Teil von Kamerun geologisch noch ganz unerforscht ist, und auch die uns besser bekannten Gebiete nur ziemlich oberflächlich untersucht sind, so kann es nicht verwundern, dafs wir von dem Vorkommen nutzbarer Mineralien nur sehr wenig wissen. Das einzige Metall, das häufig erwähnt wird, ist Eisen; es ist meist

als Raseneisenerz in lateritischen Bildungen verbreitet. In vielen
Gegenden wird es von den Eingeborenen gewonnen, so im Innern
besonders in Bubandjidda (3. II. p. 608), bei Sságdje (20. p. 246), im
Mandara-Gebirge (9. I. p. 299, 336; 22. II. p. 61) und im Bali-Gebiet
(32. p. 223). Für Europäer dürfte die Ausbeutung dieser Erze kaum
jemals lohnend sein, doch sind dieselben immerhin für die beschränkte
Industrie der Eingeborenen von Bedeutung.

Aufser den Eisenerzen wird nur noch Kupfer im Bali-Gebiet
erwähnt, doch ist genaueres über dieses Vorkommen nicht bekannt
(32. p. 223), und endlich ist in den Gneisen und Glimmerschiefern
am untern Sannaga Gold, sowie im Abo-Land Gold und Silber gefunden worden, bis jetzt aber nur in sehr geringer Menge (13. p. 104, 105),
so dafs eine lohnende Ausbeute nicht möglich ist[1]) Das negative
Resultat der bisherigen Untersuchungen berechtigt aber natürlich
nicht zu der Annahme, dafs in unserem Schutzgebiet abbauwürdige
Erzvorkommnisse fehlen; denn gerade die Gebiete, in welchen die
Schichten der krystallinischen Gesteine stärker gestört sind, und in
welchen Spalten und Eruptivgänge häufig auftreten, also auch am
ersten Erzgänge zu erwarten sind, so das Hinterland des Kamerun-
Vulkans und das mittlere Adamaua, sind noch kaum erforscht.

---

1) Der höchste durch Analyse gefundene Goldgehalt war 2,3 g in 100 kg
Glimmerschiefer.

Verzeichnis der Gesteine von Kamerun.

Gebiet des Kamerun-Berges.

Basalt-Laven, Kamerun-Gebirge . . . . 27. p. 285
Laven, doleritisch, vereinzelt in Geröllen am Berg . . . . . . 27. p. 285
Tuff, am Südwesthang des kleinen Kamerun-Berges . . . . . 27. p. 285
Schlacken, bei Viktoria und Bongongo . . . . 27. p. 286
Asche, bei Kap Dibundja . . . . 27. p. 286

Gebiet nördlich des Kamerun-Berges.

Gneis, rot, am Jongalove-Fluſs 10
Augengneis, am Ndian-Fall bei Ndian 10
Gneis, grau, mit Dioritschiefer und Granulit, am Lokelle ober
   Bioko 10
Gneis mit Felsitporphyr, dunkelgrün, am Jongalove ober Boangolo 10
Konglomerat von Quarz und Gneis, F. 30° WSW., unterhalb des
   Ndian-Falles 10
Gneis, grau, glimmerreich, am Ndian, Lokelle, Jongalove, Isam-
   benge, Massake und bei Muyanga 10
Thonschiefer, schwarzgrau, glimmerig, mit Sandsteinlagen und
   Konkretionen, F. 17—30° W., am Jongalove 10
Sandstein, grau, hart, auf dem Thonschiefer, am Jongalove . . 10
Kalksandstein, grau, feinkörnig, mit Fossilien, Jongalove, fluſs-
   aufwärts 10
Sandstein, grobkörnig, mit Pyrit- und Quarzknollen, am Jongalove,
   weiter fluſsaufwärts 10
Sandstein, grau, am Ndian-Fluſs 10
Thonschiefer und Kalksandstein, mit Fossilien, am Lokelle . . 10
Thonschiefer, am Isambenge 10
Thonschiefer, mit Konkretionen, am Massake 10
Thonschiefer, schwarz, dünnplattig, bei Loë 10
Thonschiefer, schwarz, dickplattig, mit Algen und Fischresten, bei
   Kitta-Faktorei 10
Urgebirg, mit Basalt bedeckt, Rumpi- und Balluë-Berge . . . 10
Asche mit Basalt- und Gneisstücken, Barombi-Schlucht am
   Elephanten-See 10
Tuff, Fluſsbett, im Westen des Elephanten-Sees 10
Basalt, blasig, Insel im Kotta-See 10
Laterit mit wenig Limonit, im Gebiet des Urgebirges 10
Thonschlamm mit Glimmer, Mangrove-Gebiet 10
Sand, bei Bakundu ba Foë und Ekumba-Liongo 10
Sand, am Strand südlich des Meme 10
Lehm, dunkel, bedeckt von sandigem Schwemmlehm, 1 km unter-
   halb Itoki am Massake 10
Sandstein, horizontal, am Sowe-Bach, westlich des Elephanten-
   Sees . . . . 31. p. 38
Gestein, glimmerreich, am Mbome, Nebenfluſs des Aksat . . . 31. p. 39
Kryst. Schiefer, bei Itoki und Bioko, an den Meme-Fällen bei
   Ekumbi-Naëne und Nyanga und am Elephanten-See . . . . 31. p. 39
Basaltsäulen, bei Mbonge . . . . 31. p. 39
Basalt-Monolithe, bei Kitta . . . . 31. p. 39
Basaltsäulen, bei Nyanga . . . . 33. p. 35
Kryst. Schiefer, Stromschnellen bei Bioko . . . . 33. p. 36

Randgebirge und Inneres südlich des Sannaga.

Gebiet zwischen dem Mbam-Fluss und Kunde.

Gegend von Ngáumdere.

Ssari-Massiv und Umgebung.

Sandstein, lateritischer Sand und Sandstein-Platten, südlich des
    Benuë gegenüber Garua, bei Songo-n-madje bis Goa-haussári |20. p.229,231,233
Quarzit-Geröll, Lehm, in Bacheinschnitten auch Sandstein, grau,
    nördlich von Káuyang . . . .   20. p. 234
Flugsand, lateritisch, Kies- und Geröll-Lager, an Bächen Lehm,
    grau, und oft Sandstein, Ebene südlich Káuyang . . . . .   20. p. 235, 385
Granit, rot, und Laterit, lokal im Geröllgebiet bei Uro-Féiand,
    südlich von Káuyang . . . .   20. p. 235
Geröll, am Mao-Falla . . . .   20. p. 235
Sandstein, Mao-Falla bis Bokki . . . .   20. p. 235
Lehm, graubraun, bis dunkelbraun, in Thälern Gneis und Granit,
    südlich von Bokki . . . .   20. p. 237
Geröll-Lager, Thal des Mao-Mbai, südlich von Bokki . . . .   20. p. 238
Sandstein, bald hellgrau, bald rot, grob- und feinkörnig, fossileer
    am Benuë bei Yola, Kassa, im Bagele-Gebirge, zwischen Barn-
    daki und Garua, im Hossere-Duli, Hedjematari, Bogoli, Tengelin
    Plateau, zwischen Demssa und Mao-Dassin, im Süden bis Bokki,
    am Nordrand des Alantika, am H.-Bangli . . . . 20. p. 383, 384
Sandstein-Falte, Str. NNO.—SSW., Bagele-Gebirge . . . . .   20. p. 384

Adumré-Gneisland, südlich des Mao-Kebbi.

Kalkstein, westlich von Lame, südlich des Hossere-Gumbére . .   16
Granit, hell, Blöcke, Gebiet am Hossere-Gumbére   16
Quarz-Blöcke, östlich des Mao-Sangarare   16
Gneis, grau, Sand, graugelb mit eckigen Quarzstücken, nordwest-
    lich von Adumré . . . .   20. p. 113
Gneis-Land mit Quarzrücken, südlich von Adumré . . . . .   20. p. 113
Sand, graugelb, öfters thonig, mit rotbraunen und gelben eluvialen
    Quarzstücken, südlich von Adumré . . . .   20. p. 114
Sand, lateritisch, lokal, Dorf südlich von Bessu . . . . . 20. p. 115, 397
Gneis, dann Granit, am Pafs des Hossere-Laddo . . . . .   20. p. 115
Granit, sehr grob, mit grofsen Feldspäten, Felsenburgen und
    Hügel bei Laddo . . . . 20. p. 116, 119
Granit-Grus und Granitburgen, Mallumfé am oberen Benuë . .   20. p. 147
Granit-Ketten, niedrig, dann welliges Land von grauem Gneis
    und blau- und gelbgrauem Thon, nördlich von Mallumfé .   20. p. 149
Gneis, welliges Land, südlich bei Adumré . . . . 20. p. 152, 158
Gneis, Boden graugelb, sandig oder thonig, mit Quarzstücken,
    nördlich von Adumré . . . .   20. p. 159
Quarzit, weifs, Hossere-Katatschía, nördlich von Adumré . . . 20. p. 159
Gneis, F. 90°, am Nord-Fufs des Hossere-Katatschía . . . . 20. p. 160
Diabas und kryst. Schiefer (?), Hossere-Kantschau . . . . 20. p. 164, 383
Mergel, sandig, mit Kalkknollen, Bach bei Adumré . . . . . 20. p. 167
Gneis, schuppig, mit Quarzitgängen, Adumré-Gebiet . . . .   20. p. 382
Granit, eruptiv, Hossore-Gore, Laddo und Dokare . . . . .   20. p. 382
Quarz-Porphyr, rot, Dorf südlich von Bessu . . . . 20. p. 382, 397
Granatfels, dicht, Blöcke zwischen Mallumfé und Gamssárgu . 20. p. 382, 559
Plagioklas Augit-Porphyrit, diabasisch, stark zersetzt, Geröll vom
    H.-Kantschau im Mao-Kebbi . . . . 20. p. 383, 559
Laterit, lokal, bei Gamssárgu . . . .   20. p. 397

Gneisland nördlich des Mao-Kebbi.

Mandara-Gebirge und Umgebung.

Litteratur-Verzeichnis zu Kamerun.

Die für die Kenntnis der Geologie Kameruns besonders wichtigen Quellen sind mit fetten Kursivlettern, solche mit zahlreichen Einzelangaben mit gewöhnlichen Kursivlettern gedruckt, petrographische und mineralogische Arbeiten sind mit einem * ausgezeichnet.

1. *W. Allen:* A narrative of the expedition to the River-Niger in 1841, II. vol. London 1848.
2. Fr. Autenrieth: Über eine Reise in das Nkosi-Gebirge. (D. Kol.-Blatt 1895, p. 484.)
3. *Dr. Barth:* Reisen und Entdeckungen in Nord- und Zentral-Afrika. 5 Bde. Gotha 1857.
4. M. Barrat: Sur la Géologie du Congo Français. Paris 1895.
5. Dr. Buchner: Kamerun. Leipzig 1887.
6. *R. F. Burton:* Abeokuta and the Cameroons Mountains, II. vol, London 1863.
7. *E. Cohen: Lava vom Camerun-Gebirge (Neues Jahrb. f. Min 1887, I. p. 266).
8. Comber: Discussion on explorations inland from Mount Cameroons. (Proc r. geogr. soc. 1879, p. 237).
9. *Denham*, Clapperton, and Oudney: Narrative of travels and discoveries in Northern and Central-Africa. 2 vol, London 1828.
10. *P. Dusén:* Om nordvästra Kamerun områdets geologi (mit Karte) (Geol. fören. i Stockholm förh., 1894, Bd. 16, H 1).
11. *Dr. Gürich:* Beiträge zur Geologie von Westafrika (mit Karte) (Zeitschr. d. D. geol. Ges. 1887, p. 96).
12. C. Heinersdorf: R. Buchholz, Reisen in Westafrika. Leipzig 1880
13. *B. Knochenhauer:* Geologische Untersuchungen im Kamerun-Gebiete (mit Karte) (Mitt. aus d. D. Schutzgeb. 1895, VIII. p. 87).
14. *v. Lasaulx:* Über Erdarten und Gesteinsproben aus Kamerun etc. (Sitz.-Ber. d. niederrh. Ges in Bonn 1885, p. 287).
15 O. Lenz: Geologische Mitteilungen aus West-Afrika (Verh d k. k. R-A. Wien 1878, p. 148).
16. de Maître: Travers l'Afrique du Congo au Niger. Paris 1895.
17. C. Morgen: Durch Kamerun von Süd nach Nord. Leipzig 1893.
18. G. Nachtigal: Sahara und Sudan, 2. Bd. Berlin 1881.
19. Dr. S. Passarge: Nachrichten von der v. Uechtritz'schen Benuë-Expedition. (Mitt. aus d. D. Schutzgeb. 1894, VII. p. 33).

20. *Dr. S. Passarge:* Adamaua. Berlin 1895.

21. Dr. Preufs: Bericht über das Gebiet des kleinen Kamerunberges (Mitt. aus d. D. Schutzgeb. 1895, VIII, p. 113).

22. G. Rohlfs: Quer durch Afrika. 2. Bd., Leipzig 1875.

23. Schöne: Reise nach dem oberen Campo-Flufs (D. Kol.-Blatt 1894, p. 533).

24. Schran: Spuren vulkanischer Erscheinungen am Kamerungebirge (Mitt. aus d. D. Schutzgeb. 1888, I. p. 46).

25. Schran: Das Kamerunbecken und seine Zuflüsse. (Mitt. aus d. D. Schutzgeb. 1891, IV. p. 34).

26. B. Schwarz: Kamerun. Leipzig 1886.

27. Spengler: Bericht über die Anbaufähigkeit des Gebietes des Bezirksamtes Viktoria der Kolonie Kamerun (D. Kol.-Blatt 1894, p. 282).

28. v. Stetten: Bericht über den Marsch von Balinga nach Yola (D. Kol.-Blatt 1895, p. 110).

29. *Dr. Weissenborn:* Bericht über die geologischen Ergebnisse der Batanga-Expedition. (Mitt. aus d. D. Schutzgeb. 1888, I. p. 32).

30. G. Zenker: Yaúnde (Mitt. aus d. D. Schutzgeb. 1895, VIII. p. 36).

31. Zeuner: Bericht über die vom 8. bis 21. I. 1889 ausgeführte Expedition nach Bioko. (Mitt. aus d. D. Schutzg. 1889, II. p. 38).

32. E. Zintgraff: Von Kamerun zum Benuë (Verh. d. Ges. f. Erdk. Berlin 1890 p. 210).

33. E. Zintgraff: Nord-Kamerun. Berlin 1895.

34. H. Zöller: Forschungsreisen in der deutschen Kolonie Kamerun. Berlin 1885.

Togo.

Während für die sonstige wissenschaftliche Erforschung des Schutzgebietes von Togo ziemlich viel gethan worden ist, hat man leider auf die geologische Beschaffenheit desselben fast gar keine Rücksicht genommen; die Reisenden machen nur gelegentliche, meist ganz allgemeine Angaben, und ein geologisch gebildeter Fachmann war überhaupt nie hier thätig.

Über die Orographie Togos sind wir ziemlich gut unterrichtet, die Verhältnisse sind hier im ganzen einfach. An der ganz flachen Küste ist eine langgestreckte Lagune, hinter welcher die wellige bis hügelige Küstenebene langsam ansteigt bis zum Fuſs der Gebirge. Diese durchziehen das Gebiet von Südwesten nach Nordosten und fallen ziemlich steil gegen die Küstenebene ab. Sie bilden eigentlich nur den erhöhten Rand des westafrikanischen Hochlandes, welches sich im Innern des Landes ausdehnt. Der Übergang der Gebirge in dasselbe scheint ein ganz allmählicher zu sein. In unserem Gebiete sind nur kleine Flüsse, die in den Gebirgen entspringen; nur an der Westgrenze ist der Volta, der weit in die Hochländer hineinreicht, und im Osten der Monu, der ebenfalls seine Zuflüsse weit aus dem Innern empfängt.

Aus diesen Verhältnissen ergibt sich eine Dreiteilung des Gebietes in das Vorland, die Randgebirge und die Hochländer; leider wissen wir aber über die Geologie dieser Teile aus den oben erwähnten Gründen nur auſserordentlich wenig.

Das Vorland.

Fast längs der ganzen Küste zieht sich die Togo-Lagune hin, wie überhaupt die Küste von ganz Oberguinea reich an Lagunen ist. Wenn auch über ihre Entstehung keine speziellen Untersuchungen gemacht worden sind, so dürften die an anderen Punkten der Guinea-Küste gewonnenen Resultate auch hier zu verwerten sein. Infolge der starken Strömung, die hier längs der ganzen Küste streicht, und der heftigen, schräg auf die Küste treffenden Brandung werden die Flüsse gezwungen, ihre Sedimente an ihrer Mündung hauptsächlich an einem Ufer abzulagern. So entsteht an diesem allmählich eine niedere Landzunge, welche die Flufsmündung seitlich ablenkt, und im Laufe der Zeit bildet sich so eine schmale, lange Nehrung, hinter welcher der Flufs dem Meere parallel läuft. Leicht wird diese bei einer Sturmflut oder bei plötzlichem Anschwellen des Flusses an irgend einer Stelle durchbrochen, das Meerwasser dringt ein, und so ist die typische Lagune mit bald süfsem, bald brakischem Wasser fertig (11. p. 89; 15. p. 341).

Die Küste Togos ist durchwegs flach und sandig, die Lagune selbst aber und die sumpfigen Niederungen dahinter haben als Untergrund feinen Thonschlamm (5. p. 144). Nur von einem Punkte, bei Klein-Popo brachte Zöller von einem Felsen ein Handstück mit, das nach Lasaulx (13. p. 298) weifser Sandstein mit kalkigem Bindemittel und eckigen Quarzkörnern, ohne Eisenoxydgehalt, ist. Nach Henrici soll übrigens dieser Sandstein am Strande öfters unter Wasser anstehen (8. p. 24).

Jenseits von der Lagune, bei Lome aber direkt hinter dem sandigen Strand, beginnt die meist hügelige Küstenebene, deren Untergrund nach François (5. p. 144) Konglomerat, überlagert von rötlichem Lehm ist. Nur vereinzelt sollen auf den Hügelkämmen Sandnester und am Nordrand der Lagune grauer Lehm auftreten. Diese Angaben werden von Henrici bestätigt (8. p. 21); nach den Handstücken, die Lasaulx (13. p. 297) untersuchte, ist der rötliche Lehm offenbar echter Laterit, in welchem Roteisenkonkretionen vorkommen.

Erwähnenswert ist von diesem Gebiet nur noch, dafs in Sebbe am 12. Oktober 1890 gegen 6½ Uhr p. m. und am 12. November um 3 Uhr a. m. leichte Erdstöfse, je 5—6 Sekunden lang, beobachtet wurden. Doch ist über ihre Richtung leider nichts bekannt (3. p. 11).

Die Randgebirge.

Hügelketten, die von Südwesten nach Nordosten streichen, leiten zwar über zu den Randgebirgen, diese erheben sich aber ziemlich schroff und hoch über das Vorland; sie sind in mehrere Ketten gegliedert, die alle wie die Hügel streichen. Über ihre geologische Beschaffenheit wissen wir fast nichts, nach Henrici (8. p. 22) bestehen sie aus Urgestein, umgeben von jüngeren Bildungen, ohne dafs jung-

vulkanische Gesteine auftreten. Dies wird durch François bestätigt,
der, besonders am Südhang, roten Sandstein, Quarz, Gneis und Granit
anstehend fand (4. p. 87; 5. p. 144), durch Wolf (16. p. 99), der am
Chra- (Hulla-) Fluſs, einem Zufluſs des Monu, Granit, Sandsteinkon-
glomerat und Raseneisenstein erwähnt, und durch Küster, der im
südwestlichen Grenzgebiet krystallinische Gesteine, alle von Südwest
nach Nordost streichend und zum Teil steil einfallend, fand. (12. p. 77).

Die Hochländer.

Sehr dürftig sind auch die Berichte über die meist sehr gebirgigen Hochländer, welche sich im Norden an die Randgebirge anschlieſsen.
Es wird zwar oft hervorgehoben, daſs die Fluſsbetten und Wege sehr
steinig sind, über die Gesteine selbst aber keine Angabe gemacht;
es dürften wohl ältere Gesteine herrschen. So erwähnt François
(4. p. 87) vom Gansu, einem Zufluſs des Volta, senkrecht stehenden
Thonschiefer (Phyllit?) und aus dem Gebiet des oberen Volta häufig
Raseneisenstein und Lehm (Laterit?), Büttner (131. p. 189) aus dem
Bergland zwischen Kokosi und Fasugu Quarz, Glimmer und Braun-
eisenstein und von den Flüssen Fasugus Glimmerschiefer. Auſserdem führt Kling (10. p. 131, 132) vom linken Oti-Ufer Sand an, von
der Baumsavanne zwischen Diponeire und der Daka-Niederung Laterit,
Sand und Raseneisenstein, am Daka selbst aber Sand und Thonschiefer
und groſse Basaltblöcke (9. p. 353, 356), die er auch am Mori- (Oti-)
Fluſs östlich von Bimbilla nebst Granitblöcken gefunden haben will.
Doch bedarf die Angabe von dem Vorkommen von Basalt noch sehr
der Bestätigung.

Kurzer Überblick über die Geologie von Togo.

Daſs man aus diesen meist unzuverlässigen und dürftigen Angaben sich ein Bild von der geologischen Beschaffenheit Togos
machen kann, ist unmöglich. Es geht nur soviel daraus hervor, daſs
das Vorland auſser Alluvien und Verwitterungsprodukten auch Sedimentgesteine, Sandstein und Konglomerat aufweist, daſs die Randberge wohl in der Hauptsache aus krystallinischen Gesteinen bestehen,
die ebenso wie die Bergketten streichen, und daſs dieselben Gesteine
auch in den Hochländern herrschen. Welche Stellung dem roten
Sandstein zuzuweisen ist, kann bei dem Mangel näherer Angaben
nicht sicher angegeben werden. Der Sandstein an der Küste ist
aber wohl mit ähnlichen Sedimenten an der Guinea-Küste in Zusammenhang zu bringen. Es ist nämlich wahrscheinlich, daſs die

Sandsteine, die bei Accra und Christiansborg an der Goldküste (7. p. 191), bei Klein-Popo, am Muni-Fluſs in der Corisco-Bai, bei Como am Gabun und am unteren Congo auftreten, zusammengehören und Reste einer Formation sind (14. p. 152). Vielleicht gehören sie zur unteren Kreide, von welcher ja Ablagerungen und zwar, groſsenteils Sandsteine in Kamerun, auf Elobi und an der Angola-Küste nachgewiesen sind.

So wenig wir aus dem Angeführten Schlüsse ziehen können, eines geht sicher daraus hervor, nämlich die groſse Übereinstimmung mit der benachbarten Goldküste. Auch dort ist Sandstein an der Küste, und die Schichten und Bergketten streichen ebenso von Südwest nach Nordost (6. p. 94; 7. p. 183), so daſs die Randberge in Togo sicher die direkte Fortsetzung eines Teiles der Hügel und Berge der Goldküste bilden, und so die Wahrscheinlichkeit groſs ist, daſs der goldführende Itabirit auch in unserer Kolonie sich findet (6. p. 94). Bis jetzt ist allerdings von nutzbaren Mineralien auſser Raseneisenstein nur Graphit, aber nicht in abbauwürdigem Zustand, bei Misahöhe gefunden worden (2. p. 6).

Litteratur-Verzeichnis zu Togo.

1. Dr. Büttner: Bericht über eine Reise von Bismarckburg nach Tschautjo und Fasugu (Mitt. aus d. D. Schutzg. 1891, p. 189).
2. Denkschrift betreffend die Entwicklung des Schutzgebietes Togo 1893/94 (Beilage zum D. Kol.-Blatt 1895).
3. Erdbeben in Togo (D. Kol.-Blatt 1891, p. 11).
4. v. François: Bericht über die Gegend zwischen Bagida und dem Flufsgebiet des oberen Volta (Mitt. aus d. D. Schutzgeb. 1888 p. 87).
5. v. François: Bericht über seine Reise im Hinterlande des Schutzgebietes Togo (ibid. 1888, p. 144).
6. Dr. K. Futterer: Afrika in seiner Bedeutung für die Goldproduktion, Berlin 1895.
7. Gümbel: Beiträge zur Geologie der Goldküste in Afrika (Sitz.-Ber. d. k. b. Ak. d. W. 1882, XII. p. 170).
8. Dr. E. Henrici: Das deutsche Togogebiet und meine Afrikareise, Leipzig 1888.
9. E. Kling: Über seine Reise in das Hinterland von Togo (Verh. d. Ges. f. Erdk., Berlin 1890, p. 348).
10. E. Kling: Auszug aus den Tagebüchern, 1891—92 (Mitt. aus d. D. Schutzgeb. 1892, p. 105).
11. Knochenhauer: Untersuchungen im Kamerungebiete (Mitt. aus d. D. Schutzgeb. 1895, p. 87).
12. Dr. Küster: Bericht über das südwestliche Grenzgebiet von Togo (Mitt. aus d. D. Schutzgeb. 1892, p. 77).
13. v. Lasaulx: Über Erdarten und Gesteinsproben aus Kamerun und Togo etc. von H. Zöller mitgebracht (Sitz.-Ber. d. niederrh. Ges. in Bonn 1885, p. 287).
14. O. Lenz: Geologische Mitteilungen aus Westafrika (Verh. d. k. k. geol. R.-A., Wien 1878, p. 148).
15. A. Millson: The Lagoons of the Bight of Benin, West-Africa (Journ. of the Manchester geogr. Soc. V. p. 333).
16. Dr. L. Wolf: Expedition, brieflicher Bericht (Mitt. aus d. D. Schutzgeb. 1888, p. 99).